中国轻工业"十四五"规划教材

高等职业教育"十四五"药品类专业系列教材

仪器分析技术

黄艳玲　牛红军　主编

李国峰　莫家乐　李　瑛　副主编

化学工业出版社

·北京·

内容简介

本教材突显职业教育类型特色，囊括从事仪器分析工作所需知识、技能与职业素养。以典型的分析检测任务为主要载体，将仪器分析基础技术、紫外-可见光谱分析技术、原子吸收光谱分析技术、气相色谱分析技术、高效液相色谱分析技术、离子色谱分析技术和电化学分析技术等工作岗位所需典型技能融入教学任务，在教学任务实施中培养工作能力。

教材参照仪器分析相关岗位技能要求、全国职业院校技能大赛和药物检验员职业技能等级证书等标准，引入仪器分析从业所需的新技术、新规范和新标准，是"岗课赛证"融通教材。教材贯彻党的二十大精神，融入精益求精精神、工匠精神和职业精神等内容，适用于素质培养、知识学习与技能训练，致力于培养公平、公正、科学、爱国的高水平检测技术技能型人才。

本教材配套开发有大量操作视频、动画、虚拟仿真和电子课件等资源。本书配套MOOC获评国家在线精品课程，《仪器分析技术》MOOC已在国家职业教育智慧教育平台和"智慧职教"网站上线，可参照本书"前言"页中说明，免费登录学习。

本书可作为高职专科、高职本科食品药品与粮食大类、生物与化工大类、资源环境与安全大类相关专业选用的教材，还可供生物医药、食品、环境和化工产业的分析检测技术人员参考。

图书在版编目（CIP）数据

仪器分析技术/黄艳玲，牛红军主编．—北京：化学工业出版社，2024.2（2024.8重印）
高等职业教育"十四五"药品类专业系列教材
ISBN 978-7-122-44376-2

Ⅰ.①仪… Ⅱ.①黄…②牛… Ⅲ.①仪器分析-高等职业教育-教材 Ⅳ.①O657

中国国家版本馆CIP数据核字（2023）第209957号

责任编辑：王 芳 蔡洪伟 文字编辑：邢苗苗
责任校对：宋 玮 装帧设计：关 飞

出版发行：化学工业出版社
（北京市东城区青年湖南街13号 邮政编码100011）
印 装：大厂聚鑫印刷有限责任公司
787mm×1092mm 1/16 印张15 字数368千字
2024年8月北京第1版第2次印刷

购书咨询：010-64518888
售后服务：010-64518899
网   址：http://www.cip.com.cn
凡购买本书，如有缺损质量问题，本社销售中心负责调换。

定　　价：39.00元　　　　　　　　　　版权所有　违者必究

编写人员名单

主 编
  黄艳玲 天津现代职业技术学院
  牛红军 天津现代职业技术学院

副主编
  李国峰 新疆应用职业技术学院
  莫家乐 广东环境保护工程职业学院
  李　瑛 黑龙江省自然资源调查院

参 编（按姓氏笔画排序）
  王瑞娜 泉州医学高等专科学校
  白　静 河南应用技术职业学院
  朱文碧 天津农学院
  刘　悦 天津生物工程职业技术学院
  刘鑫龙 天津现代职业技术学院
  安　娜 天津现代职业技术学院
  吴荣方 广东环境保护工程职业学院
  武首香 天津现代职业技术学院
  魏纪平 天津现代职业技术学院

主 审
  陈　亮 北京电子科技职业学院
  刘　鹏 天津现代职业技术学院

出版说明

为了更好地贯彻《国家职业教育改革实施方案》，落实教育部《"十四五"职业教育规划教材建设实施方案》（教职成厅〔2021〕3号），做好职业教育药品类、药学类专业教材建设，化学工业出版社组织召开了职业教育药品类、药学类专业"十四五"教材建设工作会议，共有来自全国各地120所高职院校的380余名一线专业教师参加，围绕职业教育的教学改革需求、加强药品和药学类专业"三教"改革、建设高质量精品教材开展深入研讨，形成系列教材建设工作方案。在此基础上，成立了由全国药品行业职业教育教学指导委员会副主任委员姚文兵教授担任专家顾问，全国石油和化工职业教育教学指导委员会副主任委员张炳烛教授担任主任的教材建设委员会。教材建设委员会的成员由来自河北化工医药职业技术学院、江苏食品药品职业技术学院、广东食品药品职业学院、山东药品食品职业学院、常州工程职业技术学院、湖南化工职业技术学院、江苏卫生健康职业学院、苏州卫生职业技术学院等全国30多所职业院校的专家教授组成。教材建设委员会对药品与药学类系列教材的组织建设、编者遴选、内容审核和质量评价等全过程进行指导和管理。

本系列教材立足全面贯彻党的教育方针，落实立德树人根本任务，主动适应职业教育药品类、药学类专业对技术技能型人才的培养需求，建立起学校骨干教师、行业专家、企业专家共同参与的教材开发模式，形成深度对接企业标准、行业标准、专业标准、课程标准的教材编写机制。为了培育精品，出版符合新时期职业教育改革发展要求、反映专业建设和教学创新成果的优质教材，教材建设委员会对本系列教材的编写提出了以下指导原则。

(1) 校企合作开发。本系列教材需以真实的生产项目和典型的工作任务为载体组织教学单元，吸收企业工作人员深度参与教材开发，保障教材内容与企业生产实践相结合，实现教学与工作岗位无缝衔接。

(2) 配套丰富的信息化资源。以化学工业出版社自有版权的数字资源为基础，结合编者自己开发的数字化资源，在书中以二维码链接的形式或与在线课程、在线题库等教学平台关联建设，配套微课、视频、动画、PPT、习题等信息化资源，形成可听、可视、可练、可互动、线上线下一体化的纸数融合新形态教材。

(3) 创新教材的呈现形式。内容组成丰富多彩，包括基本理论、实验实训、来自生产实践和服务一线的案例素材、延伸阅读材料等；表现形式活泼多样，图文并茂，适应学生的接受心理，激发学习兴趣。实践性强的教材开发成活页式、工作手册式教材，把工作任务单、学习评价表、实践练习等以活页的形式加以呈现，方便师生互动。

(4) 发挥课程思政育人功能。教材需结合专业领域、结合教材具体内容有机融入课程思政元素，深入推进习近平新时代中国特色社会主义思想进教材、进课堂、进学生头脑。在学生学习专业知识的同时，润物无声，涵养道德情操，培养爱国精神。

(5) 落实教材"凡编必审"工作要求。 每本教材均聘请高水平专家对图书内容的思想性、科学性、先进性进行审核把关,保证教材的内容导向和质量。

本系列教材在体系设计上,涉及职业教育药品与药学类的药品生产技术、生物制药技术、药物制剂技术、化学制药技术、药品质量与安全、制药设备应用技术、药品经营与管理、食品药品监督管理、药学、制药工程技术、药品质量管理、药事服务与管理专业;在课程类型上,包括专业基础课程、专业核心课程和专业拓展课程;在教育层次上,覆盖高等职业教育专科和高等职业教育本科。

本系列教材由化学工业出版社组织出版。化学工业出版社从2003年起就开始进行职业教育药品类、药学类专业教材的体系化建设工作,出版的多部教材入选国家级规划教材,在药品类、药学类等专业教材出版领域积累了丰富的经验,具有良好的工作基础。本系列教材的建设和出版,不仅是对化工社已有的药品和药学类教材在体系结构上的完善和品种数量上的补充,在体现新时代职业教育发展理念、"三教"改革成效及教育数字化建设成果方面,更是一次全面的升级,将更好地适应不同类型、不同层次的药品与药学类专业职业教育的多元化需求。

本系列教材在编写、审核和使用过程中,希望得到更多专业院校、更多一线教师、更多行业企业专家的关注和支持,在大家的共同努力下,反复锤炼,持续改进,培育出一批高质量的优秀教材,为职业教育的发展做出贡献。

本系列教材建设委员会

前言

仪器分析技术是高职生物医药、食品、环境和化工类专业的专业核心课程。仪器分析技术依托分析用精密仪器设备，采用先进的分析方法和手段，对复杂试样进行准确、快速的分析，用途广泛。本教材囊括从事仪器分析工作所需知识、技能与职业素养，适用于培养在产品生产、质量控制和研发等领域从事分析检测工作的高素质技术技能人才。

教材突显职业教育类型特色，遵循职业教育教学规律和人才成长规律，以典型的分析检测任务为主要载体，设计融入工作岗位所需典型技能的教学项目和教学任务，教学项目包括仪器分析基础技术、紫外-可见光谱分析技术、原子吸收光谱分析技术、气相色谱分析技术、高效液相色谱分析技术、离子色谱分析技术和电化学分析技术等，在教学任务实施中培养工作能力。教材参照相关岗位技能要求，参照化学检验员和药物检验员等职业技能标准，参照全国职业院校技能大赛化学实验技术赛项和全国高职院校食品营养与安全检测技能大赛等标准，引入产业发展的新技术、新规范、新标准，是"岗课赛证"融通教材。教材贯彻党的二十大精神，落实"立德树人"根本任务，坚持正确的政治方向和价值导向，潜移默化地融入精益求精精神、工匠精神和职业精神等内容，可供食品药品与粮食大类、生物与化工大类和资源环境与安全大类相关专业同步进行素质培养、知识学习与技能训练，致力于培养公平、公正、科学、爱国的高水平检测技术技能型人才。

教材为国家职业教育生物技术及应用专业资源库"仪器分析技术"课程配套教材，配套建有大量、多形式的数字资源，不同媒体间优势互补，使教学更轻松；一体化地建设有与教材配套的MOOC，MOOC获评国家在线精品课程，教材与MOOC配合，适用于开展线上线下混合式教学。在线课程的学习方式：①在"智慧职教"网站，点击"MOOC学院"，搜索"仪器分析技术"，点击天津现代职业技术学院主持的"仪器分析技术"MOOC，即可登录后免费学习。②在国家职业教育智慧教育平台，搜索"仪器分析技术"，点击天津现代职业技术学院主持的"仪器分析技术"MOOC，即可登录后免费学习。

本书由高水平职业院校、大学与检测机构的专兼职教师和检测专家联合开发。本书由黄艳玲和牛红军担任主编，黄艳玲组织编写，牛红军定稿。武首香和王瑞娜编写项目一，黄艳玲编写项目二和项目三，刘鑫龙、白静和朱文碧编写项目四，牛红军、李国峰编写项目五，莫家乐和吴荣方编写项目六，魏纪平、安娜和刘悦编写项目七。李瑛高级工程师基于岗位实践需要，对书稿进行了修改。全书由北京电子科技职业学院陈亮和天津现代职业技术学院刘鹏审阅。

由于检测产业发展迅速，新的分析检测用设备不断出现，检测技术和方法不断创新，检测标准不断升级，书中不足之处在所难免，敬请广大读者批评指正。

编者

2023年8月

电子课件

项目一　仪器分析技术导论　/ 001

任务一　认识仪器分析技术　/ 002
　　一、仪器分析技术及其特点　/ 002
　　二、仪器分析法的主要内容　/ 003
　　三、仪器分析的发展趋势　/ 004
　　四、常用仪器分析法简介　/ 005
任务二　草酸钠溶液的配制　/ 008
【任务实施】　/ 008
【任务支撑】　/ 011
　　一、容量瓶的使用　/ 011
　　二、电子天平的使用　/ 013
　　三、移液管的使用　/ 015
【技能强化】　/ 016
　　实验室安全技能　/ 016
练习与思考　/ 019

项目二　紫外-可见光谱分析技术　/ 022

任务一　高锰酸钾吸收光谱曲线的
　　　　绘制　/ 023
【任务实施】　/ 024
【任务支撑】　/ 027
　　一、光的基本性质　/ 027
　　二、紫外-可见分光光度计的结构及
　　　　作用　/ 030
　　三、紫外-可见分光光度计的使用　/ 030
【技能强化】　/ 031
　　水杨酸吸收光谱曲线的绘制　/ 031
任务二　目视比色法测定水样中的铬
　　　　含量　/ 035
【任务实施】　/ 035
【任务支撑】　/ 038
　　一、朗伯-比尔定律　/ 038
　　二、目视比色法　/ 041
【技能强化】　/ 042
　　目视比色法测定高锰酸钾溶液的浓度　/ 042
任务三　邻二氮菲分光光度法测定微
　　　　量铁　/ 045
【任务实施】　/ 045
【任务支撑】　/ 049
　　一、标准工作曲线法　/ 049
　　二、吸收池的使用　/ 049
【技能强化】　/ 051
　　水中重金属六价铬含量的测定　/ 051
任务四　紫外-可见分光光度法定性定量分析
　　　　未知物的探索与实践　/ 055
【任务实施】　/ 055
练习与思考　/ 057

项目三 原子吸收光谱分析技术 / 059

任务一 硫酸锰溶液中锰元素的测定 / 060
【任务实施】/ 060
【任务支撑】/ 064
　一、原子吸收分光光度法原理 / 064
　二、原子吸收分光光度计的结构 / 065
　三、原子吸收分光光度计开关机程序及实验条件的选择 / 070
　四、原子吸收分光光度计的操作 / 073
　五、原子吸收分光光度计的操作注意事项 / 074
【技能强化】/ 076
　火焰原子吸收分光光度法测定自来水中Mg的含量 / 076
任务二 标准加入法测定锰元素 / 080
【任务实施】/ 080
【任务支撑】/ 084
　一、原子吸收光谱定量方法 / 084
　二、原子吸收法中干扰及消除技术 / 086
【技能强化】/ 089
　原子吸收光谱法测定铜的含量 / 089
【任务实施】/ 089
练习与思考 / 093

项目四 气相色谱分析技术 / 095

任务一 有机混合物的定性分析 / 096
【任务实施】/ 096
【任务支撑】/ 099
　一、色谱法简介 / 099
　二、气相色谱仪的结构和原理 / 102
【技能强化】/ 108
　气相色谱仪的使用和操作 / 108
任务二 白酒中乙醇含量的测定 / 112
【任务实施】/ 112
【任务支撑】/ 116
　一、气相色谱定性方法 / 116
　二、气相色谱定量方法 / 116
【技能强化】/ 120
　血液中乙醇含量的测定 / 120
练习与思考 / 124

项目五 高效液相色谱分析技术 / 127

任务一 液相色谱法测定蜂蜜中果糖、葡萄糖、蔗糖、麦芽糖的含量 / 128
【任务实施】/ 129
【任务支撑】/ 133
　一、高效液相色谱法简介 / 133
　二、高效液相色谱仪的结构和工作过程 / 134
【技能强化】/ 139
　高效液相色谱仪的使用操作 / 139
任务二 果蔬中残余农药的检测 / 141
【任务实施】/ 141
【任务支撑】/ 145
　一、液相色谱的两相 / 145
　二、液相色谱的检测器 / 148
　三、高效液相色谱仪的使用与维护保养 / 150

【技能强化】 / 153
  一、高效液相色谱法测定饮料中山梨酸和苯甲酸 / 153
二、甲硝唑片含量的测定 / 156
练习与思考 / 159

项目六　离子色谱分析技术　/　162

任务一　离子色谱仪的操作使用 / 163
【任务实施】 / 163
【任务支撑】 / 167
  一、离子色谱法原理 / 167
  二、离子色谱仪结构 / 172
  三、离子色谱仪开关机程序及实验条件的选择 / 178
  四、离子色谱仪使用注意事项 / 182
任务二　离子色谱法测定水溶液中的阴离子 / 183
【任务实施】 / 183
【任务支撑】 / 188
  一、溶剂和样品的预处理技术 / 188
  二、分离方式和检测方式的选择 / 188
  三、色谱参数的优化 / 189
  四、离子色谱仪常见故障排除 / 190
练习与思考 / 193

项目七　电化学分析技术　/　195

任务一　水溶液pH值的测定 / 196
【任务实施】 / 196
【任务支撑】 / 200
  一、电化学分析技术 / 200
  二、电位分析法 / 201
  三、直接电位法 / 208
任务二　离子选择性电极测定牙膏中氟的含量 / 210
【任务实施】 / 210
【任务支撑】 / 214
  一、溶液离子活度测定原理 / 214
  二、定量分析方法 / 215
任务三　$AgNO_3$标准溶液自动电位滴定法测定溶液中的氯化物含量 / 217
【任务实施】 / 217
【任务支撑】 / 221
  一、电位滴定法原理 / 221
  二、电位滴定装置 / 221
  三、电位滴定法判断终点的方法 / 222
【技能强化】 / 223
  EDTA标准溶液的标定 / 223
练习与思考 / 226

练习与思考部分参考答案　/　228

参考文献　/　230

项目一

仪器分析技术导论

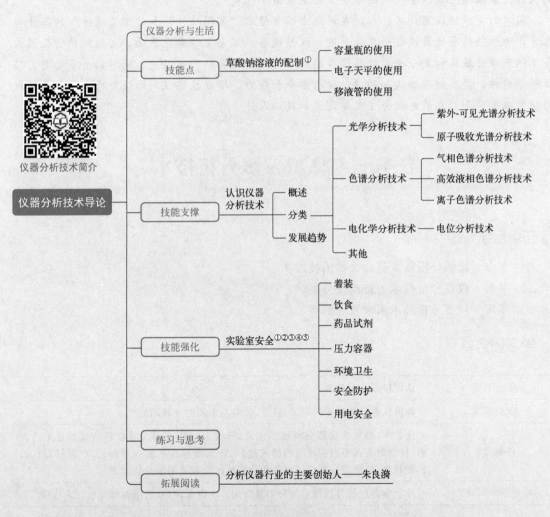

参考技能大赛

① 全国职业院校技能大赛工业分析检验赛项。
② 全国职业院校技能大赛化学实验技术赛项。
③ 全国职业院校技能大赛食品安全与质量检测赛项。
④ 全国高职院校食品营养与安全检测技能大赛。
⑤ 全国食品药品类职业院校药品检测技术技能大赛。

仪器分析与生活

仪器分析技术与人类生产、生活息息相关，广泛用于生物、食品、制药、化工、环境和地质等领域，用于保证产品质量、保障人类健康和维护生态安全，在我国实施制造强国战略和健康中国战略、全面建设社会主义现代化国家的进程中发挥重要作用。

精密仪器是国家创新驱动发展的"奠基石"，同时也是经济发展及产业转型升级的"倍增器"。每年国家用于精密科学仪器的支出约占4%，但是它对国内生产总值GDP的拉动却在60%以上，可谓四两拨千斤。精密仪器产业领域是我国的"卡脖子"领域之一，很多高端仪器设备依赖进口，全产业链每年贸易逆差达千亿美元。

同学们要学好仪器分析技术，在淬炼中成为传承"劳模精神"和"工匠精神"的高技能人才，为胜任精密仪器设备研发与制造、仪器设备应用等工作奠定基础，为摆脱精密仪器大量依赖进口的现状和充分挖掘仪器设备的应用价值做出贡献。学习中，同学们要多思考，培养科学精神，提高对事物认知的综合分析水平和能力，增强技能报国的使命感和责任感，成为德智体美劳全面发展的社会主义建设者和接班人。

任务一 认识仪器分析技术

任务目标

1. 掌握 仪器分析技术是什么样的技术
2. 熟悉 仪器分析技术的特点及分类
3. 了解 仪器分析技术未来发展趋势

学习任务单

任务名称	认识仪器分析技术
任务描述	知道仪器分析技术的定义、特点、分类及未来的发展趋势
任务分析	任务中，要知道仪器分析技术定义、分类及应用范围。随着精密仪器技术的发展，仪器设备在不同领域应用越来越多，新仪器也在不断地更新，要把握仪器设备发展趋势，将更多最新仪器设备和分析技术合理地用于分析检测
成果展示与评价	学生掌握仪器分析技术的分类及应用。小组互评，最后由教师综合评定成绩

一、仪器分析技术及其特点

仪器分析法是一类以测量物质的物理和物理化学性质为基础的分析方法，这类方法通常需要使用较特殊的仪器，因而称为仪器分析法，该类方法的应用技术即称为仪器分析技术。

分析化学是研究物质组成和结构信息的科学。作为化学学科的一个重要分支，分析化学的主要任务是鉴别物质的化学性质、测定物质组分的相对含量以及确定物质的化学结构。分析化学方法包括化学分析和仪器分析。近代化学分析起源于17世纪，而仪器分析在19世纪后期才出现。化学分析是基于化学反应及其计量关系进行分析的方法。仪器分析是从化学分析的基础上发展起来的，作为分析化学的重要组成部分，仪器分析以利用大型、特殊的仪器测定物质的物理和物理化学性质为基础，采用各种先进的分析方法和手段，对复杂试样进行准确、快速分析。

随着科学技术的发展，分析化学在方法和实验技术上都在发生日新月异的变化，特别是仪器分析法吸收了当代科学技术的最新成就，不仅强化和改善了原有仪器的性能，而且推出了很多新的分析测试仪器，为科学研究和生产实际提供了更多、更新和更全面的信息，并能广泛运用于生物、食品、制药、环境、化工等诸多领域，成为现代实验化学的重要支柱。

仪器分析的理论和方法涉及化学、数学、物理、计算机及自动化等相关知识，因此学习仪器分析对于提高学生的综合知识运用能力和分析解决问题能力具有十分重要的意义。仪器分析技术是相关专业人才必备的基本技术，为全面掌握专业技能奠定基础。

仪器分析法与化学分析法相比具有以下特点：

① 操作简便，分析速度快。
② 灵敏度高。能检测出 mg/L、μg/L，甚至 ng/L 级的杂质含量。
③ 准确度高。相对标准偏差一般较小（许多仪器分析方法为 2% 左右）。
④ 需要试样量少。化学分析法需要样品 $10^{-4} \sim 10^{-1}$ g，而仪器分析需要 $10^{-8} \sim 10^{-2}$ g，适用于超微量分析、微量分析和痕量分析。
⑤ 自动化程度高。利于自动分析、在线分析。
⑥ 用途非常广泛，能满足食品安全、生命科学、环境保护、医药卫生、新材料科学等领域的各种分析要求。

仪器分析方法众多、功能各异，不仅可以进行定性定量分析，还能进行分子结构分析、形态分析、化学反应有关参数的测定等。仪器分析法不仅是重要的分析测试方法，还是强有力的科学研究手段，这是一般化学分析法难以实现的。

二、仪器分析法的主要内容

仪器分析法内容丰富，种类繁多。为便于学习和掌握，可将常用的仪器分析法根据其测量所依据的性质分类为：电化学分析法、光学分析法、色谱分析法和其他分析法。其中电化学分析法、光学分析法和色谱分析法应用最为广泛。常用仪器分析法的分类见表1-1。

表1-1 常用仪器分析法的分类

方法分类	被测物理/物理化学性质	相应的(部分)分析方法
电化学分析法	电导	电导分析法
	电流	电流分析法
	电位	电位分析法
	电量	库仑分析法(又称电量分析法)
	电流-电压特征	极谱分析法；伏安法
光学分析法	辐射的发射	原子发射光谱法
	辐射的吸收	原子吸收光谱法；红外吸收光谱法；紫外-可见光吸收光谱法
	辐射的散射	浊度法；拉曼光谱法
	辐射的衍射	X射线衍射法；电子衍射法

续表

色谱分析法	两相间的分配	气相色谱法；液相色谱法；离子色谱法
其他分析法	质荷比 反应速率 热性质 放射性	质谱法 反应动力学方法 热重法；差热分析法；热导法 放射化学分析法

1. 电化学分析法

电化学分析法是应用电化学原理和技术，利用化学电池内被分析溶液的组成和含量与其电化学性质的关系而建立起来的一类分析方法。根据测量的电信号不同，电化学分析法可分为电导分析法、电流分析法、电位分析法、库仑分析法（又称电量分析法）以及极谱分析法和伏安法等。

2. 光学分析法

光学分析法是基于被分析组分和电磁辐射相互作用产生辐射的信号与物质组成和结构的关系所建立的分析方法。根据物质和电磁辐射作用性质的不同，光学分析法又分为光谱法和非光谱法。光谱法是通过测定物质与电磁辐射作用时，物质内部发生量子化能级跃迁产生的吸收或发射电磁波的性质或强度进行分析的方法；非光谱法是基于物质与辐射相互作用时测量辐射的某些性质（如折射、散射、干涉、衍射及偏振等）变化的分析方法。

3. 色谱分析法

色谱分析法也叫分离分析法，是一种非常有效的，可以将分离与分析合为一体同时进行的分析方法。主要有气相色谱、液相色谱和胶束毛细管电泳等为代表的分析方法。它的基本原理是利用待测混合物中各组分随着流动相流经色谱柱时，流动相与固定相之间进行反复多次的分配，使得吸附能力、溶解能力或其他亲和作用性能不同的各组分，在移动速度上产生差异，从而实现分离，而被分离后的组分在依次通过检测装置时被检测，完成定性和定量分析。

4. 其他仪器分析方法

其他仪器分析方法主要包括质谱法、热分析法和放射化学分析法等。质谱法是将样品转化为运动的带电气态离子碎片，根据磁场中质荷比不同进行分析的一种方法；热分析法是基于物质的质量、体积、热导或反应热等与温度之间的动态关系进行分析的方法；放射化学分析法是利用放射性同位素进行分析的方法。

三、仪器分析的发展趋势

科技的发展和人民生活水平的不断提高，对各种产品的质量提出了更高的要求，同时对产品分析检测和质量控制提出了新的、更高的要求，仪器分析技术随之取得快速发展。仪器分析的发展趋势主要表现为以下几个方面。

1. 仪器分析方法的创新

为进一步提高分析方法的灵敏度、选择性和准确度，各种选择检测技术和多组分同时分析技术等不断出现。当今许多新技术的引入，都与提高分析方法的灵敏度有关，如引入激光技术，促进了激光共振电离光谱、激光拉曼光谱、激光诱导荧光光谱、激光光热光谱、激光光声光谱和激光质谱的发展，大大提高了分析方法的灵敏度，使得检测单个原子或单个分子成为可能。多元配合物、有机显色剂和各种增效试剂的研究与应用，使吸收光谱、荧光光谱、发光光谱、电化学及色谱等分析方法的灵敏度和分析性能得到大幅度的提高。

2. 分析仪器的综合应用

仪器分析是一门综合学科，现代科学技术的发展已打破了传统学科间的界限，现代的分析仪器更是集多种学科技术于一身，特别是和计算机技术的相互融合和促进，使分析仪器的信息化速度、自动化速度以及网络化速度更快。

3. 分析仪器的自动化、智能化

分析仪器的自动化、智能化能够对复杂体系、动态体系进行实时快速和准确的定性和定量分析，从而使在线分析和远程分析变得更方便。例如微电子工业、大规模集成电路、微处理器和微型计算机的发展，促使分析化学进入了自动化和智能化的阶段。机器人是实现基本化学操作自动化的重要工具。专家系统是人工智能的最前沿。在分析化学中，专家系统主要用于设计实验和开发分析方法，以及进行谱图说明和结构解释。20世纪80年代兴起的过程分析已使分析化学家摆脱传统的实验室操作，进入生产过程，甚至生态过程控制的行列。分析化学机器人和现代分析仪器成为"硬件"，化学计量学和各种计算机程序成为"软件"，对分析化学发展带来深远的影响。

4. 扩展时空多维信息

现代分析化学的发展已不再局限于将待测组分分离出来进行表征和测量，而是成为一门提供有关物质尽可能多的化学信息的科学。随着人们对客观物质认识的深入，某些过去不甚熟悉的课题，如多维、不稳态和边界条件等也逐渐提到分析化学家的日程上来。例如现代核磁共振波谱、红外光谱、质谱等的发展，可提供有机物分子的精细结构、空间排列构型及瞬态等变化的信息，为人们对化学反应历程及生命过程的认识展现了光辉前景。化学计量学的发展，更为处理和解析各种化学信息提供了重要基础。

5. 分析仪器操作的专业化

现代仪器分析技术包含很多基础科学和应用学科方面的内容，更涉及许多边缘学科、交叉学科的实验技能知识，对分析测试技术人员的专业素质提出了更高的要求。不能熟练掌握分析理论和实际操作技能的专业人员，难以高效地发挥仪器分析技术的作用。

6. 解决复杂体系的分离问题及提高分析方法的选择性

迄今，人们所认识的化合物众多，而且新化合物的数量仍在快速增长。复杂体系的分离和测定已成为分析化学家面临的艰巨任务。由液相色谱、气相色谱、超临界流体色谱和毛细管电泳所组成的色谱学是现代分离、分析的主要组成部分，并获得了很快的发展。以色谱、光谱和质谱技术为基础所开展的各种联用、接口及样品引入技术已成为当今分析化学发展中的热点之一。在提高方法选择性方面，各种选择性试剂、萃取剂、离子交换剂、吸附剂、表面活性剂、各种传感器的黏合剂和化学计量学方法等是当前研究工作的重要课题。

仪器分析技术在不断取得巨大进步，仪器分析方法应用更趋广泛，更新换代的速度也越来越快。总之，仪器分析正朝着快速、准确、智能、灵敏、用样量少、在线分析及多技术联用等方向迅速发展。

四、常用仪器分析法简介

常用仪器分析方法见表1-2。

表 1-2 常用仪器分析方法

分析方法	缩写	分析原理	谱图的表示方法	提供的信息
紫外-可见光吸收光谱法	UV-Vis	吸收紫外光和可见光能量，引起分子中电子能级的跃迁	相对吸收光能量随吸收光波长的变化	吸收峰的位置、强度和形状，提供分子中不同电子结构的信息
荧光光谱法	FS	被电磁辐射激发后，从最低单线激发态回到单线基态，发射荧光	发射的荧光能量随光波长的变化	荧光效率和寿命，提供分子中不同电子结构的信息
红外吸收光谱法	IR	吸收红外光能量，引起具有偶极矩变化的分子振动、转动能级跃迁	相对透射光能量随透射光频率变化	峰的位置、强度和形状，提供官能团或化学键的特征振动频率
拉曼光谱法	Ram	吸收光能后，引起具有极化率变化的分子振动，产生拉曼散射	散射光能量随拉曼位移的变化	峰的位置、强度和形状，提供官能团或化学键的特征振动频率
核磁共振波谱法	NMR	在外磁场，具有核磁矩的原子核，吸收射频能量，产生核自旋能级的跃迁	吸收光能量随拉曼位移的变化	峰的化学位移、强度、裂分数和偶合常数，提供核的数目、所处化学环境和几何构型的信息
质谱分析法	MS	分子在真空中被电子轰击，形成离子，通过电磁场按不同质荷比(m/e)分离	以棒图形式表示离子的相对丰度随 m/e 的变化	分子离子及碎片离子的质量数及其相对丰度，提供分子量、元素组成及结构的信息
气相色谱法	GC	样品中各组分在流动相和固定相之间，由于分配系数不同而分离	柱后流出物浓度随保留值的变化	峰的保留值与组分热力学参数有关，是定性数据；峰面积与组分含量有关
凝胶色谱法	GPC	样品通过凝胶柱时，按分子的流体力学体积不同进行分离，大分子先流出	柱后流出物浓度随保留值的变化	高聚物的平均分子量及其分布
热重法	TG	在控温环境中，样品质量随温度或时间变化	样品的质量分数随温度或时间的变化曲线	曲线陡降处为样品失重区，平台区为样品的热稳定区
差热分析法	DTA	样品与参比物处于同一控温环境中，由于二者热导率不同产生温差，记录温度随环境温度或时间的变化	温差随环境温度或时间的变化曲线	提供物质热转变温度及各种热效应的信息

续表

示差扫描量热法	DSC	样品与参比物处于同一控温环境中,记录温差为零时所需能量随环境温度或时间的变化	热量或其变化率随环境温度或时间的变化曲线	提供物质热转变温度及各种热效应的信息
透射电子显微术	TEM	高能电子束穿透试样时发生散射、吸收、干涉和衍射,使得在相平面形成衬度,显示出图像	质厚衬度像、明场衍衬像、暗场衍衬像、晶格条纹像和分子像	晶体形貌、分子量分布、微孔尺寸分布、多相结构和晶格与缺陷等
扫描电子显微术	SEM	用电子技术检测高能电子束与样品作用时产生二次电子、背散射电子、吸收电子、X射线等放大成像	背散射电子像、二次电子像、吸收电流像、元素的线分布与面分布等	断口形貌、表面显微结构、薄膜内部的显微结构、微区元素分析与定量元素分析等

任务二　草酸钠溶液的配制

✈ 任务目标

1. **掌握**　天平、容量瓶、移液管的操作技术；安全知识与技术
2. **熟悉**　天平的型号和容量瓶、移液管的规格
3. **了解**　使用天平、容量瓶、移液管的注意事项

📋 学习任务单

任务名称	草酸钠溶液的配制
任务描述	学会使用天平称量试剂，用容量瓶和移液管等准确配制溶液
任务分析	任务中，首先要知道电子天平、容量瓶和移液管等的操作规程，知道称量固体试剂、配制溶液和准确量取待测溶液的方法。然后，用电子天平准确称量固体试剂，溶解固体试剂并转移到合适的容量瓶中，定容并摇匀，最后选用适合的移液管准确移取待测溶液
成果展示与评价	学生完成试剂的称量、固体溶液的配制，并准确移取溶液。小组互评，最后由教师综合评定成绩

【任务实施】

一、任务目的

1. 掌握天平、容量瓶和移液管等的操作技术。
2. 利用天平、容量瓶和移液管等仪器配制草酸钠溶液。

二、方法原理

规范操作天平，准确称量试剂。正确选择、使用容量瓶和移液管等器具，可将试剂配制成准确浓度的水溶液。

基准试剂是纯度高、杂质少、稳定性好、化学组分恒定的化合物，可直接用于配制标准溶液，也可用于标定其他非基准物质的标准溶液。基准草酸钠的 $Na_2C_2O_4$ 含量为 99.95%～100.05%（具体标准见国家标准 GB 1254—2007《工作基准试剂　草酸钠》），可用于配制成准确浓度的溶液，用于标定高锰酸钾等滴定用溶液。

三、仪器与试剂

仪器：烘箱 1 台、天平（可读性为 0.1mg）1 台、玻璃干燥器 1 个、100mL 烧杯 1 个、

250mL 容量瓶 1 个、25mL 移液管 1 支、50mL 或 100mL 量筒 1 个等。

试剂：基准草酸钠、硫酸溶液（1+9）等。

四、操作过程

任务名称	草酸钠溶液的配制	操作人		日期	
		复核人			
方法步骤	说明			笔记	
称量（减量法）	用减量法准确称取 2.0g 基准草酸钠，精确至 0.0002g，于 105～110℃烘至恒重，置于 100mL 小烧杯中				
溶液配制	用 50mL 硫酸溶液(1+9)溶解，于 250mL 容量瓶定容，用水稀释至刻度，摇匀				
溶液移取	用移液管准确量取 25.00mL 上述溶液放入锥形瓶中，即可用于标定高锰酸钾溶液				
数据处理	计算取样前后基准草酸钠的质量差，得出减量法所称取准草酸钠的质量；计算溶液的浓度				
结束工作	洗涤仪器，整理工作台和实训室				

五、结果记录

	结果记录				
任务名称	草酸钠溶液的配制	操作人		日期	
		复核人			

六、操作评价表

任务名称		草酸钠溶液的配制	操作人		日期	
操作项目	考核内容	操作要求	分值	得分	备注	
基准物称量	称量方法	如未用减量法称量，重新以减量法操作	—	—		
	称量操作	1. 检查天平水平 2. 清扫天平 3. 敲样动作正确	5			
	基准物称量范围	1. 在规定量±5%或±10%内 2. 称量范围最多不超过±10%	10			
	结束工作	1. 复原天平 2. 桌面整理	5			
溶液配制	容量瓶规格	选择正确	5			
	容量瓶检漏	正确检漏	5			
	容量瓶洗涤	洗涤干净	6			
	定量转移	转移动作规范	10			
	定容	1. 三分之一处水平摇动 2. 准确稀释至刻度线 3. 摇匀动作正确	8			
移取溶液	移液管洗涤	洗涤干净	5			
	移液管润洗	润洗方法正确	5			
	吸溶液	1. 不吸空 2. 不重吸	5			
	调刻度线	1. 调刻度线前擦干外壁 2. 调节液面操作熟练	5			
	放溶液	1. 移液管竖直 2. 移液管尖靠壁 3. 放液后停留约15秒	8			
数据处理	记录及计算	1. 记录清晰、规范 2. 计算准确	10			
职业素养	实验室安全	1. 整理实验室 2. 规范操作 3. 团队合作	8			

评价人：_____   总分：_____

【任务支撑】

一、容量瓶的使用

容量瓶的使用

容量瓶主要用于准确地配制一定摩尔浓度的溶液。它是一种细长颈、梨形的平底玻璃瓶，配有磨口塞。瓶颈上刻有标线，当瓶内液体在所指定温度下达到标线处时，其体积即为瓶上所注明的容积。一种规格的容量瓶只能量取一个量。常用的容量瓶有100mL、250mL、500mL、1000mL等多种规格。使用容量瓶配制溶液的流程如下。

步骤	方法	笔记
检漏	在容量瓶内装入水到标线附近，塞紧瓶塞，用右手食指顶住瓶塞，另一只手五指托住容量瓶底，将其倒立（瓶口朝下）2min，用干滤纸片沿瓶口缝处检查，看有无水渗出。若不漏水，将瓶正立且将瓶塞旋转180°后，再次倒立，检查是否漏水，若两次操作，容量瓶瓶塞周围皆无水漏出，即表明容量瓶不漏水。经检查不漏水的容量瓶才能使用	
洗涤	容量瓶在使用前都要洗涤。污染严重的可用铬酸洗液洗涤，先用铬酸洗液浸泡内壁，再用自来水冲洗，最后用蒸馏水洗涤干净（直至内壁不挂水珠即为洗涤干净）	
移取溶液	将准确称量好的固体溶质放在干净的烧杯中，用少量溶剂溶解（如果放热，要放置使其降温到室温）。然后把溶液转移到容量瓶里，转移时要用玻璃棒引流。方法是将玻璃棒一端靠在容量瓶颈内壁上，注意不要让玻璃棒其他部位触及容量瓶口，防止液体流到容量瓶外壁上。	

续表

移取溶液		为保证溶质能全部转移到容量瓶中,要用溶剂少量多次洗涤烧杯,并把洗涤液全部转移到容量瓶里,转移时要用玻璃棒引流。水平摇动容量瓶数次,混匀溶液
定容		继续向容量瓶内加入溶剂直到液体液面距标线大约1cm时,改用滴管小心滴加,最后使液体的弯月面与标线正好相切。若加水超过刻度线,则需重新配制
摇匀		盖紧瓶塞,用倒转和摇动的方法使瓶内的液体混合均匀,反复操作15~20次。静置后如果发现液面低于刻度线,是因为容量瓶内极少量溶液附着在刻度线上部的瓶颈处,所以并不影响所配制溶液的浓度,故不要再向瓶内添水,否则,将使所配制的溶液浓度降低

注意事项

① 容量瓶的容积是特定的,只有单一的刻度线,只能配制同一体积溶液。在配制溶液前,先要弄清楚需要配制溶液的体积,然后选用相同规格的容量瓶。

② 用于洗涤和淋洗的溶剂总量不能超过容量瓶容积的3/4。

③ 容量瓶不能进行加热。如果溶质在溶解过程中放热,要待溶液冷却后再进行转移,因为一般的容量瓶是在20℃的温度下标定的,若将温度较高或较低的溶液注入容量瓶,容量瓶则会热胀冷缩,所量体积就会不准确,导致所配制的溶液浓度不准确。

④ 容量瓶只能用于配制溶液,不能储存溶液,因为溶液可能会对瓶体进行腐蚀,从而使容量瓶的精度受到影响。

⑤ 容量瓶用毕应及时洗涤干净,干燥后塞上瓶塞,并在塞子与瓶口之间夹一条纸条,防止瓶塞与瓶口黏连。

二、电子天平的使用

电子天平的特点是操作简便、称量准确可靠、显示快速清晰。一般电子天平都具有自动校准、自动显示、去皮重、自动数据输出、自动故障寻迹、超载保护等多种功能。

电子天平的使用

1. 电子天平的操作流程

步骤	方法	笔记
调水平	调整地脚螺栓高度,使水平仪内空气泡位于圆环中央	
开机	接通电源,按开关键,直至全屏自检	
预热	天平在初次接通电源或长时间断电之后,至少需要预热30min。为取得理想的测量结果,天平应保持在待机状态	
校正	首次使用天平必须进行校正,按校正键,天平将显示所需校正砝码重量,放上砝码直至出现"g",校正结束	
称量	使用除皮键,除皮清零。放置样品进行称量	
关机	天平应一直保持通电状态(24h),不使用时调至待机状态,可延长天平使用寿命	

2. 电子天平的称量方法

方法		说明	笔记
直接测量法		适用于称量洁净干燥的器皿、块状的金属、不易潮解或升华的固体试样及不易吸湿、在空气中性质稳定的粉末状物质。 当需要称取一定准确质量的粉末状试样时,可先用粗天平称量一定量的试样。 准备一个洁净干燥的器皿(或称量纸),先用电子天平称量器皿的质量,然后按除皮键,除皮清零,取下器皿,加入已粗称的试样,放在秤盘上,显示屏的读数即为试样的质量	
减量法		适于称量易吸湿、易氧化、易与 CO_2 反应的物质。用此法称量的试样,应盛放在称量瓶内。称量瓶是具有磨口玻璃塞的容器,使用前必须洗净烘干,在干燥器内冷却至室温。不能放在不干净的地方,以免沾污称量瓶	
		首先将适量试样装入称量瓶内,盖上瓶盖。用手套或用干净的纸折成纸条套住称量瓶,将称量瓶放在秤盘上,称出称量瓶加试样的准确质量,按除皮键,除皮清零,仍用纸条套住称量瓶,将其从秤盘上取出,右手戴手套或用一洁净小纸片包住瓶盖柄,在接收容器(如锥形瓶、烧杯)上方打开瓶盖,慢慢倾斜称量瓶瓶身。用瓶盖轻轻敲瓶口部,使试样缓缓落入接收容器中。直到倒出的试样接近所需要的试样量时,边敲边慢慢竖起称量瓶,使黏附在瓶口的试样落入容器或落回称量瓶中,再盖好瓶盖	
		把称量瓶放回秤盘上,显示屏读数为倾倒出试样的负值,记下第一份读数,再除皮清零,重复上述操作,称得第二份质量。这样可连续称取多份试样	

> **注意事项**
>
> 1. 天平应静置于固定的称量台上,避免气流和震动。
> 2. 选择适宜量程的天平,勿超载称量。
> 3. 称量时关上防风罩,等数值稳定后再读数。
> 4. 当变换了工作场所,需重新校正一次。
> 5. 不要冲击秤盘,不要让粉粒等异物进入中央传感器孔。
> 6. 使用后应及时清扫电子天平内外(切勿将异物扫入中央传感器孔),定期用酒精擦洗秤盘及防护罩,以保证玻璃门正常开关。
> 7. 远离空调的吹风口。避免气流和温度差使测定不稳定。
> 8. 不要将磁性材料放在电子天平附近。

三、移液管的使用

移液管用来准确移取一定体积的溶液,为量出式玻璃量器。通常有两种形状,一种是中间有一膨大部分的玻璃管,常称为胖肚移液管(正规名称为单标线吸量管)。管颈上部刻有单一的标线,只能量取单一体积的溶液。常用的规格有 5mL、10mL、20mL、25mL 和 50mL 等几种。

移液管的使用

另一种是具有分刻度的玻璃管,称为吸量管(全称为分度吸量管)或刻度吸管。常用的规格有 0.5mL、1mL、2mL、5mL、10mL 和 15mL 等几种。吸量管量取溶液的准确度不如胖肚移液管。

移液管的操作规程:

步骤		说明	笔记
洗涤		使用时,先用铬酸洗液洗涤,继而用自来水洗净,再用蒸馏水润洗 3 次,用吸水纸将洗干净的管尖内外的水除去后,用待移取的溶液润洗 3 次,以除去管内残留的水分,确保所移取的溶液浓度不变	
移取溶液		移取溶液时,一般用右手的大拇指和中指拿住管颈的上方,把管下部的尖嘴插入待吸取的溶液中,不宜插入太少,以免吸空;也不宜插入太深,以致管外壁带出的溶液过多;一般控制管尖在液面下 2～3cm 处	
		左手拿吸耳球,先把球内空气压出,然后把球的尖嘴紧按在移液管口上,慢慢松开左手手指,使溶液吸入管中	

续表

移取溶液	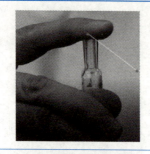	当液面升高到标线以上时,迅速移去吸耳球,立即用右手食指按住管口,使移液管离开液面,然后将容器倾斜成45°,管垂直于水平面,管尖紧靠在容器的内壁上。略微放松右手食指,使溶液缓慢平稳下降,直到溶液的弯月面下缘与标线相切时,立即用食指压紧管口,取出移液管
	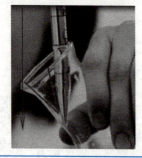	左手改拿接收溶液的容器,并将接收容器倾斜成45°左右。将移液管插入接收容器中,管的尖嘴应紧靠在容器的内壁上,移液管应垂直于水平面。松开食指,让管内溶液自然沿器壁流下,待液面下降至管尖后,等待15s即可将移液管拿出

> **注意事项**
>
> ① 选择合适的移液管,不要超过移液管的最大量程。
> ② 读数时视线要与刻度线平行。
> ③ 移取溶液前要用待测溶液润洗3遍。
> ④ 移液管移液或放液时应一直保持竖直,且与容器内壁约呈45°夹角。

【技能强化】

实验室安全技能

实验室安全——
火灾知识

在实验中,具有腐蚀性、毒性(甚至是剧毒)及易燃烧、易爆炸的试剂相当多,工作中经常进行加热、灼烧等明火或高温操作,还常常用到多种电气设备,检验人员如果操作不当或粗心大意,很容易发生火灾、触电、外伤、中毒等危险事故。因此,保证实验室安全是维持正常检验工作的先决条件。提高安全防范意识,掌握必要的防火、防爆、防毒、防触电等知识是对技术人员的最基本要求。同时,应逐步培养遇到危险事故的应急处置能力。实验室的重要规定如下。

规定	要求	笔记
穿着规定	1. 进入实验室,必须按规定穿着必要的工作服。 2. 进行危害物质、挥发性有机溶剂、特定化学物质和毒性化学物质等试剂操作时,必须要穿戴防护用具(防护口罩、防护手套、防护眼镜等)。 3. 进行实验中,严禁戴隐形眼镜(防止化学品溅入腐蚀眼睛)。	

穿着规定	4. 需将长发及松散衣服妥善固定且在处理试剂的所有过程中穿鞋子。 5. 操作高温实验,必须戴防高温手套	
饮食规定	1. 避免在实验室饮食且使用化学试剂后需先洗净双手方能进食。 2. 严禁在实验室内吃口香糖等。 3. 禁止将食物储藏在储有化学试剂的冰箱或储藏柜中	
试剂领用、存储及操作规定	1. 操作危险性化学试剂请务必遵守操作守则和操作流程,勿自行更换实验流程。 2. 领取试剂时,确认容器上标示的中文名称为需要的实验用试剂。 3. 领取试剂时,请看清楚试剂危害标示和图样及是否有危害。 4. 使用挥发性有机溶剂以及强酸强碱性、高腐蚀性、有毒性的试剂,请在特殊排烟柜及桌上型抽烟管下进行操作。 5. 有机溶剂,固体化学试剂,酸、碱化合物均需分开存放,挥发性化学试剂须放置于具抽气装置的专用柜,有毒有害物质存放于专用柜。 6. 高挥发性或易于氧化的化学试剂须存放于冰箱或冰柜中。 7. 遵照规程勿独自一人在实验室做实验,尤其是危险实验。 8. 做危险实验时必须经实验室主任批准,并须考虑防火、防爆、防水灾等问题,有两人以上在场方可进行。 9. 做有危害性气体的实验必须在通风橱里进行。 10. 做有放射性、激光等对人体危害较重的实验,应制订严格安全措施,做好个人防护。 11. 将废弃药液、过期药液或废弃物依照规定分类标示清楚,严禁将试剂使用后的废(液)弃物倒入水槽或水沟,应倒入专用收集容器中回收	
用电安全规定	1. 实验室内的电气设备的安装和使用管理,必须符合安全用电管理规定,大功率实验设备用电必须使用专线,严禁与照明线共用,谨防因超负荷用电着火。 2. 不准私拉乱接电线。 3. 实验室内的用电线路和配电盘、板、箱、柜等装置及线路系统中的各种开关、插座、插头等均应经常保持完好可用状态,熔断装置所用的熔丝必须与线路允许的容量相匹配,严禁用其他导线替代。室内照明器具都要经常保持稳固可用状态。 4. 可能散布易燃、易爆气体或粉体的建筑内,所用电气线路和用电装置均应按相关规定使用防爆电气线路和装置。 5. 明确标记实验室内可能产生静电的部位、装置,加以警示,对其可能造成的危害要有妥善预防措施,安装、使用静电消除球。 6. 电气装置和设备,在使用前必须经组织专业人员的验收合格后方可使用;高压、高频设备要定期检修,要有可靠的防护措施;凡设备本身要求安全接地的,必须接地;定期检查线路,测量接地电阻。 7. 实验室内不得使用明火取暖,严禁抽烟。必须使用明火实验的场所,须经批准后,才能使用。 8. 手上有水或潮湿请勿接触电器用品或电气设备;严禁在水槽旁安装电器插座(防止漏电或感电)。 9. 实验室内的专业人员必须掌握本室的仪器、设备的性能和操作方法,严格按操作规程操作。	

续表

规定	要求	笔记
用电安全规定	10. 机械设备应装设防护设备或其他防护罩。 11. 电器插座请勿接太多插头,以免超负荷,引起电器火灾。 12. 如电气设备无接地设施,请勿使用,以免产生感电或触电	
压力容器安全规定	1. 气瓶应专瓶专用,不能随意改装其他种类的气体。 2. 气瓶应存放在阴凉、干燥、远离热源的地方,易燃气体气瓶与明火距离不小于5m。氢气、乙炔等易燃易爆气体须放置于气瓶柜中。 3. 气瓶搬运要轻、稳,放置要牢靠。 4. 各种气压表一般不得混用。 5. 氧气瓶严禁油污,避免接触手、扳手或衣服上的油污。 6. 气瓶内气体不可用尽,以防倒灌。 7. 开启气门时应站在气压表的一侧,不准将头或身体对准气瓶总阀,以防阀门或气压表冲出伤人。 8. 应确知护盖锁紧后才进行搬运。 9. 容器吊起搬运时不得用电磁铁、吊链、绳子等直接吊运。 10. 短距离移动尽量使用手推车,务求安稳直立。 11. 以手移动容器时,应直立移动,不可卧倒滚运。 12. 用时应加固定,容器外表颜色应保持明显、容易辨认。 13. 确认容器的用途无误时方得使用。 14. 检查管路是否漏气。 15. 检查压力表是否正常	
环境卫生规定	1. 各实验室应注重环境卫生,并须保持整洁。 2. 为减少尘埃飞扬,洒扫工作应于工作时间外进行。 3. 有盖垃圾桶应常清理、消毒,以保证环境清洁。 4. 垃圾清除及处理,必须合乎卫生要求,应在指定处倾倒,不得任意倾倒堆积,影响环境卫生。 5. 凡有毒、有害或易燃的垃圾废物、废液,均交由专业公司处理。 6. 窗面及照明器具透光部分均须保持清洁。 7. 保持所有走廊、楼梯通行无阻,建筑中设置有安全通道和出口。 8. 油类或化学物溢满地面或工作台时应立即擦拭冲洗干净。 9. 养成随时拾捡地上杂物的良好习惯,确保场所清洁。 10. 垃圾或废物不得堆积于操作地区或办公室内	

实验室的安全防护规定如下。

规定	要求	笔记
防火	1. 乙醚、酒精、丙酮、二硫化碳、苯等有机溶剂易燃,需存放于易燃易爆试剂专用柜,且不得过量存放,不可倒入下水道,以免引起火灾。 2. 金属钠、钾、铝粉、电石、黄磷以及金属氢化物要注意使用和存放,尤其不得与水直接接触。 3. 如着火,应冷静判断情况,采取适当措施灭火。可根据不同情况,选用水、沙、泡沫、CO_2 或 CCl_4 灭火器灭火	

	续表
防爆	1. 氢、乙烯、乙炔、苯、乙醇、乙醚、丙酮、乙酸乙酯、一氧化碳、水煤气和氨气等可燃性气体与空气混合至爆炸极限,如有热源诱发,极易发生支链爆炸,需采取预防措施。对于防止支链爆炸,主要是防止可燃性气体或蒸气散失在室内空气中,应保持室内通风良好。当大量使用可燃性气体时,应严禁使用明火和可能产生电火花的电器。 2. 过氧化物、高氯酸盐、叠氮铅、乙炔铜、三硝基甲苯等易爆物质,受震或受热可能发生热爆炸,需采取预防措施。对于预防热爆炸,强氧化剂和强还原剂必须分开存放,使用时轻拿轻放,远离热源
防灼伤	除高温以外,液氮、强酸、强碱、强氧化剂、溴、磷、钠、钾、苯酚、乙酸等物质都会灼伤皮肤,应注意不要让皮肤与这些物质接触,尤其防止溅入眼睛
防辐射	1. 长期反复接受 X 射线照射,会导致疲倦、记忆力减退、头痛、白细胞减少等。防护的方法就是避免身体各部位(尤其是头部)直接受到 X 射线照射,操作时需要屏蔽和缩短时间,屏蔽物常为铅、铅玻璃等。 2. 长时间照射大剂量紫外线会伤害皮肤,甚至有致癌风险。避免在紫外线照射下操作
伤害预处理	1. 普通伤口:以生理食盐水清洗伤口,以胶布固定。 2. 烧烫(灼)伤:以冷水冲洗 15～30min 至散热止痛→以生理食盐水擦拭(勿以药膏、牙膏、酱油涂抹或以纱布盖住)→紧急送至医院(注意事项:不可自行刺破水疱)。 3. 化学药物灼伤:以大量清水冲洗→以消毒纱布或消毒过的布块覆盖伤口→紧急送至医院处理
"三废"处理	1. 废气。产生气体的实验应在通风橱内进行,通过排风设备排到室外。产生有毒气体的实验必须具备吸收或处理装置。 2. 废渣。有毒的废渣应交由专业的废物处理机构运输、处理。 3. 废液。对于废酸液、废碱液、剧毒废液和有机溶剂废液等,均需分别倒入专用的废液桶中,并存放于专用的废液存储室,统一由专业的废物处理机构运输、处理

练习与思考

一、选择题

1. 下列仪器不能加热的是( )。
   A. 锥形瓶　　　　B. 容量瓶　　　　C. 坩埚　　　　D. 试管
2. 有关容量瓶的使用正确的是( )。
   A. 通常可以用容量瓶代替试剂瓶使用
   B. 先将固体试剂转入容量瓶后加水溶解配制标准溶液
   C. 用后洗净用烘箱烘干
   D. 定容时,无色溶液弯月面下缘和标线相切即可

3. 下面有关洗涤移液管，正确的是（　　）。
   A. 用自来水洗净后即可移液
   B. 用洗涤剂洗后即可移液
   C. 用移取液润洗干净后即可移液
   D. 用蒸馏水洗净后即可移液
4. 下列关于容量瓶的使用，不正确的是（　　）。
   A. 使用前应检查是否漏水　　　　　B. 瓶塞与瓶应配套使用
   C. 使用前在烘箱中烘干　　　　　　D. 容量瓶不宜代替试剂瓶使用
5. 能精确量取一定量液体体积的仪器是（　　）。
   A. 试剂瓶　　　B. 刻度烧杯　　　C. 吸量管　　　D. 量筒
6. 下面关于移液管的使用，正确的是（　　）。
   A. 一般不必吹出残留液　　　　　　B. 用蒸馏水淋洗后即可移液
   C. 用后洗净，加热烘干后可再用　　D. 移液管只能粗略地量取一定量液体体积
7. 实验室中，常用于标定盐酸标准溶液的物质是（　　）。
   A. 氢氧化钠　　B. 氢氧化钾　　　C. 氨水　　　　D. 硼砂
8. 酸碱滴定时，添加指示剂的量应少些，对此解释错误的是（　　）。
   A. 指示剂的量过多会使其变色不敏锐
   B. 指示剂是弱碱或弱酸，添加过多时会消耗一些滴定剂溶液
   C. 对单色指示剂而言，它的加入量对其变色范围有一定的影响
   D. 过量指示剂会稀释滴定液

二、判断题

1. 移液管的使用不必考虑体积校正。（　　）
2. 容量瓶能够准确量取所容纳液体的体积。（　　）

三、技能训练

请使用 10mL 的吸量管移取 5mL 的溶液。

四、简答题

1. 请简述仪器分析法的定义。
2. 请简述仪器分析法的分类。

拓展阅读

分析仪器行业的主要创始人——朱良漪

朱良漪是我国仪器仪表事业的创始人之一、分析仪器行业的主要创始人和学术带头人。1947年他赴美国明尼苏达州立大学研究生院机械系进修硕士，1950年在我国百废待兴时，回国从事仪器仪表工作。他回国后，积极参加新中国建设，他对国家民族工业的振兴和发展倾注了大量心血。

朱良漪先生于20世纪60年代主持完成了我国第一台大型同位素质谱计和气相色谱仪的研制。80年代组织领导我国重点工程30/60万千瓦发电站，运用系统工程方法成功完成总体监控系统设计并投入运行，为提高我国工业仪表产品的制造水平作出突出贡献。

朱良漪从1955年我国第一次制定十二年科学技术规划开始便以仪器仪表专家身份多次

参加国家科学技术委员会的科学技术规划、电子振兴计划和"863"计划,并从1978年起连续三届一直担任国家发明奖励评审委员会委员和自然科学基金委员会学科评审组成员。在培养科技人才方面朱良漪也是不留余力,分别在天津大学、厦门大学、清华大学和浙江大学等高校任兼职教授,他不但常做仪表与自动化方面的专题讲座,还亲自指导硕士研究生论文和负责承担科研课题,他还是中国自动化学会和中国仪器仪表学会的主要发起人之一。

在朱良漪老先生及同行的努力下我国的仪器分析学蓬勃发展,为我国其他学科奠定仪器分析基础,为我国的未来科学发展提供了前提。为纪念朱良漪同志矢志不渝推动我国分析仪器事业发展的精神,以及激励企业及广大科技工作者积极投身于分析仪器创新工作,中国仪器仪表学会分析仪器分会特设置"朱良漪分析仪器创新奖"。

项目二
紫外-可见光谱分析技术

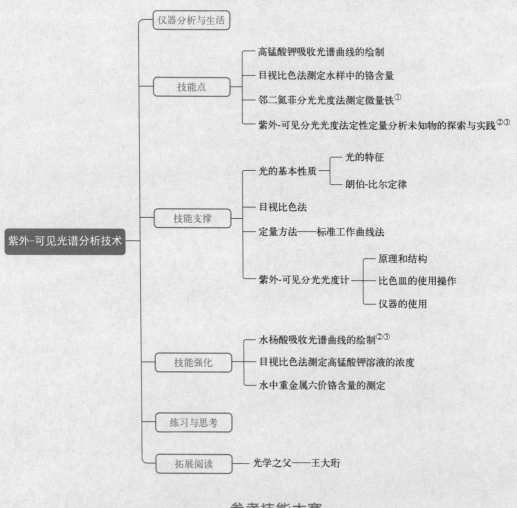

―――――― 参考技能大赛 ――――――

① 全国职业院校技能大赛化学实验技术赛项。
② 全国职业院校技能大赛工业分析检验赛项。
③ 全国食品药品类职业院校药品检测技术技能大赛。

仪器分析与生活

人体内不能合成维生素C，需要不断从外界摄取，它是人类和其他少数生物的必需营养素。紫外-可见分光光度法（420nm）是维生素C质量检查方法中的一种。

你知道维生素C是怎么被发现的吗？早在哥伦布的航行中，很多船员出现乏力、牙龈出血等症状，最后腹泻、呼吸困难，甚至死亡。1519年麦哲伦在航行中重蹈覆辙，到达目的地时，超三分之二的船员死亡。人们逐渐发现在荒漠中长期行军或被围困于城堡中缺少食物的人也会出现类似现象，人们称这种病为坏血病。直到十八世纪，医生林特发现新鲜蔬果或许可以治疗坏血病，于是做了大量的分组实验并完成报告，他建议为所有船员供应新鲜水果，但是建议未被采纳。林特死后，他的建议才引起英国海军重视，开始为水手提供莱姆汁（青柠汁）。林特医生的报告及其科学精神渐渐被后人认可，研究人员持续、深入地开展了相关研究。1932年诺贝尔生理学或医学奖、1937年诺贝尔生理学或医学奖和化学奖都颁给了维生素C研究者。1980年中国科学院研究员尹光琳发明了能大大降低维生素C生产成本的新方法，目前中国跃居世界维生素C生产的领导地位，在国际市场占据一半以上份额。

维生素C的发展史提示我们：成功源于敏锐的科学洞察力和坚持不懈的努力，要有探索和创新精神。

任务一　高锰酸钾吸收光谱曲线的绘制

✈ 任务目标

1. **掌握**　紫外-可见分光光度计的使用；绘制吸收光谱曲线的方法
2. **熟悉**　吸收池的操作方法
3. **了解**　分子吸收光谱产生的机理；光的基本性质；紫外-可见分光光度计的组成和结构

高锰酸钾吸收曲线的绘制

📘 学习任务单

任务名称	高锰酸钾吸收光谱曲线的绘制
任务描述	使用紫外-可见分光光度计在一定波长范围内测定高锰酸钾溶液的吸光度，用波长-吸光度绘制曲线
任务分析	任务中，熟悉高锰酸钾的基本性质，配制不同浓度的高锰酸钾溶液。在一定波长范围内使用紫外-可见分光光度计测定同一浓度溶液的每一个波长对应的吸光度，绘制吸收光谱曲线，观察同一浓度溶液中不同波长处吸光度的变化趋势；同样方法，绘制不同浓度高锰酸钾溶液的吸收光谱曲线，比较不同浓度高锰酸钾溶液吸收光谱曲线的关系。理解：同一浓度溶液在不同波长条件下，物质对光的吸收程度是不同的；不同浓度的同种溶液，吸收光谱曲线不同，但变化趋势一致。在本任务中，学会绘制吸收光谱曲线，并找出最大吸光度所对应的波长
成果展示与评价	每一组学生完成实训的操作并记录数据，小组互评。最后由教师综合评定成绩

【任务实施】

一、任务目的

1. 熟悉分光光度计的操作原理和使用方法。
2. 熟练掌握吸收光谱曲线的绘制方法。
3. 会从吸收光谱曲线中选择最大吸收波长 λ_{max}。

二、方法原理

$KMnO_4$ 在可见光范围内可吸收光能形成吸收光谱,尤其对绿色光吸收能力较强,$KMnO_4$ 溶液呈现紫红色。在可见光区域,选择合适的波长间隔,以各波长所测得的吸光度为数据,用电脑绘制 $KMnO_4$ 的吸收光谱曲线。不同浓度 $KMnO_4$ 溶液的吸收曲线特征一致,可利用可见光的吸收光谱曲线进行定性分析,并找出最大吸收波长 λ_{max},为定量分析选择测定波长提供依据。

三、仪器与试剂

仪器:分光光度计1台、电子天平1台、吸收池1套(2支)、50mL比色管(7支)、1000mL容量瓶1个、移液管(5mL、10mL、20mL各1支)、吸耳球1个、洗瓶1个、烧杯、玻璃棒、滤纸、擦镜纸若干等。

试剂:高锰酸钾等。

四、操作过程

任务名称		高锰酸钾吸收光谱曲线的绘制	操作人		日期	
			复核人			
方法步骤		说明			笔记	
试剂准备	高锰酸钾标准使用液的制备	准确称取基准物 $KMnO_4$ 0.1250g,在小烧杯中溶解后全部转入1000mL容量瓶中,用蒸馏水配制成1mL含0.1250mg $KMnO_4$ 的溶液				
	高锰酸钾标准溶液的配制	取4支50mL比色管,精密吸取上述 $KMnO_4$ 标准溶液 0.00、5.00mL、10.00mL、20.00mL 于标记为 1#、2#、3#、4# 的50mL比色管中,用蒸馏水稀释到刻度,摇匀				
吸光度的测定	吸收池配套选择	进行吸收池配套性检验,皿差≤0.005(即一套吸收池中两个吸收池吸光度的最大差值不大于0.005)。				
	2# 溶液测定	以 1# 比色管为空白,2# 比色管为待测液,分别转移入吸收池,依次选择 440、450、460、470、480、490、500、510、520、525、530、535、540、545、550、560、580、600、620、640、660nm 波长为测定波长,依法测出各波长下的吸光度 A。记录数据				

续表

吸光度的测定	3#溶液测定	以 1#比色管为空白,3#比色管为待测液,分别转移入吸收池,以测定 2#溶液相同方法测出各波长下的吸光度 A。记录数据	
	4#溶液测定	以 1#比色管为空白,4#比色管为待测液,分别转移入吸收池,以测定 2#溶液相同方法测出各波长下的吸光度 A。记录数据	
高锰酸钾吸收光谱曲线的绘制		1. 电脑绘制高锰酸钾吸收光谱曲线,打开 Excel,输入波长和对应 A 数据。 2. 选择所有数据,点击"插入"按钮,点击"图表",选择"散点图",点击"带平滑线和数据标记的散点图"。分别以测定波长为横坐标,以相应测出的吸光度 A 为纵坐标,绘制吸收光谱曲线;根据吸收光谱曲线,找出最大吸收波长 λ_{max}	
数据处理		找出吸收光谱曲线的特点及不同浓度高锰酸钾溶液吸收光谱曲线的关系	
结束工作		洗涤仪器,整理工作台和实训室	

注:如紫外-可见分光光度计配有自动绘制吸收光谱曲线功能的软件系统,可设置以 1nm 为间隔,自动测定并绘制 440~660nm 波长的吸收光谱曲线,然后与上述 Excel 绘制的曲线进行比对。

五、结果记录

	结果记录			
任务名称	高锰酸钾吸收光谱曲线的绘制	操作人		日期
		复核人		

1. 吸光度数据

2. 高锰酸钾吸收光谱曲线

六、操作评价表

任务名称		高锰酸钾吸收光谱曲线的绘制	操作人		日期	
操作项目	考核内容	操作要求		分值	得分	备注
试剂称量	称量操作	1. 检查天平水平 2. 清扫天平 3. 敲样动作正确		2		
	基准物称量范围	1. 在规定量±5%内 2. 称量范围最多不超过±10%		3		
	结束工作	1. 复原天平 2. 桌面整理		3		
溶液配制	容量瓶规格	选择正确		2		
	容量瓶试漏	正确试漏		3		
	容量瓶洗涤	洗涤干净		2		
	定量转移	转移动作规范		5		
	定容	1. 三分之一处水平摇动 2. 准确稀释至刻度线 3. 摇匀动作正确		5		

续表

移取溶液	移液管洗涤	洗涤干净	5		
	移液管润洗	润洗方法正确	5		
	吸溶液	1. 不吸空 2. 不重吸	5		
	调刻度线	1. 调刻度线前擦干外壁 2. 调节液面操作熟练	10		
	放溶液	1. 移液管竖直 2. 移液管尖靠壁 3. 放液后停留约15s	10		
比色管使用	溶液配制	1. 比色管选择合理 2. 测定之前混合均匀 3. 比色管中溶液到刻度线准确	10		
吸收池使用	吸收池操作	1. 手未触及吸收池透光面 2. 测定时,溶液未过少或过多(应2/3~3/4)	5		
	吸收池配套性检验	进行操作,吸收池误差≤0.005	10		
	实训结束	吸收池进行清洗、控干、保存	5		
结果分析	结果记录	实训结果在误差范围内	5		
职业素养	实训室安全	1. 整理实训室 2. 规范操作 3. 团队合作	5		

评价人：_____　　　　　　　　　　总分：_____

【任务支撑】

一、光的基本性质

物质的颜色与光有密切关系，例如蓝色硫酸铜溶液放在钠光灯（黄光）下呈黑色；如果将它放在暗处，则什么颜色也看不到。可见，物质的颜色不仅与物质本质有关，也与有无光照和光的组成有关，因此为了深入了解物质对光的选择性吸收，首先对光的基本性质应有所了解。

1. 光的基本特性

光是一种电磁波，具有波动性和粒子性。光是一种波，具有波长（λ）和频率（ν）；光也是一种粒子，具有能量（E）。它们之间的关系为

$$E = h\nu = h\frac{c}{\lambda} \tag{2-1}$$

式中，E 为能量，eV；h 为普朗克常数（6.626×10^{-34} J·s）；ν 为频率，Hz；c 为光速，真空中约为 3×10^{10} cm/s；λ 为波长，nm。

从式(2-1)可知，不同波长的光能量不同，波长愈长，能量愈小；波长愈短，能量愈大。具有同一种波长的光，称为单色光，纯单色光很难获得，激光的单色性虽然很好，但也只接近于单色光。含有多种波长的光称为复合光，白光就是复合光。

人的眼睛对不同波长的光的感觉是不一样的。凡是能被肉眼感觉到的光称为可见光，被人的眼睛感觉出，所以这些波长范围的光是能看到的。在可见光的范围内，不同波长的光刺激眼睛后会产生不同颜色的感觉，但由于受到人的视觉分辨能力的限制，实际上是一个波段的光给人引起一种颜色的感觉。

日常见到的日光、白炽灯光等白光都是由波长不同的有色光混合而成的。这可以用一束白光通过棱镜后色散为红、橙、黄、绿、青、蓝、紫七色光来证实。如果把两种适当颜色的光按一定强度比混合可成为白光，这两种颜色的光称为互补色光，图 2-1 为互补色光示意图。图中处于直线两端相对的两种颜色的光即为互补色光，如绿色光和紫红色光互补、蓝色光与黄色光互补等，它们按一定强度比混合都可以得到白光，所以日光等白光实际上是由一对或多对互补色光由适当强度比混合而成。

2. 物质对光的选择性吸收

（1）物质颜色的产生　当一束白光通过某透明溶液时，如果该溶液对可见光区各波长的光都不吸收，即入射光全部通过溶液，这时看到的溶液透明无色。当溶液对可见光区各种波长的光全部吸收时，看到的溶液呈黑色。若某溶液选择性地吸收了可见光区某波长的光，则该溶液即呈现出被吸收光的互补色光的颜色。例如，当一束白光通过 $KMnO_4$ 溶液时，该溶液选择性地吸收了 500~560nm 的绿色光，其互补色光紫红色光未被吸收，$KMnO_4$ 溶液呈现紫红色。同样道理，K_2CrO_4 溶液对可见光中的蓝色光有最大吸收，所以溶液呈蓝色的互补色光——黄色，可见物质的颜色是基于物质对光有选择性吸收的结果，而物质呈现的颜色则是被吸收光的互补色。

溶液的颜色是由溶液对可见光的选择性吸收产生的。吸收光谱曲线能反映出物质选择性吸收不同波长范围光的性质。

（2）吸收光谱曲线　吸收光谱曲线可通过实验获得。具体方法是：将波长不同的光依次通过某一固定浓度和厚度的有色溶液，分别测出它们对各种波长光的吸收程度，用吸光度 A 表示，以波长（λ）为横坐标，以吸光度为纵坐标，画出曲线，此曲线即称为该物质的吸收光谱曲线（又常简称吸收光谱或吸收曲线），它描述了物质对不同波长光的吸收程度。图 2-2 所示的是四种不同浓度的 $KMnO_4$ 溶液的四条吸收曲线。

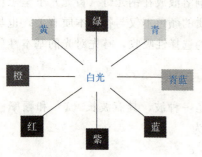

图 2-1　互补色光示意图

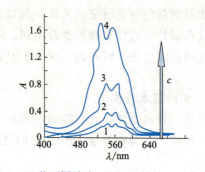

图 2-2　四种不同浓度 $KMnO_4$ 溶液的吸收曲线

① 高锰酸钾溶液对不同波长光的吸收程度是不同的，对波长为525nm的绿色光吸收最多、在吸收曲线上有一高峰（称为吸收峰）。光吸收程度最大处的波长称为最大吸收波长（常以 λ_{max} 表示），在进行吸光度测定时，通常首选 λ_{max} 作为测定用波长，这样可得到最大的灵敏度。

② 不同浓度的高锰酸钾溶液，其吸收曲线的形状相似，最大吸收波长也一样，所不同的是吸收峰峰高随浓度的增加而增高。

③ 不同物质的吸收曲线，其形状和最大吸收波长都各不相同，因此，可利用吸收曲线来作为物质定性分析的依据。

3. 分子吸收光谱产生的机理

（1）分子运动及其能级跃迁　物质总是在不断运动着，而构成物质的分子及原子具有一定的运动方式。通常认为分子内部运动方式有三种，即分子内电子相对原子核的运动（称为电子运动）；分子内原子本身在其平衡位置上的振动（称分子振动）；分子本身绕其重心的转动（称分子转动）。分子以不同方式运动时所具有的能量不相同，这样分子内就对应三种不同的能级，即电子能级、振动能级和转动能级。

一个分子的内能 E 是它的转动能 $E_{转}$、振动能 $E_{振}$ 和电子能 $E_{电子}$ 之和，即

$$E = E_{转} + E_{振} + E_{电子} \tag{2-2}$$

由图2-3可知，在同一电子能级中因分子的振动能量不同，分为几个振动能级。而在同一振动能级中，也因为转动能量不同，又分为几个转动能级。因此每种分子运动的能量都是不连续的，即量子化的。也就是说，每种分子运动所吸收（或发射）的能量，必须等于其能级差的特定值（光能量 $h\nu$ 的整数倍）。否则它就不吸收（或发射）能量。

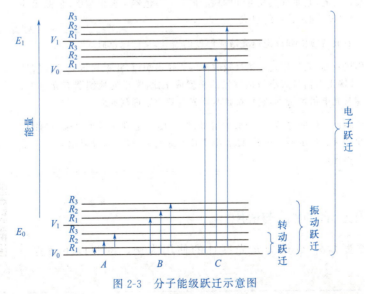

图2-3　分子能级跃迁示意图

E_0—电子基态；E_1—第一电子激发态；A—转动跃迁；B—转动-振动跃迁；C—转动-振动-电子跃迁

通常化合物的分子处于稳定的基态，但当它受光照射时，则根据分子吸收光能的大小，引起分子转动、振动或电子跃迁，同时产生三种吸收光谱，分子由一个能级 E_1 跃迁到另一个能级 E_2 时的能量变化 ΔE 为二能级之差，即

$$\Delta E = E_2 - E_1 = h\nu = hc/\lambda \tag{2-3}$$

(2) 分子吸收光谱的产生　由图 2-3 可知,转动能级间隔 $\Delta E_{转}$ 最小,一般小于 0.05eV,因此分子转动能级产生的转动光谱处于远红外和微波区。

由于振动能级的间隔 $\Delta E_{振}$,比转动能级间隔大得多,一般为 0.05~1eV,因此分子振动所需能量较大,其能级跃迁产生的振动光谱处于近红外和中红外区。

由于分子中原子价电子的跃迁所需的能量 $\Delta E_{电子}$ 比分子振动所需的能量大得多,一般为 1~20eV,因此分子中电子跃迁产生的电子光谱处于紫外和可见光区。

由于 $\Delta E_{电子} > \Delta E_{振} > \Delta E_{转}$,因此在振动能级跃迁时也伴有转动能级跃迁,在电子能级跃迁时,同时伴有振动能级、转动能级的跃迁。所以分子光谱是由密集谱线组成的带光谱,而不是"线"光谱。

综上所述,由于各种分子运动所处的能级和产生能级跃迁时能量变化都是量子化的,因此在分子运动产生能级跃迁时,只能吸收分子运动相对应的特定频率(或波长)的光能。而不同物质分子内部结构不同,分子的能级也是千差万别,各种能级之间的间隔也互不相同,这样就决定了它们对不同波长光的选择性吸收。

二、紫外-可见分光光度计的结构及作用

结构	作用	笔记
光源	供给符合要求的入射光。分光光度计对光源的要求是:在使用波长范围内提供连续的光谱,光强度足够大,有良好的稳定性,使用寿命长,实际应用的光源一般分为紫外光光源(200~400nm)和可见光光源(400~780nm)	
单色器	把光源发出的连续光谱分解成单色光,并能准确方便地"取出"所需要的某一波长的光,它是分光光度计的核心部分。单色器主要由狭缝、色散元件(棱镜或光栅)和透镜系统组成	
吸收池	用于盛放待测液和决定透光液层厚度的器具,又称比色皿	
检测器	又称接收器,其作用是对透过吸收池的光作出响应,并把它转换成电信号输出,其输出电信号大小与透过光的强度成正比,常用的检测器有光电池、光电管及光电倍增管等,它们都是基于光电效应原理制成的	
信号显示系统	由检测器产生的电信号,经放大等处理后,用一定方式显示出来,以便于计算和记录。显示器有多种,随着电子技术的发展,这些信号显示和记录系统越来越先进	

三、紫外-可见分光光度计的使用

以 UV5900 型紫外-可见分光光度计的使用为例,按照以下程序操作。

紫外-可见分光光度计

步骤	说明	笔记
仪器预热	接通电源,打开仪器的电源开关,仪器开始自检,预热 15min。等仪器自检和预热结束,仪器屏幕显示进入主菜单界面	
吸收池配对性检验	每台仪器都配有一套符合规格的吸收池,根据测试波长选用合适的吸收池。如测定波长为紫外线范围,选用石英吸收池;如为可见光范围,选用玻璃吸收池	

准备样品	配制标准溶液和待测溶液	
溶液测定	选择系统设定。如需产生可见光,选择钨灯;如需产生紫外光,则选用氘灯	
	选择光度测量,设定适合波长(例如用邻二氮菲法测定溶液中 Fe 的含量,选择的波长为 510nm)	
	测定:将装有溶液的吸收池插入吸收池槽里,盖上试样室盖,使待测液处于光路上。调节所需波长,第一个吸收池放置参比溶液,第二个吸收池放置 1# 溶液	
	选择"光量测量"中的"定量测定",选择"标准工作曲线"—"新建曲线"—"输入样品个数",然后根据待测标准溶液的个数输入数字(如有 6 个不同浓度的标准溶液,则输入"6"),"输入标样测量次数",输入数字(如每个标样只测 1 次,输入"1";如测 3 次,则输入"3",测定结果将会是三次测定吸光度的平均值),"输入溶液溶度 1#"为 0.00,调零按钮,拉动试样室拉杆,出现 1# 溶液的吸光度	
	测定 1# 的 A 值后,倒出第二个吸收池中的溶液,再分别用蒸馏水和 2# 溶液清洗三次,盛放 2# 溶液至吸收池的 2/3~3/4 位置。调零,测定其 A 值。以同样方法依据浓度由低到高的顺序依次测定各标准溶液的吸光度	
	系统自动绘制根据标准溶液测定结果得出的标准工作曲线	
	同样方法测定未知溶液的吸光度,在其曲线上自动得出所对应的浓度	
关机	从仪器中取出吸收池,倒出其中溶液,清洗吸收池,清理吸收池槽,洗净吸收池,待干燥后放回吸收池盒中。 关闭仪器的电源开关,断开电源。盖上防尘罩。清理实验台	

【技能强化】

水杨酸吸收光谱曲线的绘制

一、任务目的

1. 了解紫外-可见分光光度计的性能、结构及其使用方法。
2. 掌握紫外-可见分光光度法定性分析的基本原理和实训技术。

二、方法原理

水杨酸又称邻羟基苯甲酸,为白色结晶性粉末,无臭,味先微苦后转辛。水杨酸易溶于乙醇、乙醚、氯仿、丙酮、松节油等,不易溶于水。水杨酸是重要的精细化工原料,在医药工业中,水杨酸是一种用途极广的消毒防腐剂;水杨酸具有优秀的"去角质、清理毛孔"能力,安全性高,且对皮肤的刺激较果酸更低,近年来成为保养护肤品的新宠儿。

水杨酸在紫外光区吸收稳定、重现性好，不同浓度水杨酸溶液的吸收曲线特征一致，可利用紫外吸收光谱曲线进行定性分析，并找出最大吸收波长 λ_{max}，为定量分析选择测定波长提供依据。

三、仪器与试剂

仪器：紫外-可见分光光度计，石英吸收池，容量瓶（100mL 2个、50mL 6个），刻度吸量管（1mL、2mL、5mL 各 1 支）等。

试剂：分析纯水杨酸、60％乙醇溶液等。

四、操作过程

任务名称	水杨酸吸收光谱曲线的绘制	操作人		日期	
		复核人			
步骤	说明			笔记	
100μg/mL 水杨酸使用液的配制	准确称取 0.1g 水杨酸置于 100mL 烧杯中，用 60％乙醇溶解后转移到 100mL 容量瓶中，以 60％乙醇稀释至刻度，摇匀，作为储备液（1mg/mL）。 再移取 10mL 储备液，以 60％乙醇定容于 100mL 容量瓶，稀释成浓度为 100μg/mL 的水杨酸使用液				
不同浓度水杨酸溶液的配制	将 6 个干净的 50mL 容量瓶按 1～6 依次编号，分别准确移取水杨酸使用液 0.00、1.00mL、2.00mL、4.00mL、6.00mL、8.00mL 于相应编号容量瓶中，用 60％乙醇溶液稀释至刻度，摇匀				
定性分析：水杨酸吸收光谱曲线的测定	取水杨酸溶液，以 60％乙醇为参比，用 1cm 石英吸收池，在 220～400nm，每隔 5nm 测定吸光度，绘制吸光度-波长曲线，得水杨酸吸收光谱曲线。 按上述方法，依次绘制 6 个浓度水杨酸溶液的吸收光谱曲线				
数据处理	找出吸收光谱曲线的特点及不同浓度水杨酸溶液吸收光谱曲线的关系，确定 λ_{max}				
结束工作	洗涤仪器，整理工作台和实训室				

五、注意事项

1. 测定溶液之前，仪器调零。
2. 溶液测量之前应先摇匀，且均完全透明。
3. λ_{max} 处于紫外光区域，选用石英吸收池。
4. 吸收池使用时注意不要沾污或将吸收池的透光面磨损，应手持吸收池的毛玻璃面。
5. 不能将透光面与硬物或脏物接触，只能用擦镜纸或丝绸擦拭透光面。

六、结果记录

任务名称	水杨酸吸收光谱曲线的绘制	结果记录		日期	
		操作人			
		复核人			

1. 吸光度数据

2. 水杨酸吸收光谱曲线

七、操作评价表

任务名称		水杨酸吸收光谱曲线的绘制	操作人		日期	
操作项目	考核内容	操作要求	分值	得分	备注	
溶液配制	容量瓶规格	选择正确	2			
	容量瓶试漏	正确试漏	2			
	容量瓶洗涤	洗涤干净	2			
	定量转移	转移动作规范	2			
	定容	1. 三分之一处水平摇动 2. 准确稀释至刻度线 3. 摇匀动作正确	2			
移取溶液	移液管洗涤	洗涤干净	2			
	移液管润洗	润洗方法正确	2			
	吸溶液	1. 不吸空 2. 不重吸	2			
	调刻度线	1. 调刻度线前擦干外壁 2. 调节液面操作熟练	4			
	放溶液	1. 移液管竖直 2. 移液管尖靠壁 3. 放液后停留约15s	5			
吸收池使用	吸收池操作	1. 手未触及吸收池透光面 2. 测定时,溶液未过少或过多(应2/3~3/4)	5			
	吸收池配套性检验	进行操作,吸收池误差≤0.005	5			
	实训结束	吸收池进行清洗、控干、保存	5			
仪器使用	参比溶液	参比溶液选择正确	5			
	仪器操作	仪器操作规范正确	10			
定性分析	吸收光谱曲线	波长范围选择正确	10			
		吸收光谱曲线正确	15			
		最大吸收波长选择正确	10			
职业素养	实训室整理	1. 整理实训室 2. 规范操作 3. 团队合作	10			

评价人:_____ 总分:_____

任务二　目视比色法测定水样中的铬含量

任务目标

1. **掌握**　目视比色法；朗伯-比尔定律
2. **熟悉**　光的基本性质
3. **了解**　分子吸收光谱产生的机理

学习任务单

任务名称	目视比色法测定水样中的铬含量
任务描述	利用光吸收的基本原理,通过显色反应测量铬含量
任务分析	任务中,首先要了解光的基础知识,熟悉显色反应,知道本任务的操作过程。然后选择适宜的比色管,并熟练使用玻璃器具配制溶液。最后,通过观察溶液颜色得出检测结果
成果展示与评价	每一组学生完成操作过程并记录数据,小组内互评。最后由教师综合评定成绩

【任务实施】

一、任务目的

1. 掌握目视比色法的测定方法。
2. 学习目视比色法测定水中铬的原理和方法。

目视比色法测定
水中六价铬

二、方法原理

铬在水中常以铬酸盐（六价铬）形式存在，在酸性溶液中，六价铬离子与二苯碳酰二肼反应，生成紫红色配合物，可以借此进行目视比色，测定微量（或痕量）Cr(Ⅵ)的含量。

显色条件的选择

三、仪器与试剂

仪器：50mL 比色管 1 套（10 支）、比色管架 1 个、1000mL 容量瓶 1 个、250mL 容量瓶 1 个、5mL 移液管 1 支、5mL 吸量管 2 支等。

试剂：优级纯重铬酸钾、二苯碳酰二肼等。

项目二　紫外-可见光谱分析技术

四、操作过程

任务名称		目视比色法测定水样中的铬含量	操作人		日期	
			复核人			
方法步骤		说明			笔记	
试剂准备	铬标准使用液配制	铬标准储备液（$\rho=50.0$mg/L）：称取 0.1415g 已在 105～110℃下干燥过的优级纯 $K_2Cr_2O_7$ 溶于蒸馏水中，转移至 1000mL 容量瓶中，定容，摇匀				
		铬标准使用液（$\rho=1.00$mg/L）：移取 5.00mL 铬标准储备液于 250mL 容量瓶中，用蒸馏水稀释至刻度，定容，摇匀				
	显色剂配制	二苯碳酰二肼溶液：称取 0.1g 二苯碳酰二肼于 50mL 的 95%乙醇中，搅拌使其全部溶解（约 5min）；另取 20mL 浓 H_2SO_4 稀释至 200mL，待其冷却至室温后，边搅拌边将二苯碳酰二肼的乙醇溶液加入其中（此溶液应为无色溶液，如溶液有色，不宜使用），贮于棕色瓶，存放在冰箱中，一个月内有效				
比色管选取		选择一套 50mL 比色管（10 支），洗净后置比色管架上。注意：比色管的几何尺寸和材料（玻璃颜色）要相同。洗涤时不能使用重铬酸钾-硫酸洗液洗涤，防止器壁对铬离子的吸附，应依次使用 H_2SO_4-HNO_3 混合酸、自来水、蒸馏水洗涤为宜				
标准溶液的配制		取 7 支 50mL 比色管，依次加入 0、0.50mL、1.00mL、2.00mL、3.00mL、4.00mL、6.00mL 铬标准使用液				
		加入硫酸溶液（1+1）和磷酸溶液（1+1）各 0.5mL，摇匀				
		加入 2mL 显色剂溶液，摇匀。用水稀释至标线。放置 10min				
样品的测定		移取水试样若干毫升（以试样显色后的色泽介于标准系列溶液中为宜）于一支干净比色管，按上述方法显色，再用蒸馏水稀释至标线，混匀，放置 10min 后，与标准系列溶液比较颜色深浅。同法再制备两个平行样品				
结果观察		比较样品管与标准溶液管的颜色，估算待测溶液的浓度				
结束工作		洗涤仪器，整理工作台和实训室				

五、结果记录

结果记录					
任务名称	目视比色法测定水样中的铬含量	操作人		日期	
		复核人			

六、操作评价表

任务名称	目视比色法测定水样中的铬含量		操作人		日期	
操作项目	考核内容	操作要求	分值	得分	备注	
溶液配制	容量瓶规格	选择正确	5			
	容量瓶检漏	正确检漏	5			
	容量瓶洗涤	洗涤干净	5			
	定量转移	转移动作规范	10			
	定容	1. 三分之一处水平摇动 2. 准确稀释至刻度线 3. 摇匀动作正确	10			

续表

移取溶液	移液管洗涤	洗涤干净	5		
	移液管润洗	润洗方法正确	5		
	吸溶液	1. 不吸空 2. 不重吸	5		
	调刻度线	1. 调刻度线前擦干外壁 2. 调节液面操作熟练	10		
	放溶液	1. 移液管竖直 2. 移液管尖靠壁 3. 放液后停留约15s	10		
比色管使用	溶液配制	1. 比色管选择合理 2. 显色剂添加正确 3. 比色管中溶液颜色呈梯度关系	10		
结果分析	结果记录	实训结果在误差范围内	10		
职业素养	实训室安全	1. 整理实训室 2. 规范操作 3. 团队合作	10		

评价人：_____ 总分：_____

【任务支撑】

一、朗伯-比尔定律

1. 吸收定律

当一束平行的单色光垂直照射到一定浓度的均匀透明溶液时，入射光被溶液吸收的程度与溶液厚度的关系为

$$\lg \frac{\phi_0}{\phi_{\text{tr}}} = kb \tag{2-4}$$

式中，k 为比例常数；b 为溶液的液层厚度。k 与入射光波长、溶液性质、浓度和温度有关。这就是朗伯定律。在式（2-4）和图 2-4 中 ϕ_0 表示入射光强度，I_a 表示吸收光强度，ϕ_{tr} 表示出射光强度也叫透过光强度。

ϕ_{tr}/ϕ_0 表示溶液对光的透射程度，称为透射比，用符号 τ 表示。透射比愈大说明透过的光愈多。而 ϕ_0/ϕ_{tr} 是透射比的倒数，它表示入射光 ϕ_0 一定时，透过光通量愈小，即 $\lg \frac{\phi_0}{\phi_{\text{tr}}}$ 愈大，光吸收愈多。所以 $\lg \frac{\phi_0}{\phi_{\text{tr}}}$ 表示了单色光通过溶液时被吸收的程度，通常称为吸光度，用 A 表示，即

$$A = \lg \frac{\phi_0}{\phi_{\text{tr}}} = \lg \frac{1}{\tau} = -\lg \tau \tag{2-5}$$

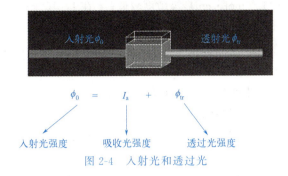

图 2-4 入射光和透过光

当一束平行单色光垂直照射到同种物质不同浓度、相同液层厚度的均匀透明溶液时，入射光通量与溶液浓度的关系为

$$\lg \frac{\phi_0}{\phi_{tr}} = k'c \tag{2-6}$$

式中，k' 为另一比例常数，它与入射光波长、液层厚度、溶液性质和温度有关；c 为溶液浓度。这就是比尔（Beer）定律。比尔定律表明：当溶液液层厚度和入射光通量一定时，光吸收的程度与溶液浓度成正比。必须指出的是：比尔定律只在一定浓度范围适用。因为浓度过低或过高时，溶质会发生电离或聚合等而产生误差。

当溶液厚度和浓度都可改变时，就要考虑两者同时对透射光通量的影响，则有

$$A = \lg \frac{\phi_0}{\phi_{tr}} = \lg \frac{1}{\tau} = Kbc \tag{2-7}$$

式中，K 为比例常数，与入射光的波长、物质的性质和溶液的温度等因素有关，这就是朗伯-比尔定律，即光吸收定律，它是紫外-可见分光光度法进行定量分析的理论基础。

光的吸收定律表明：当一束平行单色光垂直入射通过均匀、透明的吸光物质的稀溶液时，溶液对光的吸收程度与溶液的浓度及液层厚度的乘积成正比。

朗伯-比尔定律应用的条件：一是必须使用单色光；二是吸收发生在均匀的介质中；三是吸收过程中，吸收物质互相不发生作用；四是浓度适宜，不过低或过高（不高于 0.01mol/L）。

2. 吸光系数

$A = Kbc$ 中 K 称为吸光系数。其物理意义是：单位浓度的溶液液层厚度为 1cm 时，在一定波长下测得的吸光度。

K 值的大小取决于吸光物质的性质、入射光波长、溶液温度和溶剂性质等，与溶液的大小和液层厚度无关。但 K 值大小因溶液浓度表达方式不同而异。

（1）摩尔吸光系数 ε　当溶液的浓度以物质的量浓度（mol/L）表示，液层厚度以厘米（cm）表示时，相应的比例常数 K 称为摩尔吸光系数，以 ε 表示，其单位为 L/(mol·cm)。这样 $A = Kbc$ 可以改写成

$$A = \varepsilon bc \tag{2-8}$$

摩尔吸光系数的物理意义是，浓度为 1mol/L 的溶液，于厚度为 1cm 的吸收池中，在一定波长下测得的吸光度。

摩尔吸光系数是吸光物质的重要参数之一，它表示物质对某一特定波长光的吸收能力。ε 愈大，表示该物质对某波长光吸收能力愈强，测定的灵敏度也就愈高。因此，测定时，为了提高灵敏度通常选择摩尔吸光系数大的有色化合物进行测定，选择具有最大 ε 值波长的光作为入

射光，一般认为 $\varepsilon < 1 \times 10^4 \mathrm{L/(mol \cdot cm)}$ 灵敏度较低；ε 在 $1 \times 10^4 \sim 6 \times 10^4 \mathrm{L/(mol \cdot cm)}$ 属中等灵敏度；$\varepsilon > 6 \times 10^4 \mathrm{L/(mol \cdot cm)}$ 属高灵敏度。

摩尔吸光系数由实验测得。在实际测量中，不能直接取 1mol/L 这样的高浓度溶液去测量摩尔吸光系数，只能在稀溶液中测量后，换算成相应的摩尔吸光系数。

【例 3-1】 已知含 Fe^{3+} 浓度为 500μg/L 的溶液用 KSCN 显色，在波长 480nm 处用 2cm 吸收池测得 $A=0.197$，计算摩尔吸光系数。

$$c(Fe^{3+}) = 500 \times 10^{-6}/55.85 = 8.95 \times 10^{-6} (\mathrm{mol/L})$$

$$\varepsilon = A/bc$$

$$\varepsilon = 0.197/(8.95 \times 10^{-6} \times 2) = 1.1 \times 10^4 [\mathrm{L/(mol \cdot cm)}]$$

(2) 质量吸光系数　质量吸光系数适用于摩尔质量未知的化合物。若溶液浓度以质量浓度 ρ(g/L) 表示，液层厚度以厘米（cm）表示，相应的吸光度则称为质量吸光度，以 a 表示，其单位为 L/(g·cm)。这样 $A=Kbc$ 可表示为

$$A = ab\rho \tag{2-9}$$

质量吸光系数是质量浓度为 1g/L 的溶液，于厚度为 1cm 的吸收池中、在一定波长下测得的吸光度。

3. 吸光度的加和性

在多组分的体系中，在某一波长下，如果各种对光有吸收的物质之间没有相互作用，则体系在该波长的总吸光度等于各组分吸光度的和，即吸光度具有加和性，称为吸光度加和性原理，可表示如下

$$A_{总} = A_1 + A_2 + \cdots + A_n = \sum A_n \tag{2-10}$$

式中，各吸光度的下标表示组分 $1, 2, \cdots, n$。吸光度的加和性对多组分同时定量测定、校正干扰等都极为有用。

4. 影响吸收定律的主要因素

根据吸收定律，在理论上，吸光度对溶液浓度作图所得的直线的截距为零，斜率为 εb。实际上吸光度与浓度关系有时是非线性的，或者不通过零点，这种现象称为偏离吸收定律。

如果溶液的实际吸光度比理论值大，则为正偏离吸收定律；吸光度比理论值小，为负偏离吸收定律。引起偏离吸收定律的原因主要有以下几方面。

(1) 入射光非单色性引起偏离　吸收定律成立的前提是入射光是单色光，但实际上，一般单色器所提供的入射光并非纯单色光，而是由波长范围较窄的光带组成的复合光。而物质对不同波长的吸收程度不同（即吸收系数不同），因而导致了对吸光定律的偏离。入射光中不同波长的摩尔吸光系数差别愈大，偏离吸收定律就愈严重。实验证明，所选的入射光，其所含的波长范围在被测溶液的吸收曲线较平坦的部分，偏离程度就会小。

(2) 溶液的化学因素引起偏离　溶液中的吸光物质因离解、缔合，形成新的化合物而改变了吸光物质的浓度，导致偏离吸收定律。因此，测量前的化学预处理工作十分重要，如控制好显色反应条件，控制溶液的化学平衡等，以防止产生偏离。

(3) 比尔定律的局限性引起偏离　严格来说，比尔定律是一个有限定律，它只适用于稀溶液。因为浓度高时，吸光粒子间平均距离减小，以致每个粒子都会影响其邻近粒子的电荷分布。这种相互作用使它们的摩尔吸光系数 ε 发生改变，因而导致偏离比尔定律。为此，在实际工作中，待测溶液的浓度应控制在 0.01mol/L 以下。

二、目视比色法

用眼睛观察比较溶液颜色深浅来确定物质含量的分析方法称为目视比色法。虽然目视比色法测定的准确度较差（相对误差 5‰～20‰），但由于它所需要的仪器简单、操作简便，仍然广泛运用于准确度要求不高的一些中间控制分析中，尤其是运用在限界分析中。限界分析是指要求确定样品中待测杂质含量是否在规定的最高含量限界以下。

目视比色法常用标准系列法进行定量。具体操作如下。

步骤	说明	笔记
选择比色管	选择直径、长度、玻璃厚度、玻璃成分等都相同的平底比色管。 注意：比色管的几何尺寸和材料（玻璃颜色）要相同，否则将影响比色结果。洗涤时不能使用重铬酸钾-硫酸洗液洗涤，为防止器壁对铬离子的吸附，应依次使用 H_2SO_4-HNO_3 混合酸、自来水、蒸馏水洗涤为宜	
配制标准系列溶液	依次加入不同量的待测组分标准溶液和一定量的显色剂及其他辅助试剂 用蒸馏水或其他溶剂稀释到同样体积，混匀，配成一套颜色逐渐加深的标准色阶	
配制待测溶液	将一定量的待测试液在相同条件下显色，并同样稀释至相同体积	
观察溶液	比较待测溶液与标准色阶中各标准溶液的颜色。如果待测溶液与标准色阶中某一标准溶液颜色深度相同，即视其浓度相同。如果介于相邻两标准溶液之间，则被测溶液浓度介于这两标准溶液浓度之间。 注意：如溶液需显色后才能测定，则需同步配制标准溶液和样品溶液，避免显色时间差异所带来的误差	

目视比色法的优点是：仪器简单、操作方便，适宜于大批样品的分析。另外，它不需要单色光，可直接在白光下进行，对浑浊溶液也可进行分析。

目视比色法的缺点是：主观误差大、准确度差，而且标准色阶不宜保存，需要定期重新配制，较费时。

【技能强化】

目视比色法测定高锰酸钾溶液的浓度

一、任务目的

1. 掌握目视比色法的测定方法。
2. 掌握目视比色法测定高锰酸钾的原理和方法。

二、方法原理

高锰酸钾本身带有颜色，是自身指示剂，不需要加入显色剂显色即可进行目视比色，测定微量（或痕量）高锰酸钾的含量。

三、仪器与试剂

仪器：50mL 比色管 1 套、比色管架、250mL 容量瓶 1 个、5mL 移液管 1 支、5mL 吸量管 2 支等。

试剂：高锰酸钾溶液等。

四、操作过程

任务名称	目视比色法测定高锰酸钾溶液的浓度	操作人		日期	
		复核人			
方法步骤	说明			笔记	
比色管选取	选择一套 50mL 比色管，洗净后置比色管架上				
标准溶液的配制	准确称取基准物 $KMnO_4$ 0.1250g，在小烧杯中溶解后全部转入 1000mL 容量瓶中，用蒸馏水稀释到刻度，摇匀，1mL 含 $KMnO_4$ 为 0.1250mg				
	取 6 支 50mL 比色管，精密吸取上述 $KMnO_4$ 标准溶液 0.00、2.00mL、5.00mL、10.00mL、15.00mL、20.00mL 于 50mL 比色管中，用蒸馏水稀释到刻度，摇匀，即得标准色阶溶液				
样品溶液的配制与测定	定量移取水试样若干毫升（以试样显色后的色泽介于标准系列中为宜）于另一支干净比色管，再用蒸馏水稀释至标线，混匀，放置 10min 后，与标准色阶比较颜色的深浅				
结果观察	估算待测溶液的浓度				
结束工作	洗涤仪器，整理工作台和实训室				

五、结果记录

结果记录					
任务名称	目视比色法测定高锰酸钾溶液的浓度	操作人		日期	
		复核人			

六、操作评价表

任务名称	目视比色法测定高锰酸钾溶液的浓度		操作人		日期	
操作项目	考核内容	操作要求		分值	得分	备注
溶液配制	容量瓶规格	选择正确		5		
	容量瓶试漏	正确试漏		5		
	容量瓶洗涤	洗涤干净		5		
	定量转移	转移动作规范		10		
	定容	1. 三分之一处水平摇动 2. 准确稀释至刻度线 3. 摇匀动作正确		10		

续表

移取溶液	移液管洗涤	洗涤干净	5		
	移液管润洗	润洗方法正确	5		
	吸溶液	1. 不吸空 2. 不重吸	5		
	调刻度线	1. 调刻度线前擦干外壁 2. 调节液面操作熟练	10		
	放溶液	1. 移液管竖直 2. 移液管尖靠壁 3. 放液后停留约15s	10		
比色管使用	溶液颜色配制	1. 比色管选择合理 2. 比色管中溶液颜色呈梯度关系	10		
结果分析	结果记录	实训结果在误差范围内	10		
职业素养	实训室安全	1. 整理实训室 2. 规范操作 3. 团队合作	10		

评价人：_____　　　　　　　　　　总分：_____

任务三　邻二氮菲分光光度法测定微量铁

任务目标

1. **掌握**　紫外-可见分光光度计操作规程；标准工作曲线法
2. **熟悉**　光的基本性质；吸收定律
3. **了解**　铁溶液的显色剂及显色条件

学习任务单

任务名称	邻二氮菲分光光度法测定微量铁
任务描述	正确使用常用玻璃器皿配制溶液，使用紫外-可见分光光度计测定微量铁的含量
任务分析	任务中，选择合适的容量瓶、移液管，配制铁标准使用液，然后配制标准溶液；注意显色剂的使用；使用紫外-可见分光光度计测量溶液的吸光度，绘制铁溶液的标准工作曲线；测定待测溶液的吸光度，在标准曲线上找到吸光度对应的溶液浓度
成果展示与评价	每一组学生完成实训的操作并记录数据，小组互评。最后由教师综合评定成绩

【任务实施】

邻二氮菲分光光度法测定微量铁

一、任务目的

1. 掌握操作分光光度计以标准工作曲线法测定物质含量的方法。
2. 学习可见分光光度法测定无色或浅色物质的方法。

二、方法原理

邻二氮菲（1,10-邻二氮杂菲），也称邻菲咯啉，是测定微量铁的一个很好的显色剂。在 pH 2～9 范围内（一般控制在 pH 5～6），Fe^{2+} 与试剂生成稳定的橙红色配合物，在 510nm 下，其摩尔吸光系数为 $1.1×10^4 L/(mol·cm)$。Fe^{3+} 与邻二氮菲作用生成稳定性较差的蓝色配合物，因此在实际应用中常加入还原剂盐酸羟胺使 Fe^{3+} 还原为 Fe^{2+}。本方法的选择性很高。

三、仪器与试剂

仪器：721 型分光光度计 1 台、50mL 具塞比色管 1 套（8 支）、移液管、100mL 和 1000mL 容量瓶各 1 个、吸收池若干等。

试剂：$NH_4Fe(SO_4)_2·12H_2O$、6mol/L HCl 溶液、10％盐酸羟胺溶液、0.1％邻二氮菲溶液、HAc-NaAc 缓冲溶液等。

四、操作过程

任务名称	邻二氮菲分光光度法测定微量铁	操作人		日期	
		复核人			
步骤		说明		笔记	
100μg/mL 铁标准储备溶液的配制		准确称量 0.8634g $NH_4Fe(SO_4)_2 \cdot 12H_2O$ 于烧杯中,加入 10mL 浓 HCl 和少量水,溶解后转移至 1000mL 容量瓶中,以水稀释至标线,摇匀			
20μg/mL 铁标准使用液的配制		用移液管移取铁标准储备液 20.00mL,置于 100mL 容量瓶中,加 6mol/L HCl 2.0mL 和少量水,然后加水稀释至刻度,摇匀			
标准曲线的绘制	移取溶液	用吸量管分别移取 20μg/mL 铁标准使用液 0.0、1.0mL、2.0mL、4.0mL、6.0mL 和 8.0mL,依次放入 6 只 50mL 具塞比色管中,分别标记为 $1^\#$、$2^\#$、$3^\#$、$4^\#$、$5^\#$、$6^\#$			
	加入显色剂	分别加入 10% 盐酸羟胺溶液 1mL,稍摇动,再加入 0.1% 邻二氮菲溶液 2mL 及 5mL HAc-NaAc 缓冲溶液,加水稀释至刻度,充分摇匀,放置 5min			
	测定吸光度	用 1cm 吸收池,以加入 0.0mL 铁标准溶液的试液为参比溶液,选择 510nm 为测定波长,依次测吸光度值			
	绘制标准曲线	以铁的质量浓度为横坐标,A 值为纵坐标,绘制标准曲线			
样品的测定		分别加入 5.00mL 稀释适当倍数的未知试样溶液(以铁含量在标准曲线范围内为宜),按上述步骤的方法显色。做三个平行试样			
		在 510nm 波长处,用 1cm 吸收池,以加入 0.0mL 铁标准溶液的试液为参比液,分别测定三个平行试样的 A 值,求其平均值			
		在标准曲线上查出铁的质量,计算水样中铁的质量浓度			

五、注意事项

1. 显色过程中,每加入一种试剂均要摇匀。
2. 测定溶液之前,仪器调零。
3. 标准系列溶液和样品的测量应保持同一实验条件,最好同时显色,同时测定。
4. 溶液测量之前应先摇匀。
5. 待测溶液应完全透明。
6. 吸收池使用时注意不要沾污或将吸收池的透光面磨损,应手持吸收池的毛玻璃面。
7. 不能将透光面与硬物或脏物接触,只能用擦镜纸或丝绸擦拭透光面。

六、结果记录

任务名称	邻二氮菲分光光度法测定微量铁	操作人		日期	
		复核人			

结果记录

编号	1#	2#	3#	4#	5#	6#
$V(Fe\ 标液)/mL$						
A						

七、操作评价表

任务名称	邻二氮菲分光光度法测定微量铁		操作人		日期	
操作项目	考核内容	操作要求	分值	得分	备注	
试剂称量	称量操作	1. 检查天平水平 2. 清扫天平 3. 敲样动作正确	2			
	基准物称量范围	1. 在规定量±5%内 2. 称量范围最多不超过±10%	3			
	结束工作	1. 复原天平 2. 桌面整理	3			

续表

溶液配制	容量瓶规格	选择正确	2		
	容量瓶检漏	正确检漏	3		
	容量瓶洗涤	洗涤干净	2		
	定量转移	转移动作规范	3		
	定容	1. 三分之一处水平摇动 2. 准确稀释至刻度线 3. 摇匀动作正确	2		
移取溶液	移液管洗涤	洗涤干净	5		
	移液管润洗	润洗方法正确	5		
	吸溶液	1. 不吸空 2. 不重吸	5		
	调刻度线	1. 调刻度线前擦干外壁 2. 调节液面操作熟练	5		
	放溶液	1. 移液管竖直 2. 移液管尖靠壁 3. 放液后停留约15s	5		
比色管使用	溶液颜色配制	1. 比色管选择合理 2. 显色剂添加正确	5		
吸收池使用	吸收池操作	1. 手未触及吸收池透光面 2. 测定时,溶液未过少或过多(应2/3~3/4)	5		
	吸收池配套性检验	进行操作,吸收池误差≤0.005	5		
	实训结束	吸收池进行清洗、控干、保存	5		
仪器使用	参比溶液	参比溶液选择正确	5		
	仪器操作	仪器操作规范正确	5		
定量测定	测量波长的选择	波长选择正确	5		
	供试溶液的稀释方法	稀释方法正确	5		
	空白溶剂测定	正确完成测定	5		
	吸光度	结果范围适宜(0.2~0.8为宜)	5		
职业素养	实训室安全	1. 整理实训室 2. 规范操作 3. 团队合作	5		

评价人：_____　　　　　　　　　　总分：_____

【任务支撑】

一、标准工作曲线法

标准工作曲线法（简称工作曲线法）是实际工作中使用最多的一种定量方法。为了避免使用时出差错，在所做的标准工作曲线（又称标准曲线或工作曲线）上还必须标明工作曲线的名称、所用标准溶液（或标样）名称和浓度、坐标分度和单位、测量条件（仪器型号、入射光波长、吸收池厚度、参比液名称等）以及制作日期和制作者姓名。

工作曲线法步骤解析：

步骤	说明	笔记
配制溶液	配制一系列不同浓度的，与试样溶液基体组成相近的标准溶液（除了空白，至少四个不同浓度），在相同的条件下显色并稀释至相同体积；同样方法配制待测溶液	
测定吸光度	以空白溶液为参比溶液，在选定波长下，分别测定各标准溶液的吸光度	
绘制工作曲线	以标准溶液浓度为横坐标，吸光度 A 为纵坐标，在坐标纸上绘制吸光度(A)-浓度(c)的工作曲线，也可用设备自带软件或 Excel 软件绘制工作曲线	
测定待测溶液	（工作曲线图，纵轴 A，标注 A_x；横轴 c，标注 c_x）	同时，在仪器相同的条件下测得试样溶液的吸光度
求出待测溶液浓度		在工作曲线上查得试样溶液中吸光度待测元素的浓度。或根据软件生成的工作曲线方程计算得出待测元素的浓度

二、吸收池的使用

吸收池也叫比色皿、比色杯，一般为长方体，其底及两侧为磨毛玻璃，另两面为光学玻璃制成的透光面，采用熔融一体、玻璃粉高温烧结和胶黏合而成。按材料可分为石英吸收池和玻璃吸收池，用于盛放试液。石英材质的吸收池用于紫外-可见区的测量，玻璃材质的吸收池只用于可见光区的测量。

吸收池的种类很多，常用的吸收池的光径规格有 0.5cm、1.0cm、2.0cm、3.0cm、5.0cm 等，其中以 1cm 光径吸收池最为常用。图 2-5 为不同规格的吸收池。

吸收池的使用：

吸收池的使用及注意事项

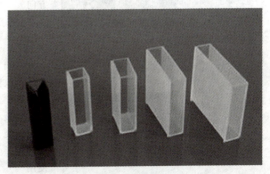

图 2-5 不同规格的吸收池

步骤		说明	笔记
配套性配对检验（消除吸收池的误差，提高测量的准确度）	洗涤	常用的铬酸洗液不宜用于洗涤吸收池，这是因为带水的吸收池在该洗液中可能会产生热量，致使吸收池胶接面裂开而损坏。 洗涤的原则：去污效果好，不损坏吸收池，同时又不影响测定。通常方法为： 1. 对不干净的吸收池，通常用 95％乙醇进行清洗； 2. 分别再用自来水和蒸馏水清洗三次； 3. 最后用待测溶液润洗三次	
	选定	检查吸收池透光面是否有划痕或斑点，吸收池各面是否有裂纹，如有则不应使用	
	标记	在选定的吸收池毛玻璃面上口附近，用铅笔标上进光方向并编号。用蒸馏水冲洗 2～3 次	
	盛放相同溶液	拇指和食指捏住吸收池两侧毛玻璃面，分别在吸收池内注入相同溶液到池高的 2/3～3/4 处。用滤纸吸干池外壁的水滴，再用擦镜纸或丝绸轻轻擦拭光面至无痕迹。按吸收池上所标箭头方向（进光方向）垂直放在吸收池槽内。为减少光的损失，吸收池的透光面必须完全垂直于光束方向	
	测出修正值	分别测定其吸光度，读取并记录。若所测各吸收池吸光度为零或相同，则这些吸收池可配套使用。若不相等，可以选出吸光度值最小的吸收池为参比，测定其他吸收池的吸光度，求出修正值（皿差）。透射比的偏差大于 0.005 的吸收池不能配套使用	

		续表
测定		测定样品时,将待测溶液装入校正过的吸收池,插入吸收池槽里,盖上试样室盖,使待测液处于光路上。调节所需波长。测量其吸光度,所测得的吸光度减去该吸收池的修正值即为此待测溶液真正的吸光度
清洗	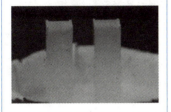	测定完成后,倒出吸收池中的溶液,清洗干净放到装有滤纸的培养皿中晾干,然后放到吸收池盒中

注意事项

① 拿取吸收池时,只能用手指接触两侧的毛玻璃面,不可接触透光面。
② 不能将透光面与硬物或脏物接触,只能用擦镜纸或丝绸擦拭透光面。
③ 凡含有腐蚀玻璃的物质的溶液,不得长时间盛放在吸收池中。
④ 吸收池使用后应立即用水冲洗干净。
⑤ 不得在火焰或电炉上加热、烘烤吸收池。

【技能强化】

水中重金属六价铬含量的测定

分光光度法测水中六价铬

一、任务目的

1. 掌握以标准曲线法测定物质含量的方法。
2. 熟练掌握分光光度计的操作技术。

二、方法原理

在酸性溶液中,六价铬离子与二苯碳酰二肼反应,生成紫红色化合物,其最大吸收波长为540nm,吸光度与浓度的关系符合朗伯-比尔定律。

三、仪器与试剂

仪器:分光光度计1台,50mL 具塞比色管1套,10mL 吸量管5支,1000mL 容量瓶1个,50mL 容量瓶9个,吸收池(1套,2个)等。

试剂:硫酸溶液(1+1)、磷酸溶液(1+1)、0.100mg/mL 铬标准储备液、显色剂

（二苯碳酰二肼溶液）等。

四、操作过程

任务名称		水中重金属六价铬含量的测定	操作人		日期	
步骤		说明			笔记	
铬标准储备液的配制		称取于120℃干燥2h并冷却至室温的重铬酸钾0.2829g，用蒸馏水溶解后，移入1000mL容量瓶中，用蒸馏水稀释至标线，摇匀，备用				
铬标准使用液的配制		吸取5.00mL铬标准储备液于100mL容量瓶中，用水稀释至标线，摇匀。每毫升标准使用液含5.00μg六价铬。使用当天配制				
标准溶液的配制		取6个烧杯，分别依次加入0.00、1.00mL、2.00mL、4.00mL、6.00mL和8.00mL铬标准使用液，加入硫酸溶液(1+1)0.5mL和磷酸溶液(1+1)0.5mL，混匀。再加入2mL二苯碳酰二肼溶液，混匀。溶液分别转移至6支50mL容量瓶，用水稀释至标线。分别标记为1#、2#、3#、4#、5#、6#				
标准工作曲线的绘制		于540nm波长处，以1#为参比溶液，用1cm吸收池测定吸光度并作空白校正。以吸光度为纵坐标，相应六价铬含量为横坐标绘出标准曲线				
样品的测定		取适量（含Cr^{6+}少于50μg）无色透明或经预处理的样品于50mL容量瓶中，加入硫酸溶液(1+1)0.5mL和磷酸溶液(1+1)0.5mL，摇匀。加入2mL二苯碳酰二肼溶液，摇匀。用水稀释至标线。测定方法同标准溶液。进行空白校正后根据所测吸光度从标准曲线上查得Cr^{6+}的含量。 配制三个样品溶液，取三个浓度的平均值作为测定结果				

五、注意事项

1. 显色过程中，每加入一种试剂均要摇匀。
2. 测定溶液之前，仪器调零。
3. 标准溶液和样品实验条件一致，最好同时显色，同时测定。
4. 溶液测量之前应先摇匀。
5. 待测溶液应完全透明。
6. 吸收池使用时注意不要沾污或将吸收池的透光面磨损，应手持吸收池的毛玻璃面。
7. 不能将透光面与硬物或脏物接触，只能用擦镜纸或丝绸擦拭透光面。

六、结果记录

任务名称	水中重金属六价铬含量的测定	操作人		日期	
		复核人			

编号	1#	2#	3#	4#	5#	6#
V(Cr 标液)/mL						
A						

七、操作评价表

任务名称	水中重金属六价铬含量的测定		操作人		日期	
操作项目	考核内容	操作要求		分值	得分	备注
试剂称量	称量操作	1. 检查天平水平 2. 清扫天平 3. 敲样动作正确		2		
	基准物称量范围	1. 在规定量±5%内 2. 称量范围最多不超过±10%		3		
	结束工作	1. 复原天平 2. 桌面整理		3		

续表

溶液配制	容量瓶规格	选择正确	2		
	容量瓶检漏	正确检漏	3		
	容量瓶洗涤	洗涤干净	2		
	定量转移	转移动作规范	3		
	定容	1. 三分之一处水平摇动 2. 准确稀释至刻度线 3. 摇匀动作正确	3		
移取溶液	移液管洗涤	洗涤干净	5		
	移液管润洗	润洗方法正确	5		
	吸溶液	1. 不吸空 2. 不重吸	5		
	调刻度线	1. 调刻度线前擦干外壁 2. 调节液面操作熟练	5		
	放溶液	1. 移液管竖直 2. 移液管尖靠壁 3. 放液后停留约15s	5		
容量瓶使用	容量瓶操作	1. 正确配制溶液 2. 定容操作规范 3. 溶液移取规范、准确	10		
吸收池使用	吸收池操作	1. 手未触及吸收池透光面 2. 测定时,溶液未过少或过多(应2/3～3/4)	5		
	吸收池配套性检验	进行操作,吸收池误差＜0.005	5		
	实训结束	吸收池进行清洗、控干、保存	5		
仪器使用	参比溶液	参比溶液选择正确	5		
	仪器操作	仪器操作规范正确	5		
定量测定	测量波长的选择	波长选择正确	2		
	供试溶液的稀释方法	稀释方法正确	2		
	空白溶剂测定	正确完成测定	5		
	吸光度	结果范围适宜(0.2～0.8为宜)	5		
职业素养	实训室安全	1. 整理实训室 2. 规范操作 3. 团结合作	5		

评价人：_____   总分：_____

任务四　紫外-可见分光光度法定性定量分析未知物的探索与实践

任务目标

1. 明确实验思路，设计实验方案。锻炼探索性思维和严密的逻辑思考能力
2. 实操中优化调整方案与参数，系统地完成定性定量分析。提升综合运用所学知识与技能用于分析检验实践的能力
3. 科学地设计和修正实验，通过娴熟的操作对未知物定性并测得其准确浓度。形成科学严谨的工作态度、精益求精的工匠精神和乐于探索的创新精神

学习任务单

任务名称	紫外-可见分光光度法定性定量分析未知物的探索与实践
任务描述	紫外-可见分光光度法利用吸收光谱曲线和标准曲线法定性、定量分析未知物溶液
任务分析	选取符合配套性要求的一套吸收池，分别对未知物溶液和标准溶液制作吸收光谱曲线，完成对未知物溶液的定性分析。对已定性的未知物溶液，配制同种物质的系列浓度标准溶液，选取最大吸收波长为测定波长，绘制工作曲线，以标准曲线法对未知物溶液进行定量分析
成果展示与评价	每一组学生完成实训的操作并记录数据，汇报心得、收获

【任务实施】

一、探索依据

不同物质对不同波长光的吸收程度是不同的。不同浓度的同一溶液的吸收光谱曲线具有相同的最大吸收波长（λ_{max}）和光谱特征（吸收峰数量、位置等），吸收光谱曲线可以用于物质定性分析。通常首选吸收光谱曲线中的λ_{max}作为测定波长，采用标准曲线法对物质予以定量分析。

本任务中水杨酸、磺基水杨酸和苯甲酸所配制溶液均为无色溶液，在紫外线波长范围内有特征吸收，吸光系数较大，不需显色即可根据朗伯-比尔定律，采用吸收光谱曲线法和标准曲线法予以定性定量分析。

二、仪器与试剂

仪器：紫外-可见分光光度计1台、石英吸收池1套（≥2个）、100mL容量瓶15个、10mL吸量管5支、100mL烧杯5个、滤纸和擦镜纸等若干。

试液：200μg/mL水杨酸储备溶液，200μg/mL磺基水杨酸储备溶液，100μg/mL苯甲酸储备溶液，未知溶液（与前述三种储备液中一种物质相同，约100μg/mL）等。

三、探索过程

任务名称	紫外-可见分光光度法定性定量分析未知物的探索与实践	操作人	日期
		复核人	
步骤	说明		笔记
吸收池配套性检查	石英吸收池在 220nm 装蒸馏水,以一个吸收池为参比,调节透射比为 100%,测定其余吸收池的透射比,其偏差应小于 0.5%,可配成一套使用,记录其余吸收池的吸光度值作为校正值		
未知溶液的定性分析	将三种标准储备溶液和未知液配制成约为一定浓度的溶液。以蒸馏水为参比,于波长 200～350nm 范围内测定溶液吸光度		
	绘制吸收曲线		
	根据吸收曲线的形状对未知物定性,并从曲线上确定最大吸收波长作为定量测定时的测量波长		
标准曲线的绘制	准确移取 0.00、1.00mL、2.00mL、4.00mL、6.00mL、8.00mL、10.00mL 与已定性未知溶液相同的储备溶液,以 100mL 容量瓶定容,以蒸馏水稀释至刻度线,摇匀,完成稀释操作(可经一次稀释或多次稀释),制得标准使用液		
	分别准确量取不同体积的标准使用液至 100mL 容量瓶定容。配制成至少 5 个浓度呈梯度性增加的系列标准溶液		
	纯水作为参比,以 λ_{max} 测定各标准溶液的吸光度		
	绘制以质量(μg)为横坐标,校正后的吸光度 A 为纵坐标的标准曲线		
待测溶液的定量分析	以适当稀释倍数稀释待测的未知液于 100.0mL 容量瓶		
	纯水作为参比,以 λ_{max} 测定该未知液的吸光度		
	根据标准曲线和待测溶液的吸光度,确定未知溶液的浓度。未知溶液要平行测定 3 次		
结束测定	计算数据,清洗器具,整理实验台和实验室		
总结汇报	现场总结技术要点,汇报心得与收获。课后完成任务分析报告,格式自拟		

四、探索要点与提示

1. 标准储备液稀释要点

(1) 以定性时标准储备液的 A 值估算稀释倍数。

(2) 用于绘制标准曲线的最高浓度溶液的 A 值不宜大于 1.0。

(3) 稀释倍数需有可操作性,需要综合考虑容量瓶容积与吸量管的刻度。

2. 待测未知溶液稀释要点

(1) 三个平行样品的稀释倍数必须相同,以考查实验的平行性。

(2) 紫外-可见分光光度法中,$A=0.434$ 时误差最小,稀释后待测液的 A 值要尽量接近该值。

3. 器具验证

吸量管和容量瓶，均需经过铬酸洗液浸泡、清洗，并在干燥后经质量法测定，容积达到合格标准。

五、探索记录

三人一组，每组根据经验，自行设计记录表。

对记录表的基本要求：（1）栏目设置合理；（2）含有原始数据；（3）含有探索思路；（4）含有反思与总结。

练习与思考

一、选择题

1. 符合朗伯-比尔定律的有色溶液稀释时，其最大吸收峰的波长位置（　　）。
   A. 向短波方向移动　　　　　　　　B. 向长波方向移动
   C. 不移动，且吸光度值降低　　　　D. 不移动，且吸光度值升高

2. 某物质的吸光系数与下列哪个因素有关？（　　）
   A. 溶液浓度　　　B. 测定波长　　　C. 仪器型号　　　D. 吸收池厚度

3. 与分光光度法的吸光度无关的是（　　）。
   A. 入射光的波长　　B. 液层的高度　　C. 液层的厚度　　D. 溶液的浓度

4. 紫外-可见分光光度计的结构组成依次为（　　）。
   A. 光源—吸收池—单色器—检测器—信号显示系统
   B. 光源—单色器—吸收池—检测器—信号显示系统
   C. 单色器—吸收池—光源—检测器—信号显示系统
   D. 光源—吸收池—检测器—单色器—信号显示系统

5. 在紫外-可见分光光度法测定中，使用参比溶液的作用是（　　）。
   A. 调节仪器透光率的零点
   B. 吸收入射光中测定所需要的光波
   C. 调节入射光的光强度
   D. 消除试剂等非测定物质对入射光吸收的影响

6. 在 300nm 进行分光光度测定时，应选用吸收池的材质为（　　）。
   A. 硬质玻璃　　　B. 软质玻璃　　　C. 石英　　　D. 透明塑料

7. 某有色溶液在某一波长下用 2cm 吸收池测得其吸光度为 0.750，若改用 0.5cm 和 3cm 吸收池，则吸光度各为（　　）。
   A. 0.188、1.125　　　　　　　　　B. 0.108、1.105
   C. 0.088、1.025　　　　　　　　　D. 0.180、1.120

8. 在分光光度法中，应用光的吸收定律进行定量分析，采用的入射光为（　　）。
   A. 白光　　　B. 单色光　　　C. 可见光　　　D. 复合光

9. 人眼能感觉到的光称为可见光，其波长范围是（　　）。
   A. 400～780nm　　B. 200～400nm　　C. 200～1000nm　　D. 400～1000nm

10. 物质的颜色是由于选择吸收了白光中的某些波长的光。$CuSO_4$ 溶液呈蓝色是由于它

吸收了白光中的（　　）。

A. 蓝色光波　　　　B. 绿色光波　　　　C. 黄色光波　　　　D. 青色光波

二、计算题

1. 某化合物的摩尔质量为 220g/mol，配成浓度为 3.75mg/100mL（乙醇）的溶液，在 $\lambda=480$nm 及吸收池厚度为 1.5cm 时，测得其透光率为 $T=39.6\%$，求此化合物在此条件下的摩尔吸光系数和吸光度。

2. 用磺基水杨酸法测定微量铁。称取 0.2160g 的 $NH_4Fe(SO_4)_2 \cdot 12H_2O$ 溶于水并稀释至 500mL，得到铁标准溶液。按下表所列数据取不同体积标准溶液，显色后稀释至相同体积，在相同条件下分别测定各吸光度值数据如下：

V/mL	0.00	2.00	4.00	6.00	8.00	10.00
A	0.000	0.165	0.320	0.480	0.630	0.790

取待测试液 5.00mL，稀释至 250mL。移取 2.00mL，在与绘制标准曲线相同条件下显色后测其吸光度得 $A=0.500$。用标准曲线法求试液中铁含量（以 mg/mL 表示）。已知 $M[NH_4Fe(SO_4)_2 \cdot 12H_2O]=482.178$g/mol。

拓展阅读

光学之父——王大珩

纵观古今中外社会发展的历史，人类之所以能不断进步就在于发明创造。从人类创造第一件石器工具到如今的互联网，无不揭示了这个主题。许多重大的发明创造都离不开科学家，他们为人类文明进步作出了巨大的贡献，促进了社会生产力的发展。

在我国当代有这么一批科学家，他们时刻心系祖国和人民，在他们年轻的时候曾留学异国他乡，学成后放弃国外高薪厚禄，义无反顾地回到祖国，投身国家建设，以振兴中华为己任。王大珩就是这样的一位科学伟人，王大珩曾留学英国，在祖国最需要他的时候回到祖国。他促成了中国工程院的建立，也是 863 计划的主要倡导者，他创造了多个"中国第一"。

王大珩对我国的国防光学工程、空间科学技术、激光科学技术、中国遥感、色度、计量和仪器仪表事业作出了巨大的贡献。1951 年，他受命筹建中国科学院仪器馆，后改名为长春光学精密机械研究所，王大珩被任命为代理馆长、所长。当时国家急需大量科学仪器，却没有制造原材料——光学玻璃。光学玻璃是指可改变光的传播方向，并能改变紫外、可见或红外光谱分布的玻璃，可用于制造光学仪器中的透镜、棱镜、反射镜及窗口等，由光学玻璃构成的部件是光学仪器中的关键性元件。王大珩院士带领大家从零做起，经过努力，1953 年 12 月，中国第一炉光学玻璃熔制成功，结束了中国没有光学玻璃制造能力的历史，也为新中国光学事业的发展揭开了序幕，奠定了国产精密光学仪器的基础。

王大珩院士，是"中华之光"，是我国光学事业的奠基人，被誉为中国光学之父，是当之无愧的"两弹一星"功勋奖章获得者。在他从事科学事业的七十四载时间里，始终保持赤子丹心，将自己的毕生精力都奉献给了国家的科学事业和教育事业，他是我国科学领域的标杆和楷模，值得我们向他致以最崇高的敬意。

项目三
原子吸收光谱分析技术

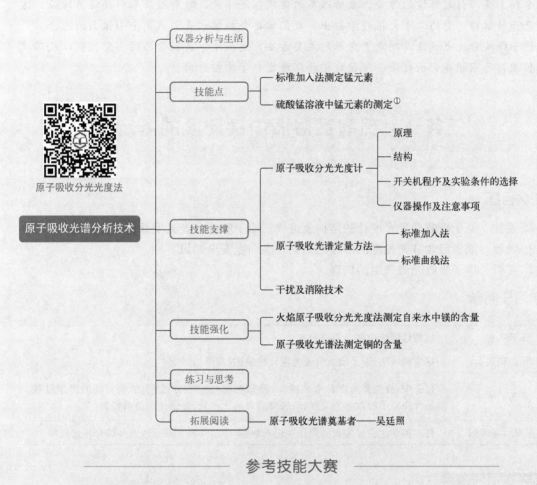

① 全国食品药品类职业院校药品检测技术技能大赛。

仪器分析与生活

重金属污染物在土壤中移动性小，不易随水淋滤，不为微生物降解，会通过食物链进入人体，潜在危害极大。监测土壤及农产品中重金属含量，对于防治重金属污染土壤具有重要意义。原子吸收分光光度法适用于测定金属（包括重金属）和类金属元素。

《中华人民共和国药典》（2020版）中规定植物类中药材、饮片所有品种需检验铅、镉、砷、汞和铜等5项重金属，法定采用的方法主要有原子吸收分光光度法和电感耦合等离子体质谱法。以往，我国在重金属的开采、冶炼、加工和利用的过程中，因不少重金属进入大气、水和土壤，引起环境的污染，威胁人类的健康。近年来，随着经济和科技实力增强，这些局面开始扭转。党的二十大报告中指出，我们需要坚持绿水青山就是金山银山的理念。

原子吸收分光光度法是测定重金属的主要方法，适用于中药和食品的质量控制以及环境质量监控，为守护我们的健康、保护我们的环境发挥了重要作用。

任务一　硫酸锰溶液中锰元素的测定

任务目标

1. **掌握**　原子吸收分光光度计的结构及组成；原子吸收分光光度计的操作规程
2. **熟悉**　原子吸收分光光度法的理论知识；实训室安全知识
3. **了解**　原子吸收光谱产生的机理

学习任务单

任务名称	硫酸锰溶液中锰元素的测定
任务描述	标准曲线法、原子吸收分光光度计的使用、溶液的测定
任务分析	任务中，首先要掌握标准曲线法，熟悉配制溶液的方法，了解本实训的操作过程。熟练操作原子吸收分光光度计；选择适宜的比色管，熟练使用玻璃器具
成果展示与评价	每一组学生完成实训的操作并记录数据，小组互评。最后由教师综合评定成绩

【任务实施】

一、任务目的

1. 熟练掌握原子吸收分光光度计的操作过程。
2. 学习标准曲线法测定元素含量的操作。

硫酸锰溶液中锰元素的测定

二、方法原理

标准曲线法（又称工作曲线法）是原子吸收光谱最常用的方法，此法分别测量一系列浓度的标准溶液的吸光度，绘制 A-c 标准曲线。在相同的条件下测得试样溶液的吸光度后，在标准曲线上求得待测元素的浓度。

三、仪器与试剂

仪器：原子吸收分光光度计、Mn空心阴极灯、比色管6个、500mL容量瓶1个、2mL移液管1个、5mL吸量管1个、10mL吸量管1个、100mL烧杯1个、洗瓶等。

试剂：硫酸锰试剂，待测溶液，蒸馏水等。

四、操作过程

任务名称		硫酸锰溶液中锰元素的测定	操作人	日期
			复核人	
方法步骤		说明		笔记
Mn储备液的配制		浓度为1mg/mL；先称取1.3745g $MnSO_4$，然后加入5mL HCl（加入盐酸的目的：防止硫酸锰出现沉淀），定容至500mL容量瓶		
Mn使用液的配制		移取10mL的Mn储备液定容到100mL的容量瓶中，Mn使用液的浓度为0.1mg/mL		
标准溶液的配制		分别取0.00、2.00mL、4.00mL、6.00mL、8.00mL的$MnSO_4$使用液加到体积为50mL的比色管定容，摇匀。此时各比色管的浓度分别为0、4.0μg/mL、8.0μg/mL、12.0μg/mL、16.0μg/mL		
待测溶液的配制		取待测溶液5mL加入相同型号的比色管中，以蒸馏水稀释至标线，摇匀		
开机前准备		打开室内排风系统，用肥皂水检查气管是否漏气，检查水封		
预热		打开原子吸收分光光度计主机预热20mim		
软件操作	参数选择	打开电脑，开始软件操作，双击桌面"光谱分析专家"快捷方式，工作模式选择"火焰"，测量元素选择"Mn"，灯位置选择"2"，点击确定，信息提示选择"是"		
	条件设置	波长279.50nm、带宽0.2nm、高压300V、灯电流12mA、灯预热20min、燃气1.4L/min、喷头高7mm、测定方式选择"浓度直读"，工作曲线选择"直线回归1"，重复次数1，测量时间3s，样品1，浓度单位为"μg/mL"标准输入0、4、8、12、16，点击"确认发送参数""仅通知内存"		
	测定前操作	点击"发送单条指令"，依次点击"发送命令"（主机响应发送完成后才可以进行下一项）；发送完成后点击"寻峰"显示最大波长为278nm，结束后退出，点击"高压"，进行高压最佳化优化，对分析的稳定性有重要作用，高压显示结束后退出		
	燃气准备	开空气压缩机（两个开关同时打开），输出压力为0.3MPa，查看空气压力表。逆时针打开乙炔钢瓶总阀门输出压力为1MPa；顺时针打开减压阀，设定输出压力为0.07MPa		

续表

样品测定前工作	点击"样品测定",在每次准备定标前,载入测量窗口时会弹出"测量浓度前先进行标定!先测量一次标准空白,再依次测量各标准溶液。"这是为了后面做工作曲线时消除标准空白引起的误差而做的工作	
点火	查看水封监视等是否正常(绿色为正常);按右侧工具栏的"点火"按钮点火,查看乙炔压力表是否正常;火焰点燃后吸喷去离子水或蒸馏水,预热燃烧头10min,点击命令按钮"读数"	
溶液测定	吸喷去离子水后,吸喷1号比色管(最低浓度),待示值稳定后用命令按钮/面板按键读数;依此法依次测定2号至最高浓度标准溶液,分别读数,至定标结束	
测定结果	确认测量数值正确,查看定标曲线。在电脑上自动显示待测溶液的浓度和吸光度。记录并保存数据	
管路清洗	在火焰状态下继续吸喷去离子水或蒸馏水5min,清洗燃烧系统。关闭乙炔钢瓶总阀门和减压阀门,主机火焰自动熄灭。关闭空气压缩机,查看空气压力表和乙炔压力表是否为零	
关机	主机关机。计算机退出软件,退出Windows关机。关闭排风机开关,填写使用记录	
结束工作	清洗玻璃仪器,整理实验台	

五、结果记录

任务名称	硫酸锰溶液中锰元素的测定	结果记录			
		操作人		日期	
		复核人			
编号	1#	2#	3#	4#	5#
V(Mn标液)/mL	0	2	4	6	8
A					

六、操作评价表

任务名称		硫酸锰溶液中锰元素的测定	操作人		日期	
操作项目	考核内容	操作要求		分值	得分	备注
溶液配制	容量瓶规格	正确选择		1		
	容量瓶检漏	正确检漏		2		
	容量瓶洗涤	洗涤干净		2		
	定量转移	转移动作规范		3		
	定容	1. 三分之一处水平摇动 2. 准确稀释至刻度线 3. 摇匀动作正确		2		
移取溶液	移液管洗涤	洗涤干净		1		
	移液管润洗	润洗方法正确		2		
	吸溶液	1. 不吸空 2. 不重吸		1		
	调刻度线	1. 调刻度线前擦干外壁 2. 熟练调节液面		1		
	放溶液	1. 移液管竖直 2. 移液管尖靠壁 3. 放液后停留约 15s		2		
仪器操作	实训前准备	1. 实训室安全检查 2. 预热		3		
	软件操作	1. 参数选择 2. 条件设置 3. 测定前准备 4. 正确点火		25		
	开关气路	正确地开关总阀、减压阀、空气压缩机		5		
	溶液测定	1. 溶液测定操作规范 2. 溶液测定顺序正确 3. 结果在误差范围内		35		
	测定结束	1. 管路清洗 2. 关机		5		
职业素养	实训室安全	1. 整理实训室 2. 规范操作 3. 团队合作		10		

评价人：_____　　　　　　总分：_____

【任务支撑】

一、原子吸收分光光度法原理

原子吸收光谱法的基本原理

原子吸收分光光度法（又名原子吸收光谱法）是根据蒸气相中被测元素的基态原子对其原子共振辐射的吸收强度来测定试样中被测元素的含量。它在生物医药、食品、轻工、环境保护、化工、农业、地质、冶金、机械、材料科学等领域有广泛的应用。

原子吸收分光光度计又称原子吸收光谱仪，是用于测量和记录待测物质在一定条件下形成的基态原子蒸气对其特征谱线光的吸收程度并进行分析测定的仪器。

1. 原子吸收光谱的产生

原子受外界能量激发时，其最外层电子可能跃迁到不同能级，因此可能有不同的激发态。电子从基态激发到能量最低、最接近于基态的激发态（称为第一激发态），称为共振激发。当电子从共振激发态跃迁回基态时，称为共振跃迁。这种共振跃迁所发射的谱线称为共振发射线，共振激发所吸收的谱线称为共振吸收线，两者均简称共振线。

各种元素的原子结构和外层电子排布不同，因此不同原子从基态激发至第一激发态所需能量不同，因而各元素的共振线具有特征性，是元素的特征谱线。元素的吸收线一般有多条，其测定灵敏度也不同。从基态到第一激发态的跃迁最易发生，通常共振线是元素的灵敏线，在测定时，一般选用灵敏线。但当被测元素含量较高时，也可采用次灵敏线。

2. 谱线宽度

理论上原子吸收光谱是线性光谱。但实际上任何原子发射或吸收的谱线都不是绝对单色的几何线，而是具有一定宽度的谱线。若在各种频率 ν 下，测定吸收系数 K_ν，以 K_ν 为纵坐标，ν 为横坐标，可得如图 3-1 所示曲线，称为吸收曲线。曲线极大值对应的频率 ν_0 称为中心频率。中心频率所对应的吸收系数称为峰值吸收系数 K_0。在峰值吸收系数一半（$K_0/2$）处，吸收曲线呈现的宽度称为吸收曲线半宽度，以频率差 $\Delta\nu$ 表示。吸收曲线的半宽度 $\Delta\nu$ 的数量级为 $10^{-3} \sim 10^{-2}$ nm。I_0 为入射原子蒸气的光强度，I_ν 为透过光的强度。吸收曲线的形状称为谱线轮廓。

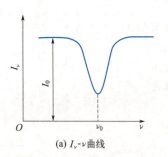
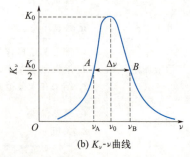

(a) I_ν-ν 曲线   (b) K_ν-ν 曲线

图 3-1　吸收曲线轮廓

原子吸收谱线变宽原因较为复杂，一般由两方面的因素决定，一方面是由原子本身的性质决定了谱线自然宽度；另一方面是由于外界因素的影响引起的谱线变宽。谱线变宽效应可用 $\Delta\nu$ 和 K_0 的变化来描述。

(1) 自然变宽 $\Delta\nu_N$ 在没有外界因素影响的情况下,谱线本身固有的宽度称为自然宽度,不同谱线的自然宽度不同,它与原子发生能级跃迁时激发态原子平均寿命有关,寿命长则谱线宽度窄。谱线自然宽度造成的影响与其他变宽因素相比要小得多,其大小一般在 10^{-5} nm 数量级。

(2) 多普勒变宽 $\Delta\nu_D$ 多普勒变宽是由于原子在空间作无规则热运动而引起的。所以又称热变宽,其变宽程度可用下式表示:

$$\Delta\nu_D = 7.16 \times 10^{-7} \nu_0 \sqrt{\frac{T}{Ar}} \tag{3-1}$$

式中,ν_0 为中心频率;T 为热力学温度;Ar 为元素原子质量。

式(3-1)表明,多普勒变宽与元素的原子质量、温度和谱线的频率有关,由于 $\Delta\nu_D$ 与 $\sqrt{T}$ 成正比,所以在一定温度范围内,温度微小变化对谱线宽度影响较小。一般来说,被测元素的原子质量 Ar 越小,温度越高,则 $\Delta\nu_D$ 就越大(多普勒变宽时,中心频率无位移,只是两侧对称变宽,但 K_0 值减少)。

(3) 压力变宽 压力变宽是由产生吸收的原子与蒸气中原子或分子相互碰撞而引起的谱线的变宽,所以又称为碰撞变宽,根据碰撞种类,压力变宽又可以分为两类:一是洛伦茨变宽,它是产生吸收的原子与其他粒子(如外来气体的原子、离子或分子)碰撞而引起的谱线变宽。洛伦茨变宽随外界气体压力的升高而加剧,随温度的升高谱线变宽呈下降的趋势。洛伦茨变宽使中心频率位移,谱线轮廓不对称,影响分析的灵敏度。二是赫鲁兹马克变宽,又称共振变宽,它是由同种原子之间发生碰撞而引起的谱线变宽,共振变宽只在被测元素浓度较高时才有影响。

除上面所述的变宽原因之外,还有其他一些影响因素,但在通常的原子吸收实验条件下,吸收线轮廓主要受多普勒变宽和洛伦茨变宽影响。当采用火焰原子化器时,洛伦茨变宽为主要因素。当采用非火焰原子化器时,多普勒变宽占主要地位。

3. 定量分析的依据

原子蒸气层中的基态原子吸收共振线的全部能量称为积分吸收,它相当于吸收曲线轮廓下面所包围的整个面积。在一定实验条件下,基态原子蒸气的积分吸收与试液中待测元素的浓度成正比,只要准确测量出积分吸收就可得出试液浓度。要测定曲线宽度只有 $10^{-3} \sim 10^{-2}$ nm 吸收线的积分吸收,需采用高分辨率的单色器,目前难以实现。因此,原子吸收法无法通过测量积分吸收来定量。

以锐线光源为激发光源时,可用测量峰值吸收系数 K_0 来替代积分吸收。锐线光源是指能发射出谱线半宽度很窄的($\Delta\nu$ 为 $0.0005 \sim 0.002$ nm)共振线的光源。为了测定峰值吸收系数 K_0,必须使用锐线光源代替连续光源,即必须有一个与吸收线中心频率 ν_0 相同,半宽度比吸收线更窄的发射线作光源。在实际测量过程中并不是直接测量 K_0 值大小,而是通过测量基态原子蒸气的吸光度,根据吸收定律定量。

当锐线光源强度及其他实验条件一定时,基态原子蒸气的吸光度与试液中待测元素的浓度及火焰法中燃烧器的缝长(光程长度)的乘积成正比

$$A = Kbc \tag{3-2}$$

通常可控制光程长度 b 不变,则式(3-2)可简写成

$$A = K'c \tag{3-3}$$

二、原子吸收分光光度计的结构

原子吸收分光光度计由光源、原子化系统、光学系统(单色器)、检测与记录系统四个

部分组成，如图 3-2 所示。

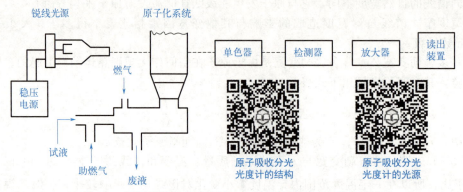

图 3-2　原子吸收分光光度计（火焰原子化器）的基本组成

原子吸收分光光度计的工作过程包括：待测元素的原子化、原子蒸气与特征谱线光的相互作用、单色器分光分离出测量信息、信号检测、数据处理及输出等。

原子吸收分光光度计的结构部件：

结构	作用	笔记
光源	发射待测元素的特征光谱，获得较高的灵敏度和准确度，原子吸收分光光度计的光源主要有空心阴极灯和无极放电灯等	
原子化系统（火焰原子化和非火焰原子化）	仪器的核心部件，将试样中离子转变成原子蒸气，供测定。 火焰原子化包括：1. 雾化阶段（试样溶液变成细小雾滴）； 　　　　　　　　2. 原子化阶段（雾滴转变成基态原子）。 非火焰原子化：原子化过程分为干燥、灰化（去除基体）、原子化（化合物蒸气化）、净化（去除残渣）四个阶段，待测元素在高温下生成基态原子	
光学系统	将待测元素的共振线与邻近线分开。 组件：色散元件（棱镜、光栅）、凹凸镜和狭缝等。 原子吸收分光光度计主要采用锐线光源，配合适当的狭缝宽度，即可得到既满足光强度，又消除干扰的共振线	
检测与记录系统	检测与记录系统主要由检测器、放大器、对数变换器和读数显示装置组成。用于检测、记录和显示设备测定的结果	

1. 光源

（1）光源的作用和要求　光源的作用是发射待测元素的特征光谱。为了获得较高的准确度和灵敏度，所使用的光源应满足以下要求：

① 能发射待测元素的共振线，且有足够的强度；

② 发射线的半宽度要比吸收线的半宽度窄得多，即能发射锐线光谱；

③ 发射光的强度要稳定且背景小。

空心阴极灯、无极放电灯和蒸气放电灯都可以用于原子吸收分光光度分析，其中空心阴极灯应用最为广泛。

（2）空心阴极灯　空心阴极灯又称为元素灯，是一种气体放电管。如图 3-3 所示，普通空心阴极灯包括一个阳极和一个内壁涂有待测金属的空心圆筒形阴极，两电极密封于带有石英窗的玻璃管中，管中充有低压惰性气体氖或氩。

可以用不同的金属元素作阴极材料，制成各相应待测元素的空心阴极灯，并以此金属元素来命名，表示它可以用作测定这种金属元素的光源。如"铜空心阴极灯"就是用铜作阴极材料制成的，能发射出铜元素的共振线，可以用作测定铜的光源。

（3）无极放电灯　无极放电灯又称为微波激发无极放电灯。如图3-4所示，它是在石英管内放入少量金属或较易蒸发的金属卤化物，抽真空后充入几百帕压力的氩气，再密封。

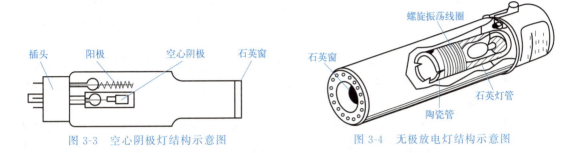

图3-3　空心阴极灯结构示意图　　　　图3-4　无极放电灯结构示意图

将它置于微波电场中，微波将灯的内充气体原子激发，被激发的气体原子又使解离的气化金属或金属卤化物激发而发射出待测金属元素的特征谱线。

无极放电灯的发射强度比空心阴极灯大100～1000倍，谱线半宽度很窄，适用于难激发的As、Se、Sn等元素的测定。目前已制成18种元素的商品无极放电灯。

2. 原子化系统

原子化系统的作用是将试样中的待测元素转变为基态原子蒸气。原子化的方法有火焰原子化法和非火焰原子化法两种。

（1）火焰原子化装置　火焰原子化包括两个步骤，首先将试样溶液变成细小雾滴（即雾化阶段），然后使雾滴接受火焰供给的能量形成基态原子蒸气（即原子化阶段）。火焰原子化装置包括雾化器、雾化室和燃烧器三部分。其结构如图3-5所示。

① 雾化器。雾化器的作用是将试液雾化成微小的雾滴，其性能对测定的精密度和灵敏度有显著影响。要求其雾化效率高、喷雾稳定、雾滴细小均匀。同心喷嘴型雾化器是目前普遍采用的雾化器，雾化效率达10%以上。内置撞击球，试样在气体带动下与其快速碰撞后被雾化。

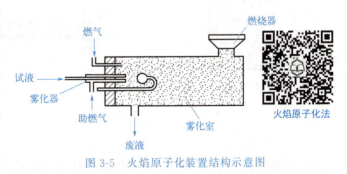

图3-5　火焰原子化装置结构示意图

② 雾化室。雾化室又称预混合室，其作用是使燃气、助燃气与试液的细雾在其内充分混合均匀，以保证得到稳定的火焰；同时也使未被细化的较大雾滴在雾化室内结为液珠，沿室壁流入泄漏管内排走。

③ 燃烧器。燃烧器的作用是形成火焰，使进入火焰的待测元素的化合物经过干燥、熔化、蒸发、解离及原子化过程转变成基态原子蒸气。对燃烧器的要求是原子化程度高、火焰

稳定、吸收光程长及噪声小。

④ 火焰。火焰在燃烧器的上方燃烧，是进行原子化的能量来源。火焰的温度和性质取决于燃气与助燃气的种类及其流量比例，在实际测定中不同的元素应选择不同的火焰。常用的燃气有乙炔、氢气和煤气（丙烷），常用的助燃气有空气和一氧化二氮（N_2O，又称笑气），其中应用最广的是空气-乙炔火焰。

根据燃气与助燃气流量比不同，可将火焰分为三类：化学计量性火焰、贫燃性火焰和富燃性火焰。

化学计量性火焰：燃助比为1∶4，燃气与助燃气的比例与它们之间化学反应的化学计量关系接近，它具有温度高、稳定性好、干扰少及背景低等特点，适用于大多数元素的测定。

贫燃性火焰：燃助比小于1∶6，燃气与助燃气的比小于化学计量关系，这种火焰燃烧完全，火焰温度高，氧化性较强，火焰原子化区域窄，适用于不易氧化的元素，如银、铜和碱金属元素的测定。

富燃性火焰：燃助比大于1∶3，燃气与助燃气的比大于化学计量关系，这种火焰燃烧不完全，具有较强的还原作用，适用于测定较易形成难熔氧化物的元素，如钼、铬、钨和稀土元素等。

火焰原子化法操作简便，重现性好，有效光程大，对绝大多数元素有较高的灵敏度，因此应用广泛。但火焰原子化法原子化效率低，而且一般不能直接分析固体样品。

（2）非火焰原子化装置　非火焰原子化装置是利用电热、阴极溅射、等离子体、激光或冷原子发生器等方法使试样中待测元素形成基态自由原子，其中最常用的是电热高温石墨炉原子化器。

石墨炉原子化器的结构包括石墨管、炉体（保护气系统）、加热电源三部分（图3-6）。

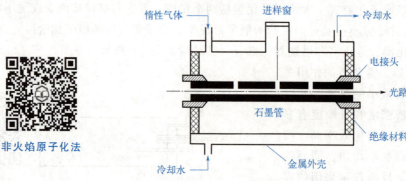

图3-6　石墨炉原子化器示意图

① 加热电源。加热电源的作用是提供样品中待测元素原子化所需的能量。一般采用低电压（10~25V）、大电流（400~600A）的供电设备，使石墨管迅速加热，达到3000℃的高温，并能根据需要进行程序升温。

② 炉体（保护气系统）。保护气系统用于控制保护气，保护气通常使用惰性气体氩气。外气路中的氩气沿石墨管外壁流动，以保护石墨管不被烧蚀；内气路中氩气从管两端流向管中心，由管中心孔流出，以有效除去在干燥和灰化过程中产生的基体蒸气，同时保护已原子化的原子不再被氧化。

为了使石墨管在每次分析之后能迅速降至室温，炉体周围有一金属套管作为水冷却外套，通入冷却水循环。

③ 石墨管。石墨管的内径约为8mm，长约28mm，管中央开一小孔为进样孔，样品用微量注射器由进样口注入石墨管中，经过干燥、灰化、原子化和净化四个阶段，实现样品中待测元素转变成基态原子蒸气。

石墨管按性能分为普通石墨管、热解石墨管和平台石墨管三种。

普通石墨管：用普通石墨制作的，应用最为广泛。由于石墨具有多孔的特性，液体样品在石墨管壁会有一定的渗透。可用于测定各种元素，特别是原子化温度低的元素，如Cd、Pb、Na、K、Zn和Mg等，也适用于检测灵敏度要求低的分析或高浓度样品的分析。

热解石墨管：在普通石墨管的表面用化学气相沉积（CVD）方法进行热解，而具有金属般光泽的表面，样品在管壁渗透较少。适于分析易和石墨管的主要组分碳结合的元素（易形成碳化物的元素），如Ni、Ca、Ti、Si、V和Mo等。

平台石墨管：石墨管中装有一个盛样品的平盘（平台），平台材料是热解石墨，将样品溶液注射到平台上。用平台石墨管，原子化后的原子不容易发生再结合，可以利用不同的加热程序，将液体样品性质对分析的影响降低至最小。因此，这是分析复杂基体样品，如生物样品、废水和海水等的有效方法。

石墨管按加热方式分为纵向加热石墨管和横向加热石墨管两种类型。纵向加热石墨管加热方向沿光轴方向进行，即是电流方向与光轴方向平行。目前，由于历史悠久、制造技术难度比横向加热小，成本低，绝大多数石墨炉原子化器都是采用纵向加热。纵向加热石墨炉的原子化温度可达到近3000℃，结构比横向加热石墨管简单，但是石墨管内的温度不均匀，从而导致原子蒸气的浓度不均匀，石墨管中心的原子蒸气的浓度高，两端的原子蒸气的浓度低，影响分析的灵敏度。横向加热石墨管里的原子化温度均匀，提高了原子化效率和仪器灵敏度，减少了化学干扰和记忆效应，降低了加热温度，延长了石墨炉和石墨管的寿命。

与火焰原子化器相比较，石墨炉原子化器的优点是原子化效率高，灵敏度高，试样用量少，适用于难熔元素的测定；缺点是基体效应、化学干扰较多，测量结果的重现性较火焰法差。

3. 分光系统

分光系统又称单色器，其作用是将待测元素的特征谱线与其他干扰谱线分开，只让待测元素的吸收线通过。常用的单色器有棱镜单色器和光栅单色器，后者用得较多。原子吸收分光光度计主要采用锐线光源，谱线相对比较简单，所以对色散元件（棱镜或光栅）的要求不是很高，只需要配合适当的狭缝宽度，即可达到既满足光强度需求又阻止干扰光谱进入的要求。

4. 检测与记录系统

检测与记录系统主要由检测器、放大器、对数变换器和读数显示装置组成。检测单色器发出光信号并经放大器放大，再经读出装置进行显示和读数。

以火焰原子化法测定铜为例。含铜试液在原子化装置中被喷射成雾状进入燃烧火焰中，含铜盐的细雾在高温火焰中蒸发、挥发并解离成铜的基态原子蒸气，这个过程称为待测元素的原子化。所用光源为铜空心阴极灯，它能辐射出波长为324.7nm的铜特征谱线光。当光通过具有一定厚度的铜原子蒸气时，蒸气中的铜基态原子吸收其特征谱线光而跃迁到激发态，同时引起光强度的减弱。透过光通过单色器分光分离出含待测元素的光信号后，由检测器测得铜特征谱线光减弱的程度,产生的电信号经放大后,就可以在读数装置上读出吸光度值。然后根据吸光度与试液浓度之间的对应关系,测得试液中铜的含量。

三、原子吸收分光光度计开关机程序及实验条件的选择

原子吸收分光光度计
开关机程序及使用条件

1. 开关机程序

任务名称	原子吸收分光光度计开关机程序及实验条件的选择	操作人		日期	
		复核人			
方法步骤	说明			笔记	
开机前准备	打开室内排风系统,用肥皂水检查气管是否漏气,检查水封				
开机程序	打开电脑开关				
	打开原子吸收分光光度计主机,预热待测元素灯 20min				
	开空气压缩机(两个开关同时打开),查看空气压力表				
	逆时针打开乙炔钢瓶总阀门,设定输出压力为 1MPa;顺时针打开减压阀,设定输出压力为 0.07MPa				

续表

关机程序		管道清洗完之后,先后关闭乙炔钢瓶总阀门和减压阀门,火焰熄灭
		关闭空气压缩机
		查看空气压力表和乙炔压力表是否为零
		主机关机
		计算机退出软件,退出 Windows 关机。填写使用记录
		关闭排风扇,清洗玻璃仪器,整理实验台

2. 实验条件的选择

任务名称	原子吸收分光光度计实验条件的选择	操作人		日期	
		复核人			
方法步骤		说明		笔记	
软件操作	参数选择	打开电脑,开始软件操作,双击桌面"光谱分析专家"快捷方式,工作模式选择"火焰",测量元素选择"Mn",灯位置选择"2"(操作时,根据空心阴极灯实际安装位置选择),点击"确定",信息提示选择"是"			
	条件设置	分析线选择:在不同波长条件下分别测标准溶液的吸光度。 　　灯电流选择:每改变一次灯电流记录对应的吸光度。 　　燃助比选择:固定其他条件和燃助气流量,喷入所配制的标准溶液,改变燃气流量,记录吸光度。 　　燃烧头高度的选择:喷入所配制的标准溶液,改变燃烧头的高度,逐一记录对应的吸光度			
	测定前操作	点击"发送单条指令",依次点击"发送命令"(主机响应发送完成后才可以进行下一项);发送完成后点击"寻峰"显示最大波长为324.7nm,结束后退出,点击"高压",进行高压最佳化优化,对分析的稳定性有重要作用,高压显示结束后退出			
	样品测定前工作	打开样品测定,在每次准备定标前,载入测量窗口时会弹出"测量浓度前先进行标定!先测量一次标准空白,再依次测量各标准溶液。"这是为了后面做工作曲线时消除标准空白引起的误差而做的工作			
	点火	查看水封监视等是否正常(绿色为正常);按右侧工具栏的"点火"按钮点火,查看乙炔压力表是否正常;火焰点燃后吸喷去离子水或蒸馏水,预热燃烧头10min,点击命令按钮"读数"			
	溶液测定	吸喷溶液,待示值稳定后用命令按钮/面板按键读数			
	结束工作	清洗玻璃仪器,整理实验台			
	安全操作	1. 规范操作 2. 团队合作			

结果记录				
任务名称	原子吸收分光光度计实验条件的选择	操作人	日期	
		复核人		

四、原子吸收分光光度计的操作

步骤	说明	笔记
样品准备	1. 制备好待测定的未知样品溶液和样品空白液。 2. 制备好测定项目的标准溶液。每个测定元素都要有一套标准溶液(含标准空白)。标准溶液的浓度最高值应大于(估算)未知样品溶液的浓度。 3. 准备好充足的去离子水或蒸馏水	
设备准备	1. 检查并确认气体管路连接正常,无泄漏。 2. 开空气压缩机。 3. 打开乙炔钢瓶总阀门和减压阀门,设定输出压力为 0.07MPa	
开机	仪器主机和计算机开机,进入操作软件界面	
仪器操作条件设置	在界面上选择测定的元素 安装空心阴极灯。如果灯已安装,跳过本操作。每个测定元素对应于同名的空心阴极灯(又称元素灯),用操作命令转动灯架。按要测定的元素顺序在灯位上依次安装元素灯 在界面上设置仪器条件和数据处理方法。包括浓度直读定标数据,可修改软件提供的原始参考参数,或通过操作命令调入保存的操作方法文件	

续表

仪器操作条件设置	发送参数。主机按仪器条件自动调整设备工作状态,包括灯位置、灯电流、狭缝、波长、高压以及相关参数的最佳化	
	当前测量元素的空心阴极灯和下一个测量元素的灯同时预热	
点火	1. 检查并确认水封装置正常。 2. 空气压缩机开机,输出压力 0.3MPa。 3. 用命令按钮点火。 4. 火焰点燃后吸喷去离子水或蒸馏水,预热燃烧头 10min,用命令按钮将显示读数置零	
工作曲线标定	1. 吸喷标准空白,待示值稳定后用命令按钮置零或读数。 2. 吸喷 1 号标准溶液(最低浓度),待示值稳定后用命令按钮/面板按键读数。 3. 依次吸喷 2 号至最高浓度标准溶液,分别读数,至定标结束。 4. 确认测量数值正确。 5. 查看并选择合适的定标曲线	
测量未知样品	1. 吸喷样品空白,置零或读数。 2. 吸喷 1 号未知样,待示值稳定后读数,未知样中测定元素的浓度自动列表显示。 3. 依次吸喷测定 2 号未知样、3 号未知样等至结束。 4. 吸喷去离子水或蒸馏水 5min,清洗燃烧器。 5. 打印或保存数据文件	
测量下一种元素	在按新的测量元素的参数更新主机操作条件后,按上述方法完成未知样中第 2 种、第 3 种……元素的测量	
结束工作	1. 在火焰状态下继续吸喷去离子水或蒸馏水 5min,清洗燃烧系统。 2. 先后关闭空气压缩机、乙炔钢瓶总阀门和减压阀门,主机火焰自动熄灭。 3. 按命令按钮用空气冲/清洗乙炔管路和流量控制器。 4. 主机关机。计算机退出软件,退出 Windows 关机	

五、原子吸收分光光度计的操作注意事项

1. 光源的使用

① 对新购置的空心阴极灯的发射线波长和强度以及背景发射的情况,应首先进行扫描测试和登记,以方便后期使用。

② 空心阴极灯应在最大允许电流以下使用。使用完毕后,要使灯充分冷却,然后从灯架上取下存放。

③ 当发现空心阴极灯的石英窗口有污染时,应用脱脂棉蘸无水乙醇擦拭干净。

④ 不用时不要点灯,否则会缩短灯寿命;但长期不用的元素灯则需每隔 1~2 个月,在额定工作电流下点燃 15~60min,以免性能下降。

⑤ 光源调整机构的运动部件要定期加少量润滑油,以保持运动灵活自如。

2. 火焰原子化器的使用

① 每次分析操作完毕,特别是分析过高浓度或强酸样品后,要立即吸喷蒸馏水5min以上,以防止雾化器和燃烧头被沾污或锈蚀。仪器的不锈钢喷雾器为铂铱合金毛细管,不宜测定高氟浓度样品,使用后应立即用蒸馏水清洗,防止腐蚀;吸液用聚乙烯管应保持清洁,无油污,防止弯折;发现堵塞,可用软钢丝清除。

② 雾化室要定期清洗积垢,喷过浓酸、碱液后,要仔细清洗;日常工作后应用蒸馏水吸喷5~10min进行清洗。

③ 点火后,燃烧器的缝隙上方,应是一片燃烧均匀、呈带状的蓝色火焰。若火焰呈齿形,说明燃烧头缝隙上有污物,需要清洗。如果污物是盐类结晶,可用滤纸插入缝口擦拭,必要时应卸下燃烧器,用1∶1乙醇-丙酮清洗;如有熔珠可用金相砂纸打磨,严禁用酸浸泡。

④ 测试有机样品后要立即对燃烧器进行清洗。一般应先吸喷容易与有机样品混合的有机溶剂约5min,再吸喷 $\rho(HNO_3)=10g/L$ 的溶液5min,并将废液排放管和废液容器倒空重新装水。

3. 石墨炉原子化器的使用

① 对于用石墨炉做痕量或超痕量分析的实训室,其室内清洁程度比火焰原子化法有更严格的要求。室内空气应经过滤,地板、墙壁要特别装备防尘材料,以达到超净要求;尤其是分析钙、钾、钠、镁、锌等极易严重受环境污染的元素时,只能使用由惰性塑料——聚四氟乙烯装饰的实训室。要得到准确的测量结果,接触器皿要特别小心,并确保环境清洁。

② 石墨炉长期使用后会在进样口周围沉积一些污物,应及时用软布擦去。炉两端的窗玻璃(石英玻璃)最容易被样品弄脏而严重影响透射比,应随时观察窗玻璃的清洁程度,一旦积有污物应拆下窗玻璃(小心,避免打碎),用蘸有无水乙醇的细软布擦净后重新安装好。

③ 操作时切记要保证惰性气体(保护气)和冷却水的流通,无保护气的加热会彻底烧毁炉子。

④ 石墨炉分析的精度(重现性)因进样的方法而变化,要有良好的重现性,应熟练掌握微量进样器的使用方法和保持进样点的一致。不能将进样头接触除溶液以外的任何物品,以免污染进样口。若发现进样头损坏或挂沾液滴,应换上新的进样头。

⑤ 石墨炉灵敏度非常高,绝不允许注入高浓度样品,过高的浓溶液会严重污染石墨炉并产生严重的记忆效应。

4. 单色器的使用

单色器要保持干燥,要定期更换单色器内的干燥剂。严禁用手触摸和擅自调节单色器中的光学元件。备用光电倍增管应轻拿轻放,严禁振动。仪器中的光电倍增管严禁强光照射,检修时要关掉负高压。

5. 气路系统的操作

① 要定期检查气路接头和封口是否存在漏气现象,以便及时解决。

② 使用仪器时,若出现废液管道的水封被破坏、漏气,燃烧器缝明显变宽,助燃气与燃气流量比过大,或使用 N_2O-乙炔火焰时,乙炔流量小于2L/min等情况,容易发生"回火"。一旦发生"回火",应镇定地迅速关闭燃气,然后关闭助燃气,切断仪器电源。若回火引燃了供气管道及附近物品时,应采用二氧化碳灭火器灭火。防止回火的点火操作顺序为:

先开助燃气，后开燃气；熄火顺序为：先关燃气，待火熄灭后，再关助燃气。

③ 严禁剧烈振动和撞击乙炔钢瓶。工作时必须直立，温度不宜超过30~40℃。开启钢瓶时，阀门旋开不超过1.5圈，以防止丙酮逸出。乙炔钢瓶的输出压力应不低于0.05MPa，否则应及时充乙炔气，以免丙酮进入火焰，对测量造成干扰。

④ 要经常放掉空气压缩机气水分离器的积水，防止水进入助燃气流量计。

【技能强化】

火焰原子吸收分光光度法测定自来水中 Mg 的含量

一、任务目的

1. 了解原子吸收分光光度计的基本结构、工作原理和使用方法。
2. 学会利用原子吸收分光光度法进行定量分析的方法（标准曲线法）。

二、方法原理

原子吸收分光光度法是基于物质所产生的基态原子蒸气对特定谱线（即待测元素的特征谱线）的吸收作用来进行定量分析的一种光谱分析方法。当含待测元素的溶液以雾状被喷入高温火焰时，由于高温的作用，含有该元素的化合物分子被分解为自由原子，并转化为原子蒸气。在一定的原子化（火焰法）条件下，待测元素的含量 c 与吸光度 A 成正比，即符合：$A = K'c$（K' 为比例系数）。

本实训中所用的样品为自来水，所以样品的前处理过程相对简单，在加入释放剂（抗干扰剂）后即可直接上机测定，以标准曲线法对自来水中的镁进行定量分析。

三、仪器与试剂

仪器：原子吸收分光光度计（A3系列），镁空心阴极灯，50mL容量瓶，5mL、10mL移液管等。

试剂：镁标准储备液（10mg/L），锶溶液（3% $SrCl_2$-HCl，作为干扰抑制剂），去离子水，待测样品（自来水）等。

四、操作步骤

任务名称	火焰原子吸收分光光度法测定自来水中 Mg 的含量	操作人	日期
		复核人	
方法步骤	说明		笔记
标准溶液的配制	在6个50mL容量瓶中，分别加入镁标准储备液（10mg/L）0.0、1.0mL、2.0mL、3.0mL、4.0mL和5.0mL		
	再分别加入锶溶液5.0mL，用去离子水定容，配制成镁质量浓度为0.0、0.2mL、0.4mL、0.6mL、0.8mL和1.0mg/L的系列标准溶液		

		续表
测定吸光度	在原子吸收分光光度计上,按仪器操作步骤设定镁的实验条件,待仪器稳定后,依次测定各标准溶液的吸光度	
待测溶液的配制与测定	准确吸取 10.0mL 自来水样品,置于 50mL 容量瓶中,加入锶溶液 5.0mL,用去离子水稀释至刻度,摇匀	
	以去离子水代替水样,按同样方法制备一份样品空白溶液	
	在与标准溶液测定相同的实验条件下,测定自来水待测液(包括样品空白溶液)的吸光度	
测定结果	1. 记录实验条件 2. 记录实训结果	
管路清洗	在火焰状态下继续吸喷去离子水或蒸馏水 5min,清洗燃烧系统。关闭乙炔钢瓶总阀门和减压阀门,主机火焰自动熄灭。关闭空气压缩机,查看空气压力表和乙炔压力表是否为零	
关机	主机关机。计算机退出软件,退出 Windows 关机。关闭排风机开关,填写使用记录	
结束工作	清洗玻璃仪器,整理实验台	

五、结果记录

	结果记录				
任务名称	火焰原子吸收分光光度法测定自来水中 Mg 的含量	操作人		日期	
		复核人			

1. 实验条件
(1)吸收线(即分析线)波长/nm _____
(2)空心阴极灯电流/mA _____
(3)光谱通带或光谱带宽/nm _____
(4)乙炔流量/(L/min) _____
(5)空气流量/(L/min) _____
2. 记录吸光度

编号	标准溶液						空白液	待测液
	1#	2#	3#	4#	5#	6#		
ρ(Mg 标液)/(mg/L)	0.0	0.2	0.4	0.6	0.8	1.0		
A								
线性相关系数 R^2							—	—

续表

3. 计算结果

$$\rho(\text{Mg}) = \frac{\rho_x}{\text{水样体积}} \times \text{定容体积}$$

式中　ρ_x——待测溶液中 Mg 的含量。

六、操作评价表

任务名称	火焰原子吸收分光光度法测定自来水中 Mg 的含量		操作人		日期	
操作项目	考核内容	操作要求		分值	得分	备注
溶液配制	容量瓶规格	选择正确		1		
	容量瓶试漏	试漏正确		2		
	容量瓶洗涤	洗涤干净		2		
	定量转移	转移动作规范		3		
	定容	1. 三分之一处水平摇动 2. 准确稀释至刻度线 3. 摇匀动作正确		2		

续表

移取溶液	移液管洗涤	洗涤干净	1		
	移液管润洗	润洗方法正确	2		
	吸溶液	1. 不吸空 2. 不重吸	1		
	调刻度线	1. 调刻度线前擦干外壁 2. 熟练调节液面	1		
	放溶液	1. 移液管竖直 2. 移液管尖靠壁 3. 放液后停留约15s	2		
仪器操作	实训前准备	1. 实训室安全检查 2. 预热	3		
	软件操作	1. 参数选择 2. 条件设置 3. 测定前准备 4. 正确点火	25		
	开关气路	正确地开关总阀、减压阀、空气压缩机	5		
	溶液测定	1. 溶液测定操作规范 2. 溶液测定顺序正确 3. 结果在误差范围内	35		
	测定结束	1. 管路清洗 2. 关机	5		
职业素养	实训室安全	1. 开启室内排风系统,检查气路(若未进行,制止继续操作) 2. 整理实训室 3. 规范操作 4. 团队合作	10		

评价人:_____　　　　　　　　总分:_____

任务二　标准加入法测定锰元素

任务目标

1. **掌握**　原子吸收分光光度计的结构；标准加入法
2. **熟悉**　标准溶液的配制；实训室安全知识
3. **了解**　原子吸收光谱产生的机理

标准加入法测定溶液中的 Mn 元素

学习任务单

任务名称	标准加入法测定锰元素
任务描述	标准加入法、原子吸收分光光度计的使用、溶液的测定
任务分析	任务中，首先要掌握标准加入法，熟悉配制溶液的方法，了解本任务的操作过程。然后选择适宜的比色管，熟练使用玻璃器具配制溶液；熟练操作原子吸收分光光度计，以标准加入法测定试样
成果展示与评价	每一组学生完成实训的操作并记录数据，小组互评。最后由教师综合评定成绩

【任务实施】

一、任务目的

1. 熟练掌握原子吸收分光光度计的操作过程。
2. 学习标准加入法测定元素含量的操作。

二、方法原理

当试样复杂，配制的标准溶液与试样组成之间存在较大差别时，试样的基体效应对测定有影响，或干扰不易消除，分析样品数量少时，用标准加入法较好。将已知的不同浓度的几个标准溶液加入几个相同量的待测样品溶液中，测定其吸光度，并绘制其工作曲线，将绘制的直线延长，与横轴相交，交点至原点所对应的浓度即为待测试液的浓度（图3-7），图中 c_x 即为试样中待测元素的浓度。

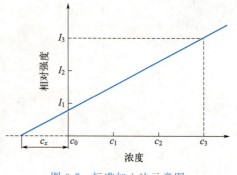

图 3-7　标准加入法示意图

三、仪器与试剂

仪器：原子吸收分光光度计、Mn 空心阴极灯、比色管 4 个、容量瓶 1 个、2mL 移液管 1 个、

5mL 吸量管 1 个、10mL 吸量管 1 个、烧杯、洗瓶等。

试剂：Mn 标准溶液 1mg/mL、待测溶液、蒸馏水等。

四、操作过程

任务名称		标准加入法测定锰元素	操作人		日期	
			复核人			
方法步骤		说明			笔记	
1mg/mL Mn 储备液的配制		先称取 1.3745g $MnSO_4$，然后加入 5 mL HCl（加入盐酸的目的是防止硫酸锰出现沉淀），定容至 500mL 容量瓶				
标准使用液的配制		移取 10mL 的 Mn 储备液定容到 100mL 的容量瓶中，Mn 标准使用液的浓度为 0.1mg/mL				
待测溶液的配制		分别移取 2mL 待测溶液放到 4 个不同编号的比色管中，再分别加入 0.00、1.00mL、2.00mL、4.00mL 的 Mn 标准使用液，以蒸馏水稀释至标线，摇匀				
开机前准备		打开室内排风系统，用肥皂水检查气管是否漏气，检查水封				
预热		打开原子吸收分光光度计主机预热 20min				
软件操作	参数选择	打开电脑，开始软件操作，双击桌面"光谱分析专家"快捷方式，工作模式选择"火焰"，测量元素选择"Mn"，灯位置选择"2"（操作时，根据实际灯位选择），点击确定，信息提示选择"是"				
	条件设置	波长 279.50nm、带宽 0.2nm、高压 300V、灯电流 12mA、灯预热 20min、燃气 1.4L/min、喷头高 7mm，测定方式选择"浓度直读"，工作曲线选择"标准加入"，浓度单位为"μg/mL"标准输入 0、2、4、8，点击"确认发送参数""仅通知内存"				
	测定前操作	点击"发送单条指令"，依次点击"发送命令"（主机响应发送完成后才可以进行下一项）；发送完成后点击"寻峰"显示最大波长为 278nm，结束后退出，点击"高压"，进行高压最佳化优化，对分析的稳定性有重要作用，高压显示结束后退出				
燃气准备		开空气压缩机（两个开关同时打开），输出压力为 0.3MPa，查看空气压力表。逆时针打开乙炔钢瓶总阀门，输出压力为 1MPa；顺时针打开减压阀，设定输出压力为 0.07MPa				
样品测定前工作		打开样品测定，在每次准备定标前，载入测量窗口时会弹出"测量浓度前先进行标定！先测量一次标准空白，再依次测量各标准溶液。"这是为后面做工作曲线时消除标准空白引起的误差而做的工作				
点火		查看水封监视等是否正常，绿色为正常；按右侧工具栏的"点火"按钮点火，查看乙炔压力表是否正常；火焰点燃后吸喷去离子水或蒸馏水，预热燃烧头 10min，点击命令按钮"读数"				

续表

溶液测定	吸喷 1 号比色管(最低浓度),待示值稳定后用命令按钮/面板按键读数;依次吸喷 2 号至最高浓度标准溶液,分别读数,至定标结束	
测定结果	确认测量数值正确。"查看"定标曲线。在电脑上自动显示待测溶液的浓度和吸光度。记录并保存数据	
管路清洗	在火焰状态下继续吸喷去离子水或蒸馏水 5min,清洗燃烧系统。关闭乙炔钢瓶总阀门和减压阀门,主机火焰自动熄灭。关闭空气压缩机,查看空气压力表和乙炔压力表是否为零	
关机	主机关机。计算机退出软件,退出 Windows 关机。关闭排风机开关,填写使用记录	
结束工作	清洗玻璃仪器,整理实验台	

五、结果记录

任务名称	标准加入法测定锰元素	结果记录			
		操作人		日期	
		复核人			

编号	1[#]	2[#]	3[#]	4[#]
V(Mn 标液)/mL				
A				

六、操作评价表

任务名称		标准加入法测定锰元素	操作人		日期	
操作项目	考核内容	操作要求		分值	得分	备注
溶液配制	容量瓶规格	选择正确		1		
	容量瓶检漏	检漏正确		2		
	容量瓶洗涤	洗涤干净		2		
	定量转移	转移动作规范		3		
	定容	1. 三分之一处水平摇动 2. 准确稀释至刻度线 3. 摇匀动作正确		2		
移取溶液	移液管洗涤	洗涤干净		1		
	移液管润洗	润洗方法正确		2		
	吸溶液	1. 不吸空 2. 不重吸		1		
	调刻度线	1. 调刻度线前擦干外壁 2. 调节液面操作熟练		1		
	放溶液	1. 移液管竖直 2. 移液管尖靠壁 3. 放液后停留约15s		2		
仪器操作	实训前准备	1. 实训室安全检查 2. 预热		3		
	软件操作	1. 参数选择 2. 条件设置 3. 测定前准备 4. 正确点火		25		
	燃气	正确地开关总阀、减压阀、空气压缩机		5		
	溶液测定	1. 溶液测定操作规范 2. 溶液测定顺序正确 3. 结果在误差范围内		35		
	测定结束	1. 管路清洗 2. 关机		5		
职业素养	实训室安全	1. 整理实训室 2. 规范操作 3. 团队合作		10		

评价人：_____　　　　　　　　　　总分：_____

【任务支撑】

一、原子吸收光谱定量方法

原子吸收光谱
定量方法

光学分析技术是根据物质发射的电磁辐射或电磁辐射与物质相互作用而建立起来的一类分析化学方法。电磁辐射与物质的相互作用关系有发射、吸收、反射、折射、散射、干涉、衍射、偏振等。光学分析法可以分为光谱法和非光谱法两大类。

光谱法是基于物质与辐射能作用时，测量由物质内部发生量子化的能级之间的跃迁而产生的发射、吸收或散射辐射的波长和强度进行分析的方法。光谱法分为原子光谱和分子光谱。原子光谱是由原子外层或内层电子能级的变化产生的，它的表现形式为线光谱。属于这类分析方法的有原子发射光谱法（AES）、原子吸收光谱法（AAS）等。

原子吸收光谱法常用的定量方法有下面的四种方法：标准曲线法、标准加入法、稀释法和内标法。

方法		说明	笔记
标准曲线法	（吸光度-浓度标准曲线图）	原子吸收光谱法中最常用的方法，此法是根据被测元素的灵敏度及其在样品中的含量来配制标准溶液系列，测出标准溶液的吸光度，绘制出吸光度与浓度关系的工作曲线。测得样品溶液的吸光度后，在工作曲线上可查出样品溶液中被测元素的浓度。特别适合于大量样品的分析	
标准加入法	（相对强度-浓度图）	标准加入法也称标准增量法、直线外推法，当试样复杂，配制的标准溶液与试样组成之间存在较大差别时，试样的基体效应对测定有影响，或干扰不易消除，分析样品数量少时，用标准加入法较好	
稀释法	$c_x = \dfrac{[A_{(S+x)}(V_S+V_x) - A_S V_S]c_S}{A_S V_x}$	稀释法取浓度为 c_S 的待测组分的标准溶液 V_S，与浓度为 c_x 的待测组分的溶液 V_x 配制成稀释溶液，测得稀释溶液 $A_{(S+x)}$，再在相同条件下测标准溶液的 A_S。它的实质是标准加入法的一种形式，此方法所需样品溶液的体积比标准加入法小，对于高含量样品溶液，亦无须稀释，直接加入即可进行测定，简化了操作过程	

		续表
内标法	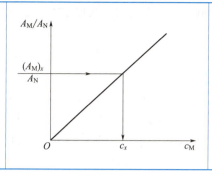	内标法是指将试液中不存在的标准物质元素 N 加到待测元素 M 的试液中进行测定的方法,所加入的这种标准物质称之为内标物质或内标元素。内标法和标准加入法的区别就在于前者所加入标准物质溶液是试液不存在的,而后者所加入的标准物质是待测组分的标准溶液,是试液中存在的

下面具体讲解一下标准曲线法和标准加入法。

1. 标准曲线法

标准曲线法也称工作曲线法、外标法。根据被测元素的灵敏度及其在样品中的含量来配制标准溶液系列,测出各标准溶液的吸光度,绘制出吸光度与浓度关系的工作曲线。测得样品溶液的吸光度后,在工作曲线上可查出样品溶液中被测元素的浓度。该法是一种简便、快速的定量方法,特别适合于大量样品的分析。

标准加入法和标准曲线法溶液的配制

(1) 绘制标准曲线 先配制一组浓度合适的标准溶液,在最佳测定条件下,由低浓度到高浓度依次测定它们的吸光度,然后以吸光度 A 为纵坐标,标准溶液浓度为横坐标,绘制吸光度 (A)-浓度 (c) 的标准曲线,如图 3-8,得出标准曲线的方程。

(2) 样品测定 用与测定标准溶液相同的条件测定试液的吸光度,利用标准曲线方程可求出试液中被测元素的浓度,也可直接在标准曲线上查得试液吸光度所对应的浓度。再通过计算求出样品中被测元素含量。

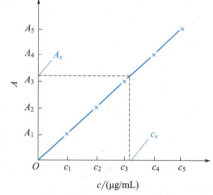

图 3-8 标准曲线

(3) 注意事项

① 标准溶液与试液的基体(指溶液中除待测组分外的其他成分的总体)要相似,以消除基体效应(指试样中与待测元素共存的一种或多种组分所引起的各种干扰)。

② 标准溶液的浓度范围应将试液中待测元素的浓度包括在内。浓度范围大小应以获得合适的吸光度读数为准。

③ 在测量过程中要吸喷去离子水或空白溶液来校正零点漂移。

④ 由于燃气和助燃气流量变化会引起工作曲线斜率变化,因此每次分析都应重新绘制工作曲线。

2. 标准加入法

标准加入法也称标准增量法、直线外推法。当样品中基体不明或基体浓度很高、变化大,很难配制相类似的标准溶液时,使用标准加入法较好。这种方法是将不同量的标准溶液分别加入数份等体积的试样溶液之中,其中一份试样溶液不加标准溶液,均稀释至相同体积后测定（并制备一个样品空白）。以测定溶液中外加标准物质的浓度为横坐标，以吸光度为纵坐标对应作图，然后将直线延长使之与浓度轴相交，交点对应的浓度值即为试样溶液中待测元素的浓度。

标准加入法可以抑制基体的影响，对于复杂样品，这种方法比较适用。另外，对低含量的样品，标准加入法可改善测定准确度。

标准加入法具体操作方法：吸取试液四份以上，第一份不加待测元素标准溶液，第二份开始，依次按比例加入不同量待测组分标准溶液，用溶剂稀释至相同的体积，以空白为参比，在相同测量条件下，分别测量各份试液的吸光度，绘出工作曲线，并将它外推至浓度轴，则在浓度轴上的截距，即为未知浓度，如图 3-7 所示。使用标准曲线加入法时应注意下面几个问题。

① 相应的标准曲线应是一条不通过坐标原点的直线，待测组分的浓度应在此线性范围之内。

② 第二份中加入的标准溶液的浓度与试样的浓度应当接近（可通过试喷样品和标准溶液比较两者的吸光度来判断），以免曲线的斜率过大或过小，给测定结果引入较大的误差。

③ 为了保证能得到较为准确的外推结果，至少要采用四个点来制作外推曲线。

标准加入法可以消除基体效应带来的影响，并在一定程度上消除了化学干扰和电离干扰，但不能消除背景干扰。因此只有在扣除背景之后，才能得到待测元素的真实含量，否则将使测量结果偏高。

为了正确地运用这种方法，在使用标准加入法时必须注意以下几点。

① 标准加入法只能在吸光度与浓度成直线的范围内使用。

② 为了减小测量误差必须具有足够的标准点，通常需用四份溶液，至少三份。

③ 标准加入法的曲线斜率应适当，添加标准溶液的浓度最好为 c、$2c$、$3c$，尽可能使 A_0 值与 A_1-A_0 值接近，A_1 值在 0.1～0.2 之间。

④ 标准加入法不能消除背景吸收的影响。有背景吸收时应运用背景扣除技术加以校正。标准加入法不能消除光谱干扰和与浓度有关的化学干扰。

二、原子吸收法中干扰及消除技术

原子吸收分析相对化学分析及发射光谱分析手段来说，是一种干扰较少的检测技术。原子吸收检测中的干扰可分为物理干扰、化学干扰、电离干扰和光谱干扰四种类型。明确了干扰的性质，便可以采取适当措施，消除和校正所存在的干扰。

干扰和消除技术

1. 物理干扰及消除

物理干扰是指试样在转移、蒸发和原子化过程中物理性质（如黏度、表面张力、密度和蒸气压等）的变化引起原子吸收强度下降的效应。物理干扰是非选择性干扰，对试样各元素的影响基本相同。物理干扰主要发生在试液抽吸过程、雾化过程和蒸发过程中。

消除物理干扰的主要方法是配制与被测试样组成相似的标准溶液。在试样组成未知时，可以采用标准加入法或选用适当溶剂稀释试液来减少和消除物理干扰。此外，调整碰撞球位置以产生更多细雾，确定合适的抽吸量等，都能改善物理干扰对结果产生的负效应。

2. 化学干扰及消除

化学干扰是原子吸收光谱分析中的主要干扰。它是由于在样品处理及原子化过程中，待测元素的原子与干扰物质组分发生化学反应，形成更稳定的化合物，从而影响待测元素化合物的解离及其原子化，致使火焰中基态原子数目减少。例如，盐酸介质中测定 Ca 元素、Mg 元素时，若存在 PO_4^{3-} 则会对测定产生干扰，这是 PO_4^{3-} 在高温时与 Ca 元素、Mg 元素生成高熔点、难挥发、难解离的磷酸盐或焦磷酸盐，使参与吸收的 Ca 元素、Mg 元素的基态原子数减少造成的。

化学干扰是一种选择性干扰，消除化学干扰的方法如下。

① 使用高温火焰，使在较低温度火焰中稳定的化合物在较高温度下解离。如在空气-乙炔火焰中 PO_4^{3-} 对 Ca 测定干扰，Al 对 Mg 的测定有干扰，如果使用一氧化二氮-乙炔火焰，可以提高火焰温度，这样干扰就被消除了。

② 加入释放剂，使其与干扰元素形成更稳定、更难解离的化合物，而将待测元素从原来难解离化合物中释放出来，使之有利于原子化，从而消除干扰。例如上述 PO_4^{3-} 干扰 Ca 的测定，当加入 $LaCl_3$ 后，干扰就被消除。因为 PO_4^{3-} 与 La^{3+} 生成更稳定的 $LaPO_4$ 而将钙从 $Ca_3(PO_4)_2$ 中释放出来。

③ 加入保护剂，使其与待测元素或干扰元素反应生成稳定配合物，因而保护了待测元素，避免了干扰。例如加 EDTA 可以消除 PO_4^{3-} 对 Ca^{2+} 的干扰，这是 Ca^{2+} 与 EDTA 配位后不再与 PO_4^{3-} 反应的结果。又如加入 8-羟基喹啉可以抑制 Al 对 Mg 的干扰，这是由于 8-羟基喹啉与铝形成螯合物 $Al[C(C_9H_6)N]_3$，减少了铝的干扰。

④ 石墨炉原子化中加入基体改进剂。提高被测物质的灰化温度或降低其原子化温度以消除干扰。例如汞极易挥发，加入硫化物生成稳定性较高的硫化汞，灰化温度可提高到 300℃，测定海水中 Cu、Fe、Mn 时，加入 NH_4NO_3，则其中的 NaCl 转化为 NH_4Cl，使其在原子化前低于 500℃ 的灰化阶段除去。

⑤ 化学分离干扰物质。若以上方法都不能有效地消除化学干扰，可采用离子交换、沉淀分离、有机溶剂萃取等方法，将待测元素与干扰元素分离开来，然后进行测定。化学分离法中有机溶剂萃取法应用较多，因为在萃取分离干扰物质的过程中，不仅可以去掉大部分干扰物，而且可以起到浓缩被测元素的作用。在原子吸收分析中常用的萃取剂多为醇、酯和酮类化合物。

上述各种方法若配合使用，则效果会更好。

3. 电离干扰及消除

在高温下，原子电离成离子，而使基态原子数目少，导致测定结果偏低，此种干扰称电离干扰。电离干扰主要发生在电离电位较低的碱金属和部分碱土金属中。消除电离干扰最有效的方法是在试液中加入过量比待测元素电离电位低的其他元素（通常为碱金属元素），由于加入的元素在火焰中强烈电离，产生大量电子，而抑制了待测元素基态原子的电离。例如测定 Ba 时，适量加入钾盐可以消除 Ba 的电离干扰。一般来说，加入元素的电离电位越低，加入的量可以越少，适宜的加入量由实验确定，加入量太大会影响吸收信号和产生散光。

4. 光谱干扰及消除

光谱干扰是由于分析元素吸收线与其他吸收线或辐射不能完全分开而产生的干扰。光谱干扰包括谱线干扰和背景干扰两种，主要来源于光源和原子化器，也与共存元素有关。

（1）谱线干扰

① 吸收线重叠。当共存元素吸收线与待测元素吸收波长很接近时，两谱线重叠，使测定结果偏高。这时应另选其他无干扰的分析线进行测定或预先分离干扰元素。

② 光谱通带内存在的非吸收线。这些非吸收线可能出自待测元素的其他共振线与非共振线，也可能是光源中所含杂质的发射线。消除这种干扰的方法是减小狭缝，使光谱通带小到可以分开这种干扰。另外也可适当减小灯电流，以降低灯内干扰元素发光强度。

③ 原子化器内直流发射干扰。为了消除原子化器内的直流发射干扰，可以对光源进行机械调制，或者是对空心阴极灯采用脉冲供电。

（2）背景干扰　背景干扰是指在原子化过程中，由于分子吸收和光散射作用而产生的干扰。背景干扰使吸光度增加，因而导致测定结果偏高。

分子吸收是指在原子化过程中，由于燃气、助燃气等火焰气体，试液中盐类和无机酸（主要是硫酸和磷酸）离子或自由基等对发射光吸收而产生的干扰。例如碱金属卤化物（KBr、NaCl、KI等）在紫外光区有很强的分子吸收；硫酸、磷酸在紫外区也有很强的吸收（盐酸、硝酸及高氧酸吸收都很小，因此原子吸收光谱法中应尽量避免使用硫酸和磷酸）。乙炔-空气、丙烷-空气等火焰在波长小于250nm的紫外区也有明显吸收。

光散射是指试液在原子化过程中形成高度分散的固体微粒，当入射光照射在这些固体微粒上时产生了散射，而不能被检测器检测，导致吸光度增大，通常入射光波长越短，光散射作用越强，试液基体浓度越大，光散射作用也越严重。

石墨炉原子化法的背景干扰比火焰原子化法严重，有时不扣除背景就无法进行测量。消除背景干扰的方法有以下几种。

① 用邻近非吸收线扣除背景。先用分析线测量待测元素吸收和背景吸收的总吸光度，再在待测元素吸收线附近另选一条不被待测元素吸收的谱线（称为邻近非吸收线）测量试液的吸光度，此吸收即为背景吸收，从总吸光度中减去邻近非吸收线吸光度，就可以达到扣除背景吸收的目的。

邻近非吸收线可用同种元素的非吸收线，也可以用其他不同元素的非吸收线，选用其他不同元素的非吸收线时，样品中不得含有该种元素。邻近非吸收线波长与分析波长愈相近，背景扣除愈有效。

② 用氘灯校正背景。用空心阴极灯发出的锐线光通过原子化器，测量待测元素和背景吸收的总和，再用氘灯发出的连续光通过原子化器，在同一波长测出背景吸收。此时待测元素的基态原子对氘灯连续的光谱的吸收可以忽略。因此，当空心阴极灯和氘灯的光束交替通过原子化器时，背景吸收的影响就可以扣除，从而进行校正。

氘灯只能校正较低的背景，而且只适于紫外光区的背景校正，可见光区的背景校正可用碘钨灯。使用氘灯校正时，要调节氘灯光斑与空心阴极灯光斑完全重叠，并调节两束入射光能量相等。

③ 用自吸收方法校正背景。当空心阴极灯在高电流下工作时，其阴极发射的锐线光会被灯内处于基态的原子吸收，使发射的锐线变宽，吸光度下降，灵敏度也下降。这种自吸收现象是客观存在的，也是无法避免的。因此可以先让空心阴极灯在低电流下工作，使锐线光通过原子化器，测得待测元素和背景吸收总和，然后使它再在高电流下工作，再通过原子化器，测得相当于背景的吸收，将两次测得的吸光度数值相减，就可以扣除背景的影响。这种方法的优点是使用同一光源，在相同波长下进行校正，校正能力强。不足之处是长期使用此法会使空心阴极灯加速老化，测量灵敏度降低。

④ 塞曼效应校正背景。塞曼效应是指谱线在外磁场作用下发生分裂的现象。塞曼效应校正背景是先利用磁场将吸收线分裂为具有不同偏振方向的组分，再用这些分裂的偏振成分

来区别被测元素和背景吸收的一种背景校正法。塞曼效应校正背景吸收分为光源调制法和吸收线调制法。光源调制法是将强磁场加在光源上,吸收线调制法是将磁场加在原子化器上,目前主要应用的是后者。所施加磁场有恒定磁场和可变磁场。

塞曼效应校正背景可以在全波段进行,它可校正吸光度高达1.5~2.0的背景,而氘灯只能校正吸光度小于1的背景,因此塞曼效应背景校正的准确度比较高。

【技能强化】

原子吸收光谱法测定铜的含量

任务目标

1. 掌握　原子吸收分光光度计的使用;标准加入法
2. 熟悉　标准溶液的配制
3. 了解　原子吸收光谱法中干扰及消除技术

学习任务单

任务名称	原子吸收光谱法测定铜的含量
任务描述	原子吸收分光光度计的使用、原子吸收实训室安全、仪器的结构组成以及仪器操作
任务分析	任务中,首先要掌握原子吸收分光光度计的结构及组成,操作规范,尤其是仪器的开关机顺序。熟悉实训室安全,了解本实训的操作过程。熟练操作原子吸收分光光度计;能选择适宜的操作条件,能够熟练使用玻璃器具,学会标准加入法测定铜元素的含量
成果展示与评价	每一组学生完成操作过程并记录数据,小组互评。最后由教师综合评定成绩

【任务实施】

一、任务目的

1. 熟练掌握原子吸收分光光度计的构造、操作过程。
2. 了解实验条件对灵敏度、准确度的影响及最佳实验条件的选择。
3. 了解原子吸收光谱法测定铜的含量的方法。

二、方法原理

当试样复杂,配制的标准溶液与试样组成之间存在较大差别时,试样的基体效应对检测有影响,或干扰不易消除。分析样品数量少时,用标准加入法较好。将已知的不同浓度的几个标准溶液加入几个相同量的待测样品溶液中,然后一起测定,并绘制工作曲线,将绘制的直线延长与横轴相交,交点至原点所相应的浓度,即为待测试样的浓度。

三、仪器与试剂

仪器：原子吸收分光光度计、Cu 空心阴极灯、容量瓶、吸量管、烧杯、洗瓶等。

试剂：标准样无水硫酸铜（$CuSO_4 \cdot 5H_2O$）纯度＞99.99%，或经国家认证并授予标准物质证书的一定浓度的铜标准溶液（GB 5009.13—2017），待测溶液，硝酸溶液（5＋95），硝酸溶液（1＋1）等。

四、操作过程

任务名称		原子吸收光谱法测定铜的含量	操作人		日期	
			复核人			
方法步骤			说明			笔记
铜溶液的配制	铜标准储备液（1000mg/L）	准确称取 3.928g 无水硫酸铜，用少量硝酸溶液(1＋1)溶解，移入 1000mL 容量瓶，加水至刻度，摇匀				
	铜标准中间液（10.0mg/L）	准确吸取铜标准储备液（1000mg/L）1.00mL 于 100mL 容量瓶中，加硝酸溶液(5＋95)至刻度，摇匀				
	铜标准系列溶液	分别吸取铜标准中间液（10.0mg/L）0、1mL、2mL、4mL、8mL、10mL 于 100mL 容量瓶中，分别加入同体积的待测液(2mL)到上述容量瓶中，加硝酸溶液(5＋95)至刻度，摇匀。此铜标准溶液的质量浓度分别为 0.0、0.1mg/L、0.2mg/L、0.4mg/L、0.8mg/L、1.0mg/L				
软件操作	开机前准备	打开室内排风系统，用肥皂水检查气路是否漏气，检查水封				
	预热	打开原子吸收分光光度计主机预热 20min				
	参数选择	打开电脑，开始软件操作，双击桌面"光谱分析专家"快捷方式，工作模式选择"火焰"，测量元素选择"Cu"，灯位置选择"2"(请选择 Cu 灯实际所在的灯位)，点击确定，信息提示选择"是"				
	条件设置	在 324.8nm 波长、灯电流 3mA、光谱宽带 0.4nm、燃烧器高度 6mm(具体实验条件，根据仪器要求进行参数设置)下分别测定所配制的一系列标准溶液的吸光度				
	燃气准备	开空气压缩机(两个开关同时打开)，输出压力为 0.3MPa，查看空气压力表。逆时针打开乙炔钢瓶总阀门，输出压力为 1MPa；顺时针打开减压阀，设定输出压力为 0.07MPa				
	样品测定前工作	打开样品测定，在每次准备定标前，载入测量窗口时会弹出"测量浓度前先进行标定！先测量一次标准空白，再依次测量各标准溶液。"这是为了后面做工作曲线时消除标准空白引起的误差而做的工作				

续表

点火	查看水封监视等是否正常,绿色为正常;按右侧工具栏的"点火"按钮点火,查看乙炔压力表是否正常;火焰点燃后吸喷超纯水或蒸馏水,预热燃烧头 10min,点击命令按钮"读数"	
溶液测定	吸喷标准溶液分别读数,至定标结束	
测定结果	选择吸光度最大时软件的设定条件	
管路清洗	在火焰状态下继续吸喷去离子水或蒸馏水 5min,清洗燃烧系统。依次顺时针关闭乙炔钢瓶总阀门和逆时针关闭减压阀门,主机火焰自动熄灭。关闭空气压缩机,查看空气压力表和乙炔压力表是否为零	
关机	主机关机。计算机退出软件,退出 Windows,关机。关闭排风机开关,填写使用记录	
结束工作	清洗玻璃仪器,整理实验台	
安全操作	1. 规范操作 2. 团队合作	

五、结果记录

结果记录

任务名称	原子吸收光谱法测定铜的含量	操作人		日期	
		复核人			

标准曲线(标准加入法):

六、操作评价表

任务名称		原子吸收光谱法测定铜的含量	操作人		日期	
操作项目	考核内容	操作要求	分值		得分	备注
溶液配制	容量瓶规格	选择正确	3			
	容量瓶检漏	检漏正确	2			
	容量瓶洗涤	洗涤干净	2			
	定量转移	转移动作规范	3			
	定容	1. 三分之一处水平摇动 2. 准确稀释至刻度线 3. 摇匀动作正确	5			
移取溶液	移液管洗涤	洗涤干净	2			
	移液管润洗	润洗方法正确	3			
	吸溶液	1. 不吸空 2. 不重吸	2			
	调刻度线	1. 调刻度线前擦干外壁 2. 熟练调节液面	3			
	放溶液	1. 移液管竖直 2. 移液管尖靠壁 3. 放液后停留约15s	5			
仪器操作	实训前准备	1. 实训室安全检查 2. 预热	5			
	软件操作	1. 参数选择 2. 条件设置 3. 测定前准备 4. 正确点火	25			
	开关气路	正确地开关总阀、减压阀、空气压缩机	5			
	溶液测定	1. 溶液测定操作规范 2. 溶液测定顺序正确 3. 结果在误差范围内	20			
	测定结束	1. 管路清洗 2. 关机	5			
职业素养	实训室安全	1. 整理实训室 2. 规范操作 3. 团队合作	10			

评价人：_____　　　　　　　　　　　　　　　　　　　　总分：_____

练习与思考

一、选择题

1. 原子吸收分光光度计的核心部分是（　　）。
   A. 光源　　　　B. 原子化器　　　　C. 光学系统　　　　D. 检测系统

2. 检查气瓶是否漏气，可采用（　　）的方法。
   A. 用手试　　　　　　　　　　B. 用鼻子闻
   C. 用肥皂水涂抹　　　　　　　D. 听是否有漏气声音

3. 空心阴极灯的主要操作参数是（　　）。
   A. 灯电流　　　　　　　　　　B. 灯电压
   C. 阴极温度　　　　　　　　　D. 内充气体压力

4. 原子吸收分光光度法中，对于组分复杂，干扰较多而又不清楚组成的样品，可采用以下哪种定量方法？（　　）
   A. 标准加入法　　　　　　　　B. 工作曲线法
   C. 直接比较法　　　　　　　　D. 标准曲线法

5. 原子吸收分光光度法测定中，通过改变狭缝宽度，可消除下列哪种干扰？（　　）
   A. 分子吸收　　B. 背景吸收　　C. 光谱干扰　　D. 基体干扰

6. 原子吸收光谱是（　　）。
   A. 带状光谱　　B. 线状光谱　　C. 宽带光谱　　D. 分子光谱

7. 欲分析 165～360nm 的波谱区的原子吸收光谱，应选用的光源为（　　）。
   A. 钨灯　　　　B. 能斯特灯　　C. 空心阴极灯　　D. 氘灯

8. 下列不属于原子吸收分光光度计组成部分的是（　　）。
   A. 光源　　　　B. 单色器　　　C. 吸收池　　　　D. 检测器

9. 原子吸收光谱分析仪的光源是（　　）。
   A. 氢灯　　　　B. 氘灯　　　　C. 钨灯　　　　　D. 空心阴极灯

10. 由原子无规则的热运动所产生的谱线变宽称为（　　）。
    A. 自然变宽　　　　　　　　　B. 赫鲁兹马克变宽
    C. 洛伦茨变宽　　　　　　　　D. 多普勒变宽

二、计算题

1. 镍标准溶液的浓度为 $10\mu g/mL$，精确吸取该溶液 0、1mL、2mL、3mL、4mL，分别放入 100mL 容量瓶中，稀释至刻度后测得各溶液的吸光度依次为 0.0、0.06、0.12、0.18、0.23。称取某含镍样品 0.3125g，经处理溶解后移入 100mL 容量瓶中，稀释至刻度。在与标准曲线相同的条件下，测得溶液的吸光度为 0.15，求该试样中镍的百分含量。

2. 以原子吸收分光光度法分析尿试样中铜的含量，分析线 324.8nm，测得数据如下表所示，计算试样中铜的浓度（$\mu g/mL$）。

加入 Cu 的质量浓度/($\mu g/mL$)	0.0（试样）	2.0	4.0	6.0	8.0
吸光度	0.28	0.44	0.60	0.757	0.912

中国原子吸收光谱奠基者——吴廷照

吴廷照教授为中国的原子吸收光谱事业作出了巨大的贡献，堪称中国原子吸收第一人。他成功研制第一套石墨炉原子吸收分光光度计装置，第一台实验室型原子吸收分光光度计，第一支高性能空心阴极灯，第一支原子吸收用空心阴极灯，现已在国内原子吸收光谱仪上广泛使用的第一支吴氏金属套玻璃高效雾化器（图 3-9），是使用率最高（市场占有率第一）的流动注射氢化物发生器，为国家和企业节约了大量的外汇。

图 3-9　吴氏金属套玻璃高效雾化器

吴老一生都奋斗在他所热爱的原子吸收光谱仪事业上，对科学技术精益求精，不断创新，把科学技术毫无保留地传给了新人，他的足迹遍布中国各大原子吸收仪器生产厂家，中国的原子吸收仪器行业有他留下的心血。

原子吸收仪器是分析仪器领域的支柱产业和分析领域不可或缺的分析手段。自 1970 年，我国第一台原子吸收光谱仪器的出现，至如今原子吸收仪器在基础理论研究、仪器生产的不断智能化，分析技术的不断开发创新和应用领域的不断拓宽等方面都有长足的发展和显著的成就，这些都离不开吴老的参与。

2011 年 2 月吴廷照教授辞世，在他从事科学事业的几十载时间里，他始终保持赤子丹心，将自己的毕生精力都奉献给了国家。他在原子吸收光谱领域做出的巨大贡献，值得我们向他致以最崇高的敬意。

项目四

气相色谱分析技术

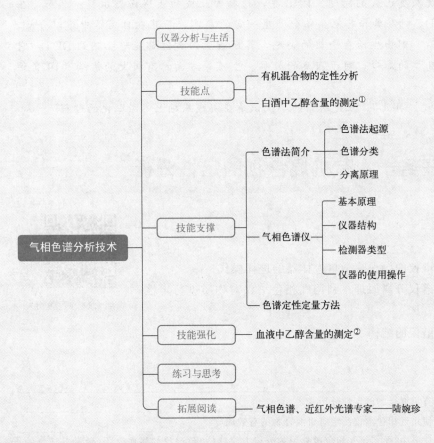

---参考技能大赛---

① 全国职业院校技能大赛化学实验技术赛项。
② 全国职业院校技能大赛食品安全与质量检测赛项。

仪器分析与生活

六六六、滴滴涕（DDT）等高残毒农药在我国早已禁用，但至今尚有违规使用的情况，国家在持续监测和打击该类事情的发生。国家规定的测定食品中两者含量的检测方法是气相色谱法（参见国家标准 GB/T 5009.19—2008《食品中有机氯农药多组分残留量的测定》）。

20世纪30年代，受虫害影响，很多国家面临粮食危机和传染病的打击。1939年，来自瑞士的化学家穆勒发明了高效杀虫剂DDT，这种化合物对家蝇、虱子、蝗虫等节肢动物具有惊人的触杀能力，并且当时所给出来的结论是DDT对人体无害。DDT"完美地"解决了疾病和粮食这两个困扰人类已久的问题。1948年，穆勒因此成功获得诺贝尔奖。然而，在1962年，人们发现DDT对人类和其他生物会产生一定的危害，而且在自然界中难以分解，会造成严重的环境污染。例如生活在南极的企鹅，其血液里面竟然都能够检测到DDT。它影响动物生殖功能和鸟类的寿命，对于人类的肝脏、生殖等方面都有极大的影响。1972年起，全球禁用DDT。

DDT从"宠儿"变"弃儿"，正是所谓的"认识是在实践基础上不断深化的过程"。

任务一　有机混合物的定性分析

任务目标

1. **掌握**　气相色谱仪的操作，微量进样器的进样操作
2. **熟悉**　气相色谱仪分离原理；利用气相色谱仪对物质进行定性分析的方法
3. **了解**　气相色谱仪的结构

有机混合物的定性分析

学习任务单

任务名称	有机混合物的定性分析
任务描述	使用气相色谱仪测定有机混合物的有效成分
任务分析	任务中，要了解气相色谱常用的分析方法，气相色谱仪的操作流程，微量进样器的规范使用，熟识色谱图，利用气相色谱仪对混合物进行定性分析。根据标准品，在同一条件下所测的保留值与各个峰的保留值一一进行对照，确定各色谱峰所代表的物质，得出混合物中含有哪些成分
成果展示与评价	每一组学生完成实训的操作并记录数据，小组互评。最后，由教师综合评定成绩

【任务实施】

一、任务目的

1. 掌握气相色谱仪的使用操作技术，以及用微量注射器进样的技术。
2. 掌握利用气相色谱仪对物质进行定性分析的方法。

二、方法原理

在一定的色谱条件（色谱柱、温度和流速等操作条件）下，物质均有各自确定不变的保留值（保留时间或保留体积）。对于较简单的多组分混合物，若其色谱峰均能互相分开，则可将各个峰的保留值，与各自相应的标准品在同一条件所测得的保留值一一进行对照，确定各色谱峰所代表的物质，即完成定性。

三、仪器与试剂

仪器：气相色谱仪、微量进样器等。

试剂：正己烷、正庚烷、异辛烷、环己烷、二甲苯（均为色谱纯）等。

四、操作过程

任务名称	有机混合物的定性分析	操作人		日期	
		复核人			
方法步骤	说明			笔记	
开机前准备	打开室内排风系统,检查色谱气路连通情况				
开机	打开载气气源开关,观察总压数值,确定气瓶中气体含量;5min 后,调节稳压阀至 0.5MPa,确认柱前压力表有压力显示				
	侧耳倾听进样室有无漏气,确认气垫状况。				
	打开氢气发生器和纯净空气泵的阀门,确认柱前压力表有压力显示,观察色谱仪上的氢气和空气压力表分别稳定在 0.1MPa 和 0.15MPa 左右				
点火	按"点火"键,听见轻微的爆鸣声,表示火已点着。不容易听到爆鸣声时,请用扳手等镜面物体靠近火焰离子化检测器(FID)的放空出口,通过观察有无水蒸气来确认是否已点火成功。 点火成功后,待基线走稳,即可进样				
工作站参数设置	打开电脑、色谱主机和工作站,在控制面板上选择 FID 检测器,并设定气化室温度为 40℃,检测器温度为 40℃,达到目标温度后设置初始柱温为 28℃,时间 0.2min,以 0.5℃/min 升至 30℃,保持 0.8min,点击应用,开始升温				
	新建样品,输入样品名称(有机混合物的定性分析),采集时长(5min)、FID 分析方法,样品类型("标样"),设置样品量(0.5μL)、文件存放位置、命名规则等参数。点击"下一步",根据需要选择并设置适当的方法				
标样分析：润洗、进样	分别取 1mL 的正己烷(1#)、正庚烷(2#)、异辛烷(3#)、环己烷(4#)、二甲苯(5#)置于离心管中				

续表

标样分析：润洗、进样	设置样品项1#，根据1#样品类型设置相关参数； 用丙酮清洗微量进样器3次，再用1#样品（正己烷）润洗进样器3次； 吸取1号样品0.5μL，确保进样器中无气泡，快速准确进样，点击色谱工作站中"开始"	
	分析结束后，设置样品项2#，根据2#样品类型设置相关参数； 用丙酮清洗微量进样器3次，再用2#样品润洗进样器3次，吸取2号样品0.5μL，确保进样器中无气泡，开始进样和分析。 重复上述操作，分别分析3#、4#、5#样品	
待测混合液分析	取任意两种标样溶剂混合配制成待测混合液。用丙酮清洗微量进样器3次，再用待测溶液润洗进样器3次，吸取待测溶液0.5μL，确保进样器中无气泡，开始进样和分析	
结果处理	记录待测液中各组峰的保留值，并比较。得出结论	
关机	首先关闭氢气和空气气源，使火焰离子化检测器灭火	
	在氢火焰熄灭后，将柱箱的初始温度、检测器温度及进样器温度设置为室温（20～30℃）	
	待温度降至目标温度后，关闭色谱仪电源。最后再关闭氮气	
	关闭排风扇	
结束工作	洗涤仪器，整理工作台和实训室	

五、结果记录

	结果记录			
任务名称	有机混合物的定性分析	操作人	日期	
		复核人		

六、操作评价表

任务名称	有机混合物的定性分析		操作人		日期	
操作项目	考核内容	操作要求	分值	得分	备注	
准备工作	测定前准备工作	1. 实训室的清扫、整理 2. 正确选择玻璃器具并清洗 3. 正确进行仪器自检、预热	5			
溶液取样、进样	进样器	1. 清洗操作正确、规范 2. 取样操作正确、规范 3. 进样操作正确、规范	10			
仪器操作	实训前准备	完成安全检查	5			
	软件操作	1. 正确启动工作站 2. 参数选择正确 3. 条件设置合理 4. 进样操作前准备充分 5. 正确点火,点火成功	30			
	开关气路	正确地开关总阀、分压阀、净化管等	10			
溶液测定	定量测定	1. 正确进行样品溶液测定 2. 正确确定色谱峰保留时间	10			
	测定结果	1. 色谱图标注正确,解读正确 2. 待测液测定正确 3. 精密度和准确度符合要求 4. 原始记录齐全	15			
测定结束	关机	充分清洗管路	5			
职业素养	实训室安全	1. 开启室内排风系统,检查气路(若未进行,制止继续操作) 2. 整理实训室 3. 规范操作,规范填写使用记录 4. 规范处理废物,废液处理 5. 团队合作	10			

评价人:_____ 总分:_____

【任务支撑】

一、色谱法简介

1. 色谱法起源

色谱法简介

1906 年,俄国植物学家茨维特在日内瓦大学研究植物色素的过程中做了一个实训,在一根填充有碳酸钙的玻璃管的狭小一端塞上小团棉花,形成一个吸附柱。将植物绿叶的石油醚提取液倒入装有碳酸钙粉末的玻璃管中,并用石油醚自上而下淋洗,由于不同色素在碳酸钙颗粒表面的吸附力不同，随着淋洗的进行，不同色素向下移动的速度不同，形成一圈圈不同颜色的色带，使各色素成分得到了分离。留在最上面的是叶绿素，绿色层下面接着是黄色的叶黄素，最下层的是黄色的胡萝卜素。他继续用石油醚淋洗，使柱中各层进一步展开，达到清晰的分离。然后把该潮湿的吸附柱从玻璃管中推出，依色层的位置用小刀切开，于是各种色谱被分离。他将这种分离方法命名为色谱法，把填充碳酸钙的玻璃柱管叫作色谱柱，把其中的碳酸钙固体颗粒称为固定相，把推动被分离的组分（色素）流过固定相的惰性流体（本实验用的是石油醚）称为流动相，在柱中出现的有颜色的色带叫作色谱图。现在的色谱法不再局限于颜色分离，只是沿用了色谱这个名词。

在此后的20多年里，几乎无人问津这一技术。到了1931年，Kuhn（库恩）等用同样的方法成功地分离了胡萝卜素和叶黄素，从此，色谱法开始为人们所重视，此后，相继出现了各种色谱方法。茨维特的色谱装置示意见图4-1。

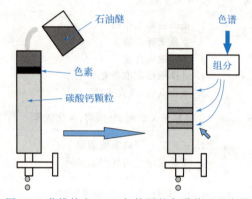

图4-1　茨维特在1906年使用的色谱装置示意图

色谱法又称色层法或层析法，是指以试样组分在固定相和流动相间的溶解、吸附、分配、离子交换或亲和作用等的差异为依据而建立起来的各种分离分析方法的总称。进行色谱分离用的细长管称为色谱柱，管内保持固定、起分离作用的填充物称为固定相，流经固定相的空隙或表面的冲洗剂称为流动相。

色谱法实质上是一种物理化学分离方法，即利用不同物质在两相间具有不同的分配系数或吸附系数，当两相作相对运动时，这些物质在两相中反复多次分配（即组分在两相之间进行反复多次的吸附、脱附或溶解、挥发过程）从而使各物质得到分离。

2. 色谱法分类

① 按流动相所处的状态分为气相色谱和液相色谱。

气相色谱是以气体为流动相，适用于分析沸点较低（300℃以下）、热稳定性好的中小分子化合物，气相色谱一般是选定一种载气，载气只起着运载样品分子的作用，然后通过改变色谱柱即固定相以及操作参数（如柱温）来优化分离。

液相色谱是以液体为流动相，适合于分析沸点较高（300℃以上），热稳定性差的大分子化合物，液相色谱通常是选定色谱柱后，通过改变流动相的种类和组成以及操作参数（如柱温）来优化分离。液相色谱的流动相具有运载样品分子的作用，其条件不同（如调节不同的pH值、不同的缓冲体系）对分离结果有影响。

② 按固定相形式分为柱色谱、纸色谱和薄层色谱。

柱色谱将固定相装在色谱柱中。纸色谱利用滤纸作载体，把吸附在纸上的水作固定相。

薄层色谱将固体吸附剂固定在玻璃板或塑料板上制作成薄层作固定相。

③ 按分离原理分为吸附色谱、分配色谱、离子交换色谱和空间排斥（阻）色谱等。

吸附色谱是利用吸附剂（固定相一般是固体）表面对不同组分吸附能力的差别进行分离的方法。分配色谱是利用不同组分在两相间的分配系数的差别进行分离的方法。离子交换色谱是利用溶液中不同离子与离子交换剂间的交换能力的不同而进行分离的方法。空间排斥（阻）色谱是利用多孔性物质对不同大小的分子的排阻作用差异进行分离的方法。

3. 气相色谱法的特点及应用范围

气相色谱法是基于色谱柱能分离样品中各组分，检测器能连续响应，能同时对各组分进行定性定量的一种分离分析方法，所以气相色谱法具有分离效率高、灵敏度高、分析速度快、应用范围广等优点。

分离效率高是指它对性质极为相似的烃类异构体、同位素等有很强的分离能力，能分析沸点十分接近的复杂混合物。例如用毛细管柱可分析汽油中 50~100 个组分。

灵敏度高是指使用高灵敏度检测器可检测出 10^{-11}~10^{-13} g 的痕量物质。

分析速度快是相对化学分析法而言的。一般情况下，气相色谱完成一个样品的分析仅需几分钟。目前气相色谱仪普遍配有色谱微处理机（或色谱工作站），能自动绘制出分离色谱图，打印出保留时间和分析结果，分析速度更快、更方便。另外进行气相色谱分析所用样品量很少，通常气体样品仅需要几毫升，液体样品仅需几微升。

气相色谱法的上述特点，扩展了它在工业生产中的应用。它不仅可以分析气体，还可以分析液体和固体。只要样品在 450℃ 以下能气化且不分解都可以用气相色谱法进行分析。

气相色谱法的不足之处，首先是由于色谱图不能直接给出定性的结果，它不能用来直接分析未知物，必须用已知纯物质的色谱图和它对照；其次，当分析无机物和高沸点有机物时比较难，需要采用其他色谱分析方法来完成。

4. 色谱分离机理

色谱法是利用物质在两相中的吸附和分配系数的微小差异达到分离的目的。当两相做相对移动时，被测物质在两相之间进行反复多次的分配，这样使原来的差异产生了放大的效果，达到分离、分析及测定一些物理化学常数的目的。色谱过程中不同组分在相对运动、不相混合的两相之间交换，其中相对静止的一相称为固定相，另一相对运动的相称为流动相。色谱分离机理示意见图 4-2。

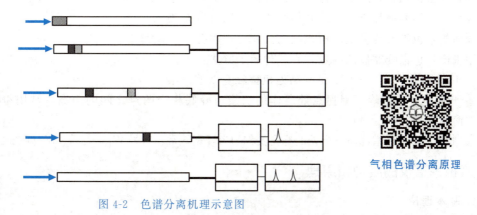

气相色谱分离原理

图 4-2 色谱分离机理示意图

5. 色谱图及常用术语

色谱图（也称色谱流出曲线图），是指色谱柱流出物通过检测系统时所产生的响应信号对时间或流动相流出体积的曲线图，如图 4-3。一般以组分流出色谱柱的时间 t 或载气流出体积 v 为横坐标，以检测器对各组分的电信号响应值为纵坐标。

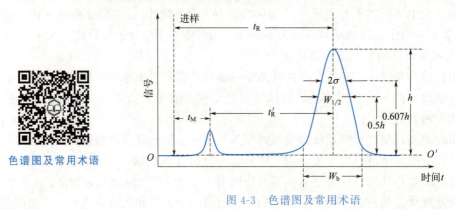

图 4-3　色谱图及常用术语

基线：当色谱柱中没有试样组分进入检测器时，在实验操作条件下，反映检测器系统噪声随时间变化的线。

保留值：表示试样中各组分在色谱柱中的滞留时间的数值，通常用时间或用将组分带出色谱柱所需载气的体积来表示。任何一种物质都有一定的保留值。

色谱峰：当组分进入检测器时，色谱流出曲线图就会偏离基线，这时检测器输出的信号随检测器中的组分的量而改变，直至组分全部离开检测器，此时绘出的曲线称为色谱峰。

保留时间：从进样到组分出现峰最大值时所需的时间，即组分在柱中停留的时间，常用符号 t_R 表示。

保留体积：从进样到组分出现峰最大值时所消耗流动相的体积，常用符号 V_R 表示。

死时间：不被固定相吸附或溶解的组分（如空气、甲烷）从进样开始到柱后出现浓度最大值时所需的时间，常用符号 t_M 表示。

死体积：不被固定相保留的组分（如空气、甲烷）通过色谱柱所消耗流动相的体积，常用符号 V_M 表示。

调整保留时间：扣除了死时间的保留时间，常用符号 t'_R 表示，即 $t'_R = t_R - t_M$。

调整保留体积：扣除了死体积的保留体积，常用符号 V'_R 表示，$V'_R = V_R - V_M$。

峰高：色谱峰最高点与基线间的距离，常用符号 h 表示。

峰面积：色谱峰与基线间所包围的面积，常用符号 A 表示。

用来衡量色谱峰宽度的参数，有三种表示方法：

① 标准偏差（σ）：0.607 倍峰高处色谱峰宽度的一半。

② 峰底宽：色谱峰两侧拐点处所作的切线与峰底相交两点之间的距离，常用符号 W_b 表示，简称峰宽。$W_b = 4\sigma$。

③ 半峰宽：在色谱峰高一半处的峰宽度称为半峰宽，常用符号 $W_{1/2}$ 表示。$W_{1/2} = 2.354\sigma$。

二、气相色谱仪的结构和原理

1. 基本理论

色谱法基本原理有塔板理论和速率理论，分别从热力学角度和动力学角度阐述了色谱分离效能和影响效果的因素。

（1）塔板理论　塔板理论把色谱柱当作一个精馏塔，沿用精馏塔中塔板的概念描述溶质在两相间的分配行为，并引入理论塔板数 n 和理论塔板高度 H 作为衡量柱效的指标，其中 L 为色谱柱的总长度，有

$$n = L/H$$

根据塔板理论，溶质进入柱入口后，即在两相间进行分配。对于正常的色谱柱，溶质在两相间达到分配平衡的次数在数千次以上，最后，"挥发度"最大（保留最弱）的溶质最先从"塔顶"（色谱柱出口）逸出（流出），从而使不同"挥发度"（保留值）的溶质实现相互分离。

理论塔板数 n 可以用色谱图中溶质色谱峰的有关参数计算，常用的计算公式如下：

$$n = 5.54 \times \left(\frac{t_R}{W_{1/2}}\right)^2 \tag{4-1}$$

$$n = 16\left(\frac{t_R}{W}\right)^2 \tag{4-2}$$

速率理论

塔板理论的贡献在于，提出 n 可作为评价色谱柱效的指标。而塔板理论的不足点在于，这个理论是建立在一系列的基本假设之上，而且某些假设是不严格的。

所以它无法解释为什么同一色谱柱在不同流速下的柱效不同，同时未能指出影响柱效的因素及提高柱效的途径和方法。

（2）速率理论　为了克服塔板理论的缺陷，Van Deemter 等在塔板理论的基础上，比较完整地解释了速率理论。后来，Giddings 等又作了进一步的完善。速率理论充分考虑了溶质在两相间的扩散和传质过程，更接近溶质在两相间的实际分配过程。

当溶质谱带向柱出口迁移时，必然会发生谱带展宽。谱带的迁移速率的大小决定于流动相线速度和溶质在固定相中的保留值。同一溶质的不同分子在经过固定相时，它们的迁移速率是不同的，正是这种差异造成了谱带的展宽。谱带展宽的直接后果是影响分离效率和降低检测灵敏度，所以，抑制谱带展宽就成了高效分离追求的目标。

$$H = A + \frac{B}{u} + Cu \tag{4-3}$$

式中，H 是理论塔板高度，代表着分离过程的峰展宽，越小越好；u 是载气的线速度，cm/s；A、B、C 代表着影响色谱宽的三个因素。A 称为涡流扩散项，B/u 称为分子扩散项，Cu 称为传质阻力项。

涡流扩散对色谱峰的影响：在填充色谱柱中，当样品组分随流动相向柱出口迁移时，流动相由于受到固定相颗粒障碍，不断改变流动方向，使组分分子在前进中形成紊乱的类似"涡流"的流动，称为涡流扩散，涡流扩散现象会导致组分在色谱柱中行进的路径长短不一，比如相同组分的分子 1、分子 2 和分子 3，分子 3 在固定相中的行经路径最短，最先流出色谱柱。分子 2 在固定相中行经路径较长，较迟流出色谱柱。分子 1 在固定相中的行经路径最长，最晚流出色谱柱。因此，由于行经路径的不同，致使相同组分到达检测器的时间不同从而引起色谱峰的变宽。选用粒径更小、更均匀的颗粒来填充柱子可以减小涡流扩散，降低塔板高度，提高柱效，见图 4-4。

图 4-4　涡流扩散对色谱峰的影响

分子扩散（也称为分子纵向扩散）对色谱峰的影响：当样品组分随流动相进入色谱柱时，组分集中、浓度高，组分分子必然会向前和向后进行扩散。随着向前运动，形成一定宽度的分子流，造成流出色谱柱的时间不同，使检测器检测信号的时间变长，色谱峰展宽（图 4-5）。保留时间越长，分子扩散项对色谱峰的影响越大。

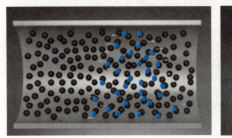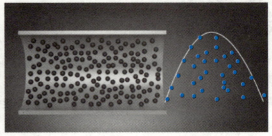

图 4-5　分子扩散对色谱峰的影响

传质阻力对色谱峰宽度的影响：由于不同组分在色谱中的滞留引起的扩散称为传质阻力项。样品进入色谱柱后，样品组分随流动相穿过固定相的空隙向前运动，靠近固定相表面的组分分子，受到固定相的吸附和滞留，运动速度比在流路中的稍慢一些，造成样品组分在色谱柱内的流速不同，运动快的先流出，运动慢的后流出。流出时间变长，色谱峰变宽。在颗粒色谱柱中，可以选用更小粒径的填充材料，还可以降低流动相的流速（图 4-6）。

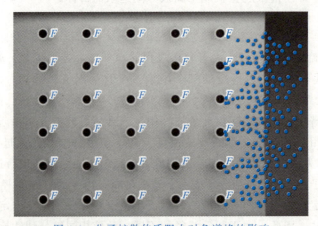

图 4-6　分子扩散传质阻力对色谱峰的影响

涡流扩散项和流速无关，和色谱柱的规格以及填料的均匀程度有关；分子扩散项和色谱柱内径比及流动相的流速相关;传质阻力和填料的颗粒以及流动相流速都有关系。后两项和速度的关系正好相反,这就需要找到一个最优的速度,使总的数值是最小的。在色谱柱确定,也就是 A、B、C 项确定的情况下,可以通过计算来得到这个最佳流速的值(图 4-7)。

$$\frac{B}{u}=Cu, u_{最佳}=\sqrt{\frac{B}{C}} \tag{4-4}$$

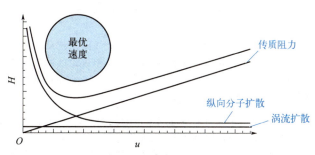

图 4-7 气相色谱中 H-u 的关系

2. 气相色谱仪的结构

气相色谱仪的型号种类繁多,但基本结构是一致的,都由气路系统、进样系统、分离系统、检测系统、信号处理系统及温控系统组成。

其结构流程为:进行气相色谱法分析时,载气由高压钢瓶供给,经分压阀后进入净化器干燥净化,然后由稳压阀控制载气的流量和压力,流量计显示载气进入柱之前设定的流量,以稳定的压力进入气化室、色谱柱、检测器。当气化室中注入样品时,样品立即被气化并被载气带入色谱柱进行分离。分离后的各组分,先后流出色谱柱进入检测器,检测器将其浓度信号转变成电信号,再经放大器放大后在记录器上显示出来,就得到了色谱的流出曲线。

气相色谱仪按气路系统可分为单柱单气路(图 4-8)和双柱双气路两种类型。单柱单气路气相色谱仪结构简单,操作方便适用于恒温分析。双柱双气路气相色谱仪是经过稳压阀后的载气分成两路进入各自的色谱柱和检测器,其中一路作分析用,一路作补偿用。

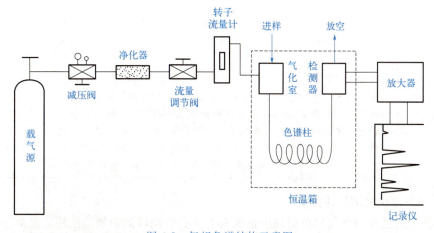

图 4-8 气相色谱结构示意图

气相色谱仪的结构   气相色谱仪进样系统   常用气相色谱检测器的介绍

气相色谱仪的主要结构：

结构	作用	笔记
气路系统	一个载气连续运行的密闭管路系统。整个气路系统要求载气纯净、密闭性好、流速稳定及流量测量准确。气相色谱的载气是携带样品进行分离的惰性气体，是气相色谱的流动相。常用的载气为氮气、氢气、氦气、氩气	
进样系统	将样品引入色谱系统而又不造成系统漏气的一种特殊装置，包括进样器和气化室。进样器有注射器、进样阀与自动进样器。注射器一般用于液体进样，气体进样一般采用六通阀和十通阀。气化室的作用是将液体样品瞬间气化为气体，它实际上是个加热器	
分离系统	主要由柱箱和色谱柱组成，其中色谱柱是核心，他的主要作用是将多组分样品分离为单一组分的样品。柱箱相当于一个恒温箱。色谱柱分为填充柱和毛细管柱。填充柱柱长为 1～5m，内径为 2～4mm。形状有 U 形和螺旋形。毛细管柱长 25～100m，内径为 0.1～0.5mm	
检测系统	由检测器与放大器等组成。检测器是测量经色谱柱分离后顺序流出物质成分或浓度变化的器件，相当于色谱仪的"眼睛"，将化学信号转变为电信号。检测器有很多类型，不同类型对应不同的载气。一般常用的检测器有火焰离子化检测器(FID)，常用氮气做载气，主要测量有机化合物，特别是碳氢化合物；热导检测器(TCD)，常用氢气或氦气做载气，主要测量有机化合物；电子捕获检测器(ECD)，常用的载气有氮气和氩气，主要测量有机卤素等含电负性物质的化合物；氮磷检测器(NPD)，常用氮气和氦气，测量含氮和磷化合物；火焰光度检测器(FPD)，常用载气为氢气和氦气，主要测量含硫、磷化合物	
信号处理系统	信号处理系统的基本功能是将检测器输出的模拟信号随时间的变化曲线(色谱图)绘制出来，并用于物质定性、定量分析。信号处理对于气相色谱法不可或缺	
温控系统	气相色谱测定中，温度控制是重要指标，直接影响柱的分离效能、检测器的灵敏度和稳定性。分别对色谱柱、气化室和检测器进行温度控制。对气化室，保证液体试样瞬间气化；对检测器，保证被分离后的组分通过时不在此冷凝回流；对色谱柱，准确控制分离需要的温度，当试样复杂、组分沸点范围很宽、分离不理想时，柱温宜采用程序升温(按一定程序阶段性提升温度)，各组分在最佳温度下分离	

3. 气相色谱仪检测器的类型

检测器一般是安装在气相色谱仪主机的右上方。检测器的功能是把柱后已被分离的组分的信息转变为便于记录的电信号，然后对各组分的组成和含量进行鉴定和测量。原则上，被测组分和载气在性质上的任何差异都可作为设计检测器的依据,但在实际中常用的检测器只有几种。检测器的选择要依据分析对象和目的来确定。

根据样品是否被破坏,检测器可分为破坏性检测器和非破坏性检测器。破坏性检测器有:FID(火焰离子化检测器)、FPD(火焰光度检测器)、NPD(氮磷检测器)等;非破坏性检测器有:TCD(热导检测器)、ECD(电子捕获检测器)、PID(光离子化检测器)等。

根据对被检测物质响应情况的不同分类,检测器又可分为通用型检测器和选择型检测器。常见的通用型检测器有:TCD、FID、PID。常见的选择型检测器有:FPD、ECD、NPD。

一般按检测原理分为浓度型检测器和质量流速型检测器。浓度型检测器的测量组分浓度的变化响应值与组分的浓度成正比。如 TCD 和 ECD。质量流速型检测器的测量组分质量流速的变化响应值与单位时间进入检测器的组分质量成正比,如 FID。

项目	热导检测器(TCD)	火焰离子化检测器(FID)
原理	基于不同物质具有不同的热导率进行检测。几乎对所有的物质都有响应,是目前应用最广泛的通用型检测器。由于在检测过程中样品不被破坏,因此可用于制备和其他联用鉴定技术	利用有机物在氢火焰的作用下化学电离而形成离子流,借测定离子流强度进行检测。该检测器灵敏度高、线性范围宽、操作条件不苛刻、噪声小、死体积小,是有机化合物检测常用的检测器。但是检测时样品被破坏,一般只能检测那些在氢火焰中燃烧产生大量碳正离子的有机化合物
结构	热导池由热敏元件和池体组成。 热敏元件:电阻率高,用钨丝制成。 池体(参比池和测量池):一般用不锈钢制成	电离室和放大电路组成。FID 的电离室由金属圆筒作外罩,底座中心有喷嘴;喷嘴附近有环状金属圈(极化极,又称发射极),上端有一个金属圆筒(收集极)
特点	结构简单,灵敏度适宜,稳定性较好,线性范围宽。而且所有物质均能产生响应信号,是目前应用较广的一种检测装置。不足是与其他检测器比灵敏度稍低(因大多数组分与载气热导率差别不大)	对几乎所有挥发性的有机化合物均有响应;对所有烃类化合物(碳数≥3)的相对响应值几乎相等;对含杂原子的烃类有机物中的同系物(碳数≥3)的相对响应值也几乎相等
应用	一种通用的非破坏性浓度型检测器,一直是实际工作中应用最多的气相色谱检测器之一。TCD 特别适用于气体混合物的分析,对于那些火焰离子化检测器不能直接检测的无机气体的分析,TCD 更是显示出独到之处。TCD 在检测过程中不破坏被监测组分,有利于样品的收集,或与其他仪器联用。TCD 能满足工业分析中峰高定量的要求,很适于工厂中的控制分析	广泛应用于化学、化工、药物、农药、食品和环境科学等领域。 火焰离子化检测器除用于常规分析以外,还特别适合作各种样品的痕量分析

【技能强化】

气相色谱仪的使用和操作

气相色谱仪操作演示

操作步骤	说明	笔记
开机前准备	打开室内排风系统,查阅设备操作规程	
	逆时针打开总压阀,顺时针打开减压阀,控制进气压力在 0.4MPa	
开机操作	打开氮气过滤器,检查氮气表、色谱柱载气流量表	
	色谱仪主机、电脑开机,打开色谱工作站	
	工作站条件设置:检查工作站与色谱仪主机联机后进行温度系统设定,设定色谱箱、气化室、检测器温度	

108　仪器分析技术

续表

开机操作			打开空气开关和氢气发生器开关,同时打开空气和氢气管路过滤器	
		氢气管路过滤器	检查主机流量表,达到要求进行检测器点火	
点火			点火成功: 1. 点火时有氢气的爆鸣声; 2. 用金属靠近检测器出风口,检查是否有水蒸气; 3. 看基线电位变化	
样品测量	取样		1. 进样器的选择:毛细管色谱柱进样一般 $0.2\sim0.5\mu L$,应选用 $1\mu L$ 和 $5\mu L$ 微量进样器。 2. 进样器的清洗:用丙酮清洗微量进样器 3 次,再用样品润洗 3 次。 3. 取样:吸取 $0.5\mu L$ 样品,确保进样器中无气泡,准备进样	
	进样		一手握进样器针管,另一手扶针,垂直于进样室上方,将注射器垂直插入进样器的导向管,插入橡胶垫后快速插入注射器针头,注入样品,垂直退出注射器针头	

续表

样品测量	测量		点击工作站开始。如果样品分离中图谱或分离效果不理想、实验失败,可以点击"放弃"图标停止仪器运行,色谱图不保留	
关机操作			关闭氢气发生器	
		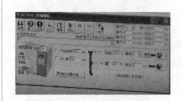	设定色谱箱(即色谱柱)温度,气化室温度和检测器温度均为25℃,进行降温	
		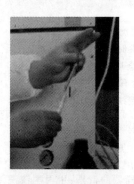	清洗注射器,清洗一般选用甲醇或丙酮(应使用色谱纯溶剂)。用针抽取满刻度溶剂注入废液瓶中,反复操作3~6次。然后将注射器放入专用盒中	
			降温后关主机和工作站,关闭空气,最后关闭氮气瓶(顺时针旋转氮气钢瓶上方开关旋钮关闭总阀,再逆时针关闭减压阀),同时关闭氮气过滤器、空气过滤器和氢气过滤器开关	

续表

数据处理	本机工作站可以进行外标法定量、内标法定量和面积归一法定量。根据标准和检测方法可以进行选择
结束工作	关闭排风和室内电源,清理实验台
注意事项 气相色谱注意事项	1. 注射器使用需注意:手不要拿注射器的针头和有样品部位,不要有气泡。吸样时要慢,快速排出再慢吸,反复几次,10μL 注射器的金属针头部分体积为 0.6μL,有气泡也看不到,多吸 1~2μL 把注射器针尖朝上,气泡走到顶部再推动针杆排除气泡(指 10μL 注射器),进样速度要快(但不宜特快),每次进样保持相同速度,针尖到气化室中部开始注射样品。 2. 进样口密封垫是否该换:进样时感觉特别容易,用 TCD 检测器不进样时记录仪上仍有规则小峰出现,说明密封垫漏气该更换。更换密封垫时不要拧得太紧,一般更换时都是在常温,温度升高后会更紧,密封垫拧得太紧会造成进样困难,常常会把注射器针头弄弯
安全操作	1. 整理实验室 2. 规范操作 3. 团队合作

结果记录

任务名称	气相色谱仪的使用和操作	操作人		日期	
		复核人			

任务二 白酒中乙醇含量的测定

🎯 任务目标

1. **掌握** 气相色谱仪的原理和结构;气相色谱仪的操作规程;气相色谱仪的定量方法
2. **熟悉** 气相色谱仪中每个部分的作用
3. **了解** 白酒的基本性质

酒中乙醇含量的测定

📖 学习任务单

任务名称	白酒中乙醇含量的测定
任务描述	熟练地使用气相色谱仪测定白酒中乙醇的含量
任务分析	任务中,要了解气相色谱仪的操作规程、开关机顺序。熟练使用微量进样器,完成取样和进样的标准操作。操作气相色谱仪测定试样,识读色谱图,得出最后结果
成果展示与评价	每一组学生完成实训的操作并记录数据,小组互评。最后,由教师综合评定成绩

【任务实施】

一、任务目的

1. 掌握气相色谱仪的基本操作和工作站的使用。
2. 掌握标准曲线的绘制及测定组分含量的方法。

二、方法原理

气相色谱仪,主要是利用试样中不同物质的沸点、极性以及在两相——固定相(色谱柱)和流动相(载气)中的不同吸附性能差异来实现混合物的分离,当被分离的物质依次通过检测器时,得到各组分的检测信号并绘制成图。分析谱图中出峰时间、峰高度或峰面积,可以据此对不同物质进行定性分析、定量检测。

三、仪器与试剂

仪器:气相色谱仪、容量瓶、移液枪等。
试剂:丙酮、乙醇、白酒、正丁醇、蒸馏水等。

四、操作过程

任务名称	白酒中乙醇含量的测定	操作人		日期	
		复核人			
方法步骤	说明			笔记	
开机前准备	打开室内排风系统,检查气相色谱仪气路连接情况				

续表

开机	打开载气气源开关,观察总压数值,确定气瓶中气体含量;5min后,调节稳压阀至 0.5MPa,确认柱前压力表有压力显示	
	确认进样室有无漏气、气垫状况	
	打开氢气发生器和纯净空气泵的阀门,确认柱前压力表有压力显示,色谱仪上的氢气和空气压力表分别稳定在 0.1MPa 和 0.15MPa 左右	
点火	按"点火"键,听见轻微的爆鸣声,表示火已点着。 不容易听到爆鸣声时,请用扳手等镜面物体靠近 FID 的放空出口,通过观察有无水蒸气来确认是否已点火成功。 点火成功后,待基线走稳,即可进样	
参数设置	进入"设定方法"设置采集时间,设置采样通道(FID 检测器选 1 通道),选择保存路径。 设置进样器、检测器、色谱柱的温度	
标准溶液配制	取 5 个 10mL 容量瓶,编号 1~5,分别吸取 0.2mL、0.3mL、0.4mL、0.5mL、0.7mL 的乙醇,各加入 0.50mL 内标正丁醇,用水定容至刻度,混匀	
标准溶液进样	用丙酮清洗微量进样器 3 次,再用 1 号样品润洗进样器 3 次,吸取 1 号样品 0.5μL,确保进样器中无气泡,注入色谱仪,记录各峰的保留时间和峰面积。 重复上述操作,分别分析 3 号、4 号、5 号样品,绘制色谱图	
	分析结束后,设置样品项,根据 2 号样品类型设置相关参数	
	用丙酮清洗微量进样器 3 次,再用 2 号样品润洗进样器 3 次,吸取 2 号样品 0.5μL,确保进样器中无气泡,开始进样和分析	
	重复上述操作,分别分析 3 号、4 号、5 号样品,绘制色谱图	
待测溶液配制	准确移取 1.00mL 白酒试样于 10mL 容量瓶中,加入 0.50mL 内标物正丁醇,用蒸馏水稀释至刻度线,摇匀	
待测溶液进样	丙酮清洗微量进样器 3 次,再用待测溶液润洗进样器 3 次,吸取待测溶液 0.5μL,确保进样器中无气泡	
	右手握进样器针管,左手扶针,垂直于进样室上方,稳定插入气垫,待针全部没入进样室后,快速注入样品后拔出进样器,同时按仪器键盘上的"开始"键启动色谱工作站采集数据信号	
结果处理	记录各峰的保留时间和峰面积,并计算,进行数据处理	

续表

关机	首先关闭氢气和空气气源,使火焰离子化检测器灭火	
	在氢火焰熄灭后,将柱箱的初始温度、检测器温度及进样器温度设置为室温(20~30℃)	
	待温度降至目标温度后,关闭色谱仪电源。最后再关闭氮气	
	关闭排风扇	
结束工作	洗涤仪器,整理工作台	

五、结果记录

任务名称	白酒中乙醇含量的测定	结果记录			
		操作人		日期	
		复核人			

$$\frac{m_i}{m_s}=\frac{A_i f_i}{A_s f_s} \qquad \frac{V_i}{V_s}=\frac{A_i f_{i(V)}}{A_s f_{s(V)}}$$

待测组分含量可表示如下:

质量分数 $\omega_i=\dfrac{m_i}{m}=\dfrac{A_i f_i m_s}{A_s f_s m}$

质量浓度 $\rho=\dfrac{m_i}{V}=\dfrac{A_i f_i m_s}{A_s f_s V}$

体积分数 $\varphi=\dfrac{V_i}{V}=\dfrac{A_i f_{i(V)} V_s}{A_s f_{s(V)} V}$

式中,f_i,f_s 分别为组分 i 和内标物 s 的相对质量校正因子;$f_{i(V)}$,$f_{s(V)}$ 分别为组分 i 和内标物 s 的相对体积校正因子;A_i,A_s 分别为组分 i 和内标物 s 的峰面积,mm^2;m 为待测样品的质量,g;V 为待测样品的体积,mL。

六、操作评价表

任务名称		白酒中乙醇含量的测定	操作人		日期	
操作项目	考核内容	操作要求	分值	得分	备注	
准备工作	测定前准备工作	1. 实训室的清扫、整理 2. 正确选择玻璃器具并清洗 3. 正确进行仪器自检、预热	5			
溶液准备	移液管	1. 正确润洗移液管 2. 移液管操作正确、规范 3. 正确移取溶液	5			
	容量瓶	1. 正确进行容量瓶试漏 2. 容量瓶操作正确、规范 3. 正确进行定容	5			
	进样器	1. 清洗操作正确、规范 2. 取样操作正确、规范 3. 进样操作正确、规范	5			
仪器操作	实训前准备	完成实训室安全检查	5			
	软件操作	1. 正确启动工作站 2. 参数选择正确 3. 条件设置合理 4. 进样操作前准备充分 5. 正确点火,点火成功	20			
	开关气路	正确地开关总阀、分压阀、净化管等	10			
溶液测定	定量测定	1. 正确配制样品溶液 2. 正确进行样品溶液测定 3. 正确确定色谱峰保留时间	10			
	测定结果	1. 色谱图标注正确,正确解读 2. 计算公式正确 3. 精密度和准确度符合要求 4. 原始记录齐全	20			
测定结束	关机	充分清洗管路	5			
职业素养	实训室安全	1. 开启室内排风系统,检查气路(若未进行,制止继续操作) 2. 整理实训室 3. 规范操作,规范填写使用记录 4. 规范处理废物、废液 5. 团队合作	10			

评价人:_____   总分:_____

【任务支撑】

一、气相色谱定性方法

1. 根据色谱保留值定性分析

各种物质在一定的色谱条件（固定相、操作条件）下均有特有的保留值，可作为定性指标，测定保留值是最常用的色谱定性方法。由于不同化合物在相同的色谱条件下可能具有近似甚至相同的保留值，因此这种方法的应用有一定局限性。该法仅限于当未知物通过其它方面的考虑（如来源，其它定性方法的结果等）已被确定可能为某几个化合物或属于某种类型时作最后的确证，其可靠性不足以鉴定完全未知的物质。

该方法的可靠性与色谱柱的分离效率关系密切。高的柱效下时，鉴定结果才认为有较充分的根据。对于较简单的多组分混合物，如果其中所有待测组分均为已知，且色谱峰相互能分离，则可将各个保留值与相同条件下测得的各相应标准试样的保留值进行对照比较。

如果未知物与标准试样的保留值相同，但峰形不同，不可认为是同种物质。可将两者混合起来进一步实验，如果发现有新峰或在未知峰上有略有分叉等情况出现，则表示两者非同种物质。

2. 联用质谱、红外光谱等仪器

气相色谱柱将较复杂的混合物分离为单组分，再利用质谱、红外光谱或核磁共振等仪器进行定性鉴定。气相色谱和质谱的联用［称为气质联用（GC-MS）］，是目前解决复杂未知物定性问题的最有效工具之一。

二、气相色谱定量方法

色谱法是分离复杂混合物的重要方法，同时还能将分离后的物质直接进行定性和定量分析。色谱定性分析就是确定色谱图上每一个峰所代表的物质。在色谱条件一定时，任何一种物质都有确定的保留时间。因此，在相同色谱条件下，通过比较已知物和未知物的保留值或在固定相上的位置，即可确定未知物是何种物质。

色谱定量方法

定量分析就是要确定样品中某一组分的准确含量。色谱定量分析与绝大部分的仪器定量分析一样，是一种相对定量方法，而不是绝对定量方法。

色谱定量分析是求出混合物样品中各组分的百分含量，即是利用某个峰的峰高或峰面积来确定其对应组分的浓度或含量。

色谱定量的依据是组分的重量或在载气中的浓度与检测器的响应信号成正比。即：

$$W_i = f_i A_i \tag{4-5}$$

式中，W_i 为被测组分 i 的质量；A_i 为被测组分的峰面积；f_i 为被测组分 i 的校正因子。因此，进行色谱定量分析时需要准确测量检测器的响应信号，如峰面积、峰高及校正因子，一般来说，对浓度敏感型检测器，常用峰高定量；对质量敏感型检测器，常用峰面积定量。

1. 峰面积的测量

（1）峰高（h）乘半峰宽（$W_{1/2}$）法 一般对称高斯峰的峰面积采用此法。算出的面积是实际峰面积的 0.94 倍：

$$A = 1.064hW_{1/2} \tag{4-6}$$

(2) 峰高乘平均峰宽法　当峰形不对称时，可在峰高 0.15 和 0.85 处分别测定峰宽，由下式计算峰面积：

$$A = h(W_{0.15} + W_{0.85})/2 \tag{4-7}$$

(3) 峰高乘保留时间法　在一定操作条件下，同系物的半峰宽与保留时间成正比，对于难测量半峰宽的窄峰、重叠峰（未完全重叠），可用此法测定峰面积：

$$A = hbt_R \tag{4-8}$$

在相对计算时，b 可以约去。

2. 定量校正因子

色谱定量分析是基于被测物质的量与其峰面积的正比关系。但由于同一检测器对不同的物质具有不同的响应值，所以两个相等量的物质出的峰面积往往不相等，这样就不能用峰面积来直接计算物质的量。因此引入"定量校正因子"来校正峰面积。

一定操作条件下，进样量（m_i）与响应信号（峰面积 A_i）成正比：

$$m_i = A_i f_i' \tag{4-9}$$

定量校正因子分为绝对校正因子和相对校正因子。

① 绝对校正因子 f_i 是指单位峰面积或单位峰所代表的组分的量，即：

$$f_i = m_i/A_i \tag{4-10}$$

② 相对校正因子 f_i'。以标准物质为参照物，求出待测物质绝对校正因子 f_i 与标准物绝对校正因子 f_S 的比值即 f_i'。

$$f_i' = \frac{f_i}{f_S} = \frac{m_i/A_i}{m_S/A_S} = \frac{m_i}{m_S} \frac{A_S}{A_i} \tag{4-11}$$

常用的基准物对不同检测器是不同的，热导检测器常用苯做基准物，火焰离子化检测器常用正庚烷做基准物。

【例 4-1】 测定相对校正因子

把二氯苯三个异构体和苯组成混合物，每种物质在混合物中的含量均为 20%，然后在 PME 色谱柱上分离并测定混合物中各组分的峰面积，数据如下：苯 10.0cm²；间二氯苯 7.53cm²；邻二氯苯 7.36cm²；对二氯苯 7.95cm²。现以苯为标准求二氯苯三个异构体的相对校正因子。

根据

$$f_i' = \frac{m_i/A_i}{m_S/A_S} = \frac{\omega_i}{\omega_S} \frac{A_S}{A_i}$$

(1) 间二氯苯 $f_i' = 10 \times 20\%/(7.53 \times 20\%) = 1.33$

(2) 邻二氯苯 $f_i' = 10 \times 20\%/(7.36 \times 20\%) = 1.36$

(3) 对二氯苯 $f_i' = 10 \times 20\%/(7.95 \times 20\%) = 1.26$

相对校正因子是指单位峰面积所代表组分的浓度。

不同组分有不同的响应值。同一含量的不同组分，由于物理、化学性质的差别而在同一检测器上产生信号大小不同，因此需校正；色谱定量分析的依据是被测组分的量与其峰面积成正比。但是峰面积的大小不仅取决于组分的质量，而且还与它的性质有关；当两个质量相同的不同组分在相同条件下使用同一检测器进行测定时，所得的峰面积却不相同。

3. 色谱法常用的定量方法

色谱中常用的定量方法有归一化法、外标法、内标法和标准加入法。按测量参数，上述四种定量方法又可分为峰面积法和峰高法。这些定量方法各有优缺点和使用范围，因此实际工作中应根据分析目的、要求以及样品的具体情况选择合适的定量方法。

(1) 归一化法　当试样中所有组分均能流出色谱柱，并在检测器上都能产生信号时，可用归一化法计算组分含量。也是色谱法中常用的定量方法。

所谓归一化法就是以样品中被测组分经校正过的峰面积（或峰高）占样品中各组分经校正过的峰面积（或峰高）的总和的比例来表示样品中各组分含量的定量方法（图4-9）。

假设试样中有 n 个组分，每个组分的质量分别为 $m_1, m_2, \cdots, m_n$。各组分的含量总和 m 为 100%，其中组分 i 的质量分数为 w_i，则有：

$$w_i = \frac{m_i}{m_1 + m_2 + \cdots + m_i + \cdots + m_n} \times 100\% = \frac{A_i f_i}{A_1 f_1 + A_2 f_2 + \cdots + A_i f_i + \cdots + A_n f_n} \times 100\% \tag{4-12}$$

若各组分的校正因子相近或相同，例如同系物中沸点接近的各组分，则上式简化为

$$w_i = \frac{A_i}{A_1 + A_2 + \cdots + A_i + \cdots + A_n} \times 100\% \tag{4-13}$$

例如，未知样品，有四种沸点相近的同系物组分，在检测器上都能产生信号，用归一化法，请计算成分A质量分数。

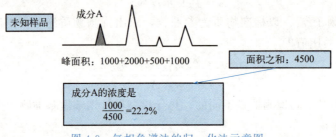

图 4-9　气相色谱法的归一化法示意图

特点及要求：

① 归一化法简便、准确；

② 进样量的准确性和操作条件的变动对测定结果影响不大；

③ 仅适用于试样中所有组分全出峰的情况。如果试样中的组分不能全部出峰，则绝对不能采用归一化法定量。

(2) 外标法　外标法也称标准曲线法或直接比较法，是一种简便、快速的定量方法，与分光光度分析中的标准曲线法相似，首先用待测组分的标准样品绘制标准曲线。具体方法是：用标准样品配制成不同浓度的标准系列，在与待测组分相同的色谱条件下，等体积准确进样，测量各峰的峰面积或峰高，用峰面积或峰高对样品浓度绘制标准曲线，此标准曲线应是通过原点的直线。若标准曲线不通过原点，则说明存在系统误差（图4-10）。

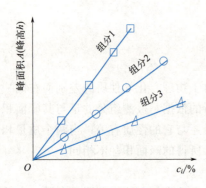

图 4-10　气相色谱法的外标法示意图

特点及要求：

① 外标法不使用校正因子，准确性较高，绘制好标准工作曲线后测定工作就变得相当简单，可直接从标准

工作曲线上读出含量，因此特别适合于大量样品的分析。

② 操作条件变化对结果准确性影响较大。每次样品分析的色谱条件（检测器的响应性能、柱温、流动相流速及组成、进样量、柱效等）很难完全相同，因此容易出现较大误差，对进样量的准确性控制要求较高。

（3）内标法　若试样中所有组分不能全部出峰，或只要求测定试样中某个或某几个组分的含量时，可以采用内标法定量。

所谓内标法就是将一定量选定的标准物（称内标物 S）加入一定量试样中，混合均匀后，在一定操作条件下注入色谱仪，出峰后分别测量组分 i 和内标物 S 的峰面积（或峰高），计算组分 i 的含量。气相色谱法的内标法示意图如图 4-11。

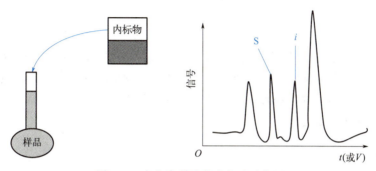

图 4-11　气相色谱法的内标法示意图

内标法的关键是选择合适的内标物，对于内标物要求如下：
① 试样中不含有该物质；
② 与被测组分性质比较接近；
③ 不与试样发生化学反应；
④ 与试样中各组分的色谱峰能完全分离；
⑤ 出峰位置应位于被测组分附近，且无组分峰影响。

内标法特点：

① 本法是通过测量内标物和欲测组分的峰面积的相对值而进行计算的，因而由于操作条件变化而引起的误差，都将同时反映在内标物及欲测组分上而得到抵消，所以可以得到准确的结果；

② 选择合适的内标物比较困难，不适合大批量试样的快速分析。

（4）标准加入法　标准加入法实质上是一种特殊的内标法，是在选择不到合适的内标物时，以待测组分的纯物质为内标物，加入待测样品中，然后在相同的色谱条件下，测定加入前后待测组分的峰面积（或峰高），从而计算待测组分在样品中的含量的方法。以峰面积计算方法为例，公式为：

$$w_i = \frac{A_i}{\Delta A_i} \times \Delta w_i \tag{4-14}$$

式中，w_i 为原样品中待测组分的含量；A_i 为待测组分的峰面积；ΔA_i 为加入标准样品后待测组分的峰面积；Δw_i 为加入标准品的量。

标准加入法的特点：不需要另外的标准物质作内标物，操作简单。要求进样量必须准确，色谱测定操作条件完全相同，保证两次测量时的校正因子完全相同。

【技能强化】

血液中乙醇含量的测定

一、任务目的

1. 了解并掌握气相色谱法的分离原理。
2. 学习并掌握气相色谱仪的操作。
3. 内标法定量的基本原理及测定方法。

二、方法原理

酒后驾驶机动车辆的驾驶员血液中的乙醇进行定量分析的结果成为行政执法的重要依据。利用蛋白沉淀剂使血液中的蛋白凝固,经离心后取含乙醇的上清液,然后用气相色谱法进行测定,同时在空白血样中添加无水乙醇作为标准品进行对照,用内标法以乙醇对内标物叔丁醇的峰面积比进行定量。

三、仪器与试剂

仪器 HP-6890plus 型气相色谱仪,配 FID 检测器及 HP-3398 色谱数据工作站,微量注射器等。

试剂:无水乙醇、叔丁醇(均为分析纯)等。

四、操作过程

任务名称	血液中乙醇含量的测定	操作人		日期	
		复核人			
方法步骤	说明			笔记	
标准溶液的制备	取空白血样 20mL,添加 20μL 无水乙醇和 20μL 叔丁醇,沉淀蛋白,配制成标准溶液,另取空白血样作对照				
开机前准备	打开排风,检查色谱气路连通情况				
色谱条件	填充柱或毛细管柱,以直径为 0.25~0.18mm 的二乙烯苯-己基乙烯苯型高分子多孔小球作为载体,柱温为 120~150℃,氮为流动相				
开机	打开载气气源开关,观察总压数值,确定气瓶中气体含量;调节稳压阀至 0.5MPa,确认柱前压力表有压力显示				
	侧耳倾听进样室有无漏气,确认气垫状况				
	打开氢气发生器和纯净空气泵的阀门,确认柱前压力表有压力显示,观察色谱仪上的氢气和空气压力表分别稳定在 0.1MPa 和 0.15MPa 左右				

续表

点火		按"点火"键,听见轻微的爆鸣声,表示火已点着。 不容易听到爆鸣声时,请用扳手等镜面物体靠近 FID 检测器的放空出口,观察有无水蒸气来确认是否已点火成功。 点火成功后,待基线走稳,即可进样	
参数设置		进入"设定方法"设置采集时间,设置采样通道(FID 检测器选 1 通道),选择保存路径。 设置进样器、检测器、色谱柱的温度	
校正因子测定	取样	用丙酮清洗微量进样器 3 次,再用样品润洗进样 3 次,吸取 2μL 样品,确保进样器中无气泡,准备进样	
	进样	右手握进样器针管,左手扶针,垂直于进样室上方,稳定插入气垫,待针全部没入进样室后,快速注入样品并拔出进样器,同时按仪器键盘上的"开始"键启动色谱工作站采集数据信号,连续进样三次	
样品溶液测定	取样	丙酮清洗微量进样器 3 次,再用样品润洗进样 3 次,吸取 2μL 样品,确保进样器中无气泡,准备进样	
	进样	方法同上进样,连续三次	
结果处理		记录各峰的保留时间和峰面积,并计算,进行数据处理	
关机		首先关闭氢气和空气气源,使火焰离子化检测器灭火	
		在氢火焰熄灭后,将柱箱的初始温度、检测器温度及进样器温度设置为室温(20~30℃)	
		待温度降至目标温度后,关闭色谱仪电源。最后再关闭氮气	
		关闭排风扇	
结束工作		洗涤仪器,整理工作台和实训室	

五、结果记录

		结果记录			
任务名称	血液中乙醇含量的测定	操作人		日期	
		复核人			

1. 记录对照品无水乙醇和内标物质正丁醇的峰面积,按下面计算相对校正因子:
相对校正因子

$$f'_i = \frac{c_i}{c_s}\frac{A_s}{A_i}$$

式中,A_s 为内标物质正丙醇的峰面积;A_i 为对照品无水乙醇的峰面积;c_s 为内标物质正丙醇的浓度;c_i 为对照品无水乙醇的浓度。

取三次计算结果的平均值作为结果。

2. 记录供试品中待测组分乙醇和内标物质正丁醇的峰面积,按下式计算含量:

$$c_x = f'_i\frac{c_s A_x}{A_s}$$

式中,A_x 为供试品溶液峰面积;c_x 为供试品的浓度。

取三次计算结果的平均值作为结果。

特别提示:本实训任务依托现行公安行业标准《血液酒精含量的检验方法》(GA/T 842—2019),根据教学需要和技能大赛标准进行改编,勿用于酒驾鉴定执法。

六、注意事项

1. 在不含内标物质的供试品的色谱图中，与内标物质峰相应的位置处不得出现杂质峰。

2. 标准溶液和供试品溶液各连续 3 次注样所得各次校正因子和乙醇含量与其相应的平均值的相对偏差，均不得大于 1.5%，否则应重新测定。

七、操作评价表

任务名称		血液中乙醇含量的测定		操作人		日期	
操作项目	考核内容	操作要求		分值		得分	备注
准备工作	测定前准备工作	1. 实训室的清扫、整理 2. 正确选择玻璃器具并清洗 3. 正确进行仪器的自检、预热		5			
溶液准备	移液管	1. 正确润洗移液管 2. 移液管操作正确、规范 3. 正确移取溶液		5			
	容量瓶	1. 正确进行容量瓶试漏 2. 容量瓶操作正确、规范 3. 正确进行容量瓶定容		5			
	进样器	1. 清洗操作正确、规范 2. 取样操作正确、规范 3. 进样操作正确、规范		5			
仪器操作	实训前准备	完成实训室安全检查		5			
	软件操作	1. 正确启动工作站 2. 参数选择正确 3. 条件设置合理 4. 进样操作前准备充分 5. 正确点火，点火是否成功		20			
	开关气路	正确地开关总阀、分压阀、净化管等		10			
溶液测定	定量测定	1. 正确配制样品溶液 2. 正确进行样品溶液测定 3. 正确确定色谱图保留时间		10			
	测定结果	1. 色谱图标注正确，解读正确 2. 计算公式正确 3. 精密度和准确度符合要求 4. 原始记录齐全		20			

续表

测定结束	关机	充分清洗管路	5		
职业素养	实训室安全	1. 开启室内排风系统,检查气路(若未进行,制止继续操作) 2. 整理实训室 3. 规范操作,使用记录填写规范 4. 规范处理废物、废液处理 5. 团队合作	10		

评价人：_____   总分：_____

练习与思考

一、选择题

1. 在气相色谱分析中,用于定性分析的参数是（　　）。
   A. 保留值　　　　　B. 峰面积　　　　　C. 分离度　　　　　D. 半峰宽
2. 在气相色谱分析中,用于定量分析的参数是（　　）。
   A. 保留时间　　　　B. 保留体积　　　　C. 半峰宽　　　　　D. 峰面积
3. 良好的气-液色谱固定液（　　）。
   A. 蒸气压低、稳定性好
   B. 化学性质稳定
   C. 溶解度大,对相邻两组分有一定的分离能力
   D. A、B 和 C 项均符合
4. 使用热导检测器时,选用下列哪种气体作载气效果最好？（　　）
   A. H_2　　　　　　B. He　　　　　　　C. Ar　　　　　　　D. N_2
5. 气相色谱法中不适用于作载气的气体是（　　）。
   A. 氢气　　　　　　B. 氮气　　　　　　C. 氧气　　　　　　D. 氦气
6. 色谱体系的最小检测量是指恰能产生与噪声相鉴别的信号时（　　）。
   A. 进入单独一个检测器的最小物质量
   B. 进入色谱柱的最小物质量
   C. 组分在气相中的最小物质量
   D. 组分在液相中的最小物质量
7. 在气-液色谱分析中,良好的载体（　　）。
   A. 粒度适宜、均匀,表面积大
   B. 表面没有吸附中心和催化中心
   C. 化学惰性、热稳定性好,有一定的机械强度
   D. A、B 和 C 项均符合
8. 热导检测器是一种（　　）。

A. 浓度型检测器

B. 质量型检测器

C. 只对含碳、氢的有机化合物有响应的检测器

D. 只对含硫、磷化合物有响应的检测器

9. 使用火焰离子化检测器时，选用下列哪种气体作载气最合适？（　　）

A. H_2　　　　　　B. He　　　　　　C. Ar　　　　　　D. N_2

10. 下列因素中，对色谱分离效能最有影响的是（　　）。

A. 柱温　　　　　　　　　　　　B. 载气的种类

C. 柱压　　　　　　　　　　　　D. 固定液膜厚度

11. 气-液色谱中，保留值实际上反映的是（　　）物质分子间的相互作用力。

A. 组分和载气　　　　　　　　　B. 载气和固定液

C. 组分和固定液　　　　　　　　D. 组分和载气、固定液

12. 柱效率用理论塔板数 n 或理论塔板高度 h 表示，柱效率越高，则（　　）。

A. n 越大，h 越小　　　　　　B. n 越小，h 越大

C. n 越大，h 越大　　　　　　D. n 越小，h 越小

13. 如果试样中组分的沸点范围很宽，分离不理想，可采取的措施为（　　）。

A. 选择合适的固定相　　　　　　B. 采用最佳载气线速

C. 程序升温　　　　　　　　　　D. 降低柱温

14. 要使相对保留值增加，可以采取的措施是（　　）。

A. 采用最佳线速　　　　　　　　B. 采用高选择性固定相

C. 采用细颗粒载体　　　　　　　D. 减少柱外效应

二、判断题

1. 试样中各组分能够被相互分离的基础是各组分具有不同的热导率。（　　）

2. 组分的分配系数越大，表示其保留时间越长。（　　）

3. 速率理论给出了影响柱效的因素及提高柱效的途径。（　　）

4. 在载气流速比较高时，分子扩散成为影响柱效的主要因素。（　　）

5. 分离温度提高，保留时间缩短，峰面积不变。（　　）

6. 某试样的色谱图上出现三个色谱峰，该试样中最多有三个组分。（　　）

7. 分析混合烷烃试样时，可选择极性固定相，按沸点大小顺序出峰。（　　）

8. 组分在流动相和固定相两相间分配系数的不同及两相的相对运动构成了色谱分离的基础。（　　）

9. 气-液色谱分离机理是基于组分在两相间反复多次的吸附与脱附，气-固色谱分离是基于组分在两相间反复多次的分配。（　　）

三、简答题

1. 简要说明气相色谱分析的基本原理。

2. 气相色谱仪的基本设备包括哪几部分？各有什么作用？

3. 当下列参数改变时，是否会引起分配系数的改变？为什么？

（1）柱长缩短　（2）固定相改变　（3）流动相流速增加

4. 当下列参数改变时，是否会引起分配比的变化？为什么？

（1）柱长增加　（2）固定相量增加　（3）流动相流速减小

拓展阅读

气相色谱、近红外光谱专家——陆婉珍

陆婉珍，分析化学与石油化学家，中国科学院院士。1947年，23岁的陆婉珍通过考试取得了公派留学的资格，并收到了美国伊利诺伊大学的入学通知书，开始赴美留学。1951年，陆婉珍获得无机化学博士学位。1955年10月，陆婉珍放弃在美国玉米产品精制公司担任研究员的优越生活和科研条件，与丈夫闵恩泽克服重重困难回到祖国。

陆婉珍长期主持中国原油评价工作，逐步建立了完整的原油评价体系，她还组织汇编了《中国原油评价》。20世纪50年代中后期，她率先在中国开展了气相色谱用于油品分析的研究工作，建立了色谱测定汽油详细烃类组成的分析方法，80年代初开发弹性石英毛细管色谱柱，这是我国气相色谱技术发展的一个里程碑。

1995年陆婉珍开始致力于近红外光谱仪的研制及应用，在中国首次建立近红外光谱实验室、成功研制在线分析仪，是中国公认的近红外光谱学科的创始人之一和中国近红外光谱技术的领路人。

陆婉珍致力于人才培养，常劝一些焦躁的年轻人："科学成绩是常年的累加，而不是一朝一夕的辉煌。年轻人要在大环境中找到自己安身立命的地方，不要为了追求某些不值得的东西花太多的精力。""要想成功，必须抛却功利心。不论做学问、做人，都不要太功利，不要太浮躁，要顺其自然，从点滴做起，功夫到了，自然会积涓流以成大海。""年轻人要懂得宽容，与人交往时要知道合作的重要性，这样才能团结别人、融入集体，共同努力。"

2015年10月，为鼓励我国科技人员投身于近红外光谱理论研究、技术研发和推广应用工作，促进和推动近红外光谱技术在我国的发展和应用，陆婉珍院士提议并捐款100万元，由中国仪器仪表学会近红外光谱分会设立"陆婉珍近红外光谱奖"。

项目五
高效液相色谱分析技术

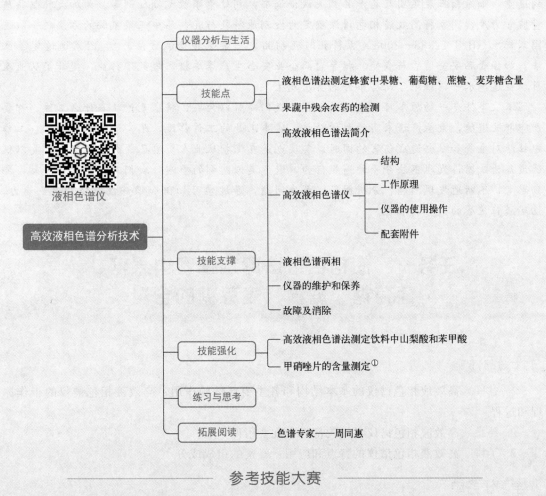

———— 参考技能大赛 ————

① 全国食品药品类职业院校药品检测技术技能大赛。

仪器分析与生活

2008年奶制品污染事件震惊全国，这是一起食品安全事故。事故起因于食用三鹿集团奶粉的很多婴儿被发现患有肾结石，出现很多"大头娃娃"。随后奶粉中检出化工原料三聚氰胺，并且在多个其他著名品牌奶粉中也检出三聚氰胺。该事件降低了国内消费者对国产奶粉的信任度，中国制造商品信誉也遭受重创，多个国家禁止进口中国乳制品。

事件发生后，国务院立即启动国家安全事故Ⅰ级响应机制予以处置，销毁全部问题奶粉，对患病婴幼儿实行免费救治、组织赔偿等。涉案企业、个人受到严厉惩处，相关部门受到追责，如撤销三鹿集团及其产品相关认证证书，判处董事长无期徒刑等。为加大乳制品质量监管力度，国家将高效液相色谱法确定为检测原料乳与乳制品中三聚氰胺的方法之一（见国家标准GB/T 22388—2008《原料乳与乳制品中三聚氰胺检测方法》）。国家通过完善立法、加强食品安全监管与查处、指导食品企业安全生产等举措，规范了行业，提升了从业人员职业道德水平，杜绝了此类事件的再次发生。

本次事件是一场原本可以避免的人祸。我们要引以为戒，将来无论从事什么工作，都要严守职业道德，秉承严谨求实的科学精神、实事求是的工作作风，踏实、认真地工作。工作中杜绝对生命和社会造成伤害的同时，其实也是在保护从业人员自己。分析检测人员要以仪器设备为武器，发现不法分子的违规行为，避免类似悲剧的重演。我们肩上的责任重大，要勤思考，不断地发现问题、分析问题、解决问题，通过学习知识和锻炼技能提升专业能力，切实履行应尽的义务和职责。

任务一　液相色谱法测定蜂蜜中果糖、葡萄糖、蔗糖、麦芽糖的含量

任务目标

1. **掌握**　高效液相色谱仪的基本结构和各主要部件的作用；高效液相色谱仪的工作原理和过程
2. **熟悉**　高效液相色谱仪各结构部件和配套附件
3. **了解**　高效液相色谱仪的特点和应用；蜂蜜的组成成分

学习任务单

任务名称	液相色谱法测定蜂蜜中果糖、葡萄糖、蔗糖、麦芽糖的含量
任务描述	使用高效液相色谱仪测定蜂蜜中各种糖的含量
任务分析	任务中，熟悉高效液相色谱仪的基本构成和各个部件的作用，理解其工作原理和工作过程。为此，需要学习高效液相色谱仪的基本组成和工作过程、高效液相色谱仪的结构部件等相关知识，在此基础上，结合实训室现有仪器进行现场学习和技能训练，完成任务考核指标
成果展示与评价	每一组学生完成实训的操作并记录数据，小组互评。最后，由教师综合评定成绩

【任务实施】

一、任务目的

1. 掌握高效液相色谱仪的操作规程。
2. 掌握用高效液相色谱仪测定蜂蜜中糖含量的方法。
3. 了解高效液相色谱法用内标法定量的方法。

二、方法原理

试样用水溶解、乙腈定容后，经 0.45μm 滤膜过滤，以液相色谱柱分离，示差折光检测器测定，外标法定量。

三、仪器与试剂

仪器：高效液相色谱仪（配有示差折光检测器）、分析天平、注射器、有机相过滤膜、样品瓶、容量瓶（10mL、25mL、50mL、100mL）等。

试剂：色谱纯乙腈，水（GB/T 6682—2008 规定的一级水），果糖、葡萄糖、蔗糖、麦芽糖标准物质（纯度≥99%）等。

四、操作过程

任务名称		液相色谱法测定蜂蜜中果糖、葡萄糖、蔗糖、麦芽糖的含量			操作人		日期	
					复核人			
方法步骤		说明					笔记	
试剂准备	果糖、葡萄糖标准储备液	准确称取 5g 果糖标准物质和 4g 葡萄糖标准物质，精确至 0.0001g，放入同一 100mL 容量瓶中，加入 60mL 水溶解，用乙腈定容，摇匀						
	蔗糖、麦芽糖标准储备液	分别称取 2g 蔗糖和 2g 麦芽糖标准物质，精确至 0.0001g，放入同一 100mL 容量瓶中，加入 60mL 水溶解，用乙腈定容，摇匀						
果糖、葡萄糖、蔗糖、麦芽糖标准工作溶液		吸取不同体积的果糖、葡萄糖标准储备溶液和蔗糖、麦芽糖标准储备溶液，用乙腈+水(40+60)稀释至相应体积，配成不同浓度的果糖、葡萄糖、蔗糖、麦芽糖标准工作溶液，用于绘制标准工作曲线						
		序号	果糖、葡萄糖标准储备液体积/mL	蔗糖、麦芽糖标准储备液体积/mL	定容体积/mL	标准工作溶液浓度/(g/100mL)		
						果糖	葡萄糖	蔗糖	麦芽糖
		1	2.0	0.250	10	1.00	0.80	0.050	0.050
		2	3.0	0.500	10	1.50	1.20	0.100	0.100
		3	4.0	1.000	10	2.00	1.60	0.200	0.200
		4	5.0	1.500	10	2.50	2.00	0.300	0.300
		5	15.0	7.500	25	3.00	2.40	0.600	0.600

续表

样品的制备	对无结晶的实验室样品,将其搅拌均匀。对有结晶的样品,在密闭情况下,置于不超过60℃的水浴中温热,振荡,待样品全部融化后搅匀,冷却至室温。称取0.5kg作为试样,置于样品瓶中,密封,并做标记	
	称取5g试样,精确至0.001g。置于100mL烧杯中,加入30mL水,用玻璃棒搅拌使试样完全溶解,转移至100mL容量瓶中,然后再用10mL水洗烧杯三次并转移至上述100mL容量瓶中,用乙腈定容,混匀。用0.45μm滤膜将样液过滤入样品瓶中供液相色谱测定	
开机前准备	打开排风扇,熟读仪器说明书,检查管路连接; 过滤流动相,根据需要选择不同的滤膜; 超声脱气10~20min	
开机	打开高效液相色谱仪(HPLC)工作站(包括计算机软件和色谱仪),连接好流动相管道,连接检测系统	
	进入HPLC控制界面主菜单,点击"manual",进入手动菜单	
液相色谱条件	色谱柱:碳水化合物分析柱10μm,300mm×3.9mm(i.d); 流动相:乙腈+水(77+23); 流速:1.0mL/min; 柱温:25℃; 检测器温度:35℃; 进样量:15μL	
溶液测定	用配制的果糖、葡萄糖、蔗糖、麦芽糖标准工作溶液绘制以峰面积为纵坐标,工作溶液浓度为横坐标的标准工作曲线,保证样品溶液中果糖、葡萄糖、蔗糖、麦芽糖的响应值均应在标准工作曲线的线性范围内,样品溶液与标准工作溶液等体积进样进行测定。在上述色谱条件下,果糖、葡萄糖、蔗糖、麦芽糖的分离度应大于1.5	
数据处理	绘制标准曲线,分析结果	
结果计算	计算样品浓度,记录数据	
结束工作	洗涤仪器,整理工作台和实验室	

五、结果记录

任务名称	液相色谱法测定蜂蜜中果糖、葡萄糖、蔗糖、麦芽糖的含量	操作人		日期	
		复核人			

结果按公式计算：

$$X = cV/m$$

式中，X 为试样中被测组分含量，g/100g；c 为从标准工作曲线上得到的被测组分溶液浓度，g/100mL；V 为样品溶液定容体积，mL；m 为所称试样的质量，g。

六、操作评价表

任务名称		液相色谱法测定蜂蜜中果糖、葡萄糖、蔗糖、麦芽糖的含量	操作人		日期	
操作项目	考核内容	操作要求	分值	得分	备注	
标样及试样准备	标准溶液准备	玻璃器皿洗涤符合要求；正确配制标准溶液	5			
	样品制备	取样正确，样品处理正确、规范	5			
仪器操作和样品测定	开机前准备	按照仪器操作规程检查电路和排风	5			
	方法准备	正确进行方法的参数准备	5			
	开机前检查	检查并配有足够流动相，检查色谱柱是否适宜等	5			
	开机	正确进行工作站和主机的开机和连接	5			
	方法设定	新设定或选择已存方法下载至仪器	5			
	泵流速设定	正确进行泵流速设定（1.0mL/min）	5			
	自动冲洗和排气	正确完成设定和运行操作	5			
	样品测定	正确完成标准溶液、试样溶液的测定并保存数据	5			
	关机	按照仪器操作规程正确完成关机操作	5			
数据记录和处理	数据记录	正确记录样品信息、仪器分析条件和测量结果	10			
	绘制标准工作曲线	正确绘制标准曲线，线性关系好	10			
	样品浓度计算	正确计算样品浓度	10			
职业素养	文明和安全	文明操作，不浪费试剂和材料，玻璃器皿轻拿轻放，无危险操作行为	5			
	职业态度	整理实训室	5			
		认真、严谨	5			

评价人：_____　　　　　　　　　　　　　　　总分：_____

【任务支撑】

一、高效液相色谱法简介

1. 高效液相色谱法的特点

高效液相色谱法（HPLC）是在经典液相色谱法的基础上，引入了气相色谱（GC）的理论，在技术上采用了高压泵、高效固定相和高灵敏度检测器，使之发展成为高分离速率、高分离效率、高检测灵敏度的高效液相色谱法，被广泛应用于生物化学、药物及临床分析。

HPLC 亦称为"高压液相色谱""高速液相色谱""高分离度液相色谱""近代柱色谱"等，是 20 世纪 60 年代后期发展起来的分离分析技术，是现代分离测定的重要手段。高效液相色谱法是色谱法的一个重要分支，流动相只限于液体，用高压泵输送流动相于整个系统，当样品注入时与流动相一起被泵入装有固定相的色谱柱，在柱内各成分被分离后，进入检测器进行检测，从而实现对试样的分析。

高效液相色谱法分离效能高、选择性好、检测灵敏度高、分析速度快、应用范围广。

2. 高效液相色谱法的分离原理和应用

（1）高效液相色谱法的模式　高效液相色谱法按组分在两相间分离机理的不同主要可分为：液固吸附色谱法、液液分配色谱法、化学键合相色谱法、离子交换色谱法和凝胶色谱法（体积排阻色谱法）。各类型的分离原理以及应用如表 5-1 所示。

表 5-1　高效液相色谱各类型的分离原理以及应用

模式	分离原理	应用
液固吸附色谱	利用组分在固定相上的吸附能力不同而分离，采用非极性或弱极性流动相，保留值取决于官能团的类型和数目	分离几何异构体、不同族化合物以及用于纯化制备
液液分配色谱	根据物质在两种互不相溶（或部分互溶）的液体中溶解度的不同，有不同的分配系数，从而实现分离的方法。分配系数较大的组分保留值也较大	最适合同系物组分的分离
正相键合相色谱	利用组分在极性键合固定相与弱极性或非极性流动相之间分配系数不同而分离，流动相极性增大，保留值降低	分离中等极性化合物
反相键合相色谱	采用非极性键合固定相和以水为底剂的极性流动相，利用非极性基团的疏水作用和极性基团在流动相中的二次化学平衡，如形成离子对、手性包络物、酸碱平衡等进行分离	可分离极性较小的样品，若利用二次化学平衡，可分离离子、离子型化合物，包括强酸、强碱
离子交换色谱及离子色谱	组分离子与固定相平衡离子进行动态交换，根据不同组分离子对固定离子基团的亲和力的差别而达到分离的目的	离子、离子型化合物或者在一定条件下可解离的化合物
凝胶色谱	以孔径一定的多孔凝胶为填充剂，样品按照尺寸差异进行分离。小分子保留值大，大分子保留值小。根据孔径尺寸范围不同，有一定的分子量分离范围	高分子、生物大分子等

（2）高效液相色谱法的应用和局限性　HPLC 具有高压、高速率、高效率、高灵敏度等特点，广泛应用于卫生检验、环境保护、生命科学、农业、林业、水产科学和石油化工等领域，尤其适用于分离、分析不易挥发、热稳定性差的各种离子型化合物。例如，分离分析氨基酸、蛋白质、维生素、生物碱、糖类、农药等，在几百万种化合物中，可分离分析约 80％的有机化合物。而气相色谱法可分离分析约 20％的有机化合物，包括永久性气体，易挥发、低沸点及中等分子量的化合物。其局限性主要体现在：HPLC 使用多种溶剂作流动相成本高，易于引起环境污染；缺少 GC 中使用的通用型检测器等。

二、高效液相色谱仪的结构和工作过程

1. 高效液相色谱仪的结构

高效液相色谱仪由高压输液系统、进样系统、分离系统、检测系统、数据处理系统等五大部分组成。分析前，选择适当的色谱柱和流动相，开泵，冲洗柱子，待柱子达到平衡而且基线平直后，用微量注射器把样品注入进样口或者将专用样品瓶放入自动进样器，流动相把试样带入色谱柱进行分离，分离后的组分依次流入检测器的流通池，最后和洗脱液一起排入流出物收集器。当有样品组分流过检测器流通池时，检测器把组分浓度转变成电信号，经过放大，用记录器记录下来就得到色谱图（图5-1）。色谱图是物质定性、定量分析和评价柱效高低的依据。

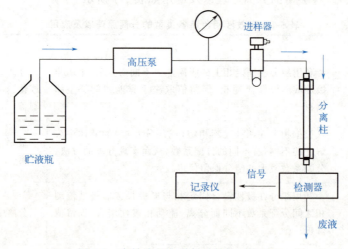

图5-1　高效液相色谱仪的结构示意图

2. 高效液相色谱仪的工作过程

高效液相色谱仪现在多做成一个个单元组件，然后根据分析要求将各所需单元组件组合起来，最基本的组件是高压输液系统、进样器、色谱柱、检测器和工作站（数据处理系统）。还根据需要配置自动进样系统、预柱、流动相在线脱气装置、色谱箱和自动控制系统等。

高效液相色谱仪的工作流程：高压输液泵将贮液瓶中的流动相以稳定的流速或压力输送至分析体系，在色谱柱之前通过进样器将样品导入，流动相将样品依次带入预柱、色谱柱，在色谱柱中各组分被分离，并依次随流动相流至检测器，检测到的信号送至工作站记录、处理和保存（图5-2）。

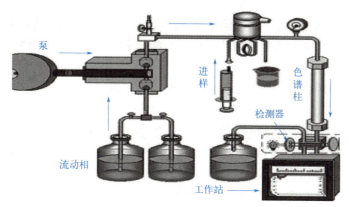

图 5-2 高效液相色谱仪的工作过程

3. 高效液相色谱仪的结构部件

结构	作用	笔记
高压输液系统	将贮液瓶中的流动相吸入后输出,导入混合器后流经进样系统。当待测液试样由进样口注入,经流动相将其带入色谱柱中进行分离	
进样系统	包括进样口、注射器和进样阀等,它的作用是把分析试样有效地送入色谱柱进行分离。六通进样阀是最理想的进样器	
分离系统	包括色谱柱、恒温器(色谱箱)和连接管等部件。混合物在此分离	
检测系统	检测器是液相色谱仪的关键部件之一。常用检测器有紫外吸收检测器、荧光检测器及电子管阵列检测器等	
数据处理系统	该系统具有获取与处理功能,把检测器检测到的信号显示出来,可对测试数据进行采集、贮存、显示、打印和处理等操作,使样品的分离、制备或鉴定工作能正确开展	

(1) 高压输液系统 高压输液系统由溶剂贮存器、高压输液泵、梯度洗脱装置和压力表等组成。

① 溶剂贮存器。溶剂贮存器一般由玻璃、不锈钢或氟塑料制成,容量为 1～2L,用来贮存足够数量、符合要求的流动相。

② 高压输液泵。高压输液泵(图 5-3)是高效液相色谱仪中关键部件之一,其功能是将溶剂贮存器中的流动相以高压形式连续不断地送入液路系统,使样品在色谱柱中完成分离

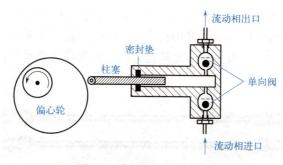

图 5-3 高压输液泵示意图

过程。

由于液相色谱仪所用色谱柱径较细，所填固定相粒度很小，因此，对流动相的阻力较大，为了使流动相能较快地流过色谱柱，就需要高压泵注入流动相。对泵的要求：输出压力高、流量范围大、流量恒定、无脉动，流量精度和重复性为 0.5% 左右。此外，还应耐腐蚀、密封性好。高压输液泵，按其性质可分为恒压泵和恒流泵两大类。恒流泵是能给出恒定流量的泵，其流量与流动相黏度和柱渗透无关。恒压泵是保持输出压力恒定，而流量随外界阻力变化而变化，如果系统阻力不发生变化，恒压泵就能提供恒定的流量。

③ 梯度洗脱装置。梯度洗脱就是在分离过程中使两种或两种以上不同极性的溶剂按一定程序连续改变它们之间的比例，从而使流动相的强度、极性、pH 值或离子强度相应地变化，达到提高分离效果、缩短分析时间的目的。

梯度洗脱装置分为两类：一类是外梯度装置（又称低压梯度），流动相在常温常压下混合，用高压泵压至柱系统，仅需一台泵即可。另一类是内梯度装置（又称高压梯度），将两种溶剂分别用泵增压后，按电器部件设置的程序，不断改变流动相的浓度配比，注入梯度混合室混合，再输至柱系统。

梯度洗脱的实质是通过不断地变化流动相的强度，来调整混合样品中各组分的 k 值，使所有谱带都以最佳平均 k 值通过色谱柱。它在液相色谱中所起的作用相当于气相色谱中的程序升温，所不同的是，在梯度洗脱中溶质 k 值的变化是通过溶质的极性、pH 值和离子强度来实现的，而不是借改变温度（温度程序）来达到。

(2) 进样系统　进样系统包括进样口、注射器和进样阀等，它的作用是把分析试样有效地送入色谱柱上进行分离。六通进样阀是最理想的进样器，其结构如图 5-4 所示。

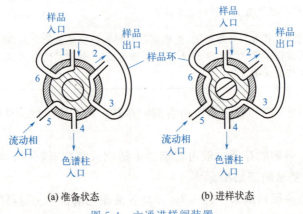

(a) 准备状态　　　　(b) 进样状态

图 5-4　六通进样阀装置

(3) 分离系统　分离系统包括色谱柱、恒温器（色谱箱）和连接管等部件。色谱柱一般用内部抛光的不锈钢制成（图 5-5）。其内径为 2~6mm，柱长为 10~50cm，柱形多为直形，内部充满微粒固定相，柱温一般为室温或接近室温。有温度要求时色谱箱可以设定温度并保持恒温。

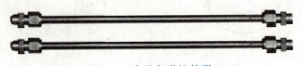

图 5-5　常见色谱柱外形

色谱柱可能会受到样品的污染（未完全溶解的样品或者已完全溶解的样品沉淀析出于色谱柱）及色谱系统的污染（部件磨损而产生的固体颗粒），以及流动相系统过滤不完全残留的固体颗粒，导致色谱柱耐用性差、寿命缩短。因此，可在进样器和色谱柱之间加装保护柱，可大大降低色谱柱受污染的程度，延长色谱柱使用寿命及减少流路系统的堵塞。保护柱是重要的耗材，实质是短的色谱柱，当样品峰形变坏，或柱效下降30%时，就需更换了。

（4）检测器　最常用的检测器为紫外吸收检测器，它的典型结构如图5-6所示。

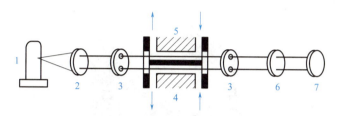

图5-6　紫外吸收检测器光路图

1—低压汞灯；2—透镜；3—遮光板；4—测量池；5—参比池；
6—紫外滤光片；7—双紫外光敏电阻

检测器是液相色谱仪的关键部件之一。对检测器的要求是：灵敏度高、重复性好、线性范围宽、死体积小以及对温度和流量的变化不敏感等。在液相色谱中，有两种类型的检测器，一类是溶质性检测器，它仅对被分离组分的物理或物理化学特性有响应，属于此类检测器的有紫外吸收、荧光、电化学检测器等；另一类是总体检测器，它对试样和洗脱液总的物理和化学性质响应，属于此类检测器的有示差折光检测器等。

常用的检测器还有电子管阵列检测器等。

（5）数据处理系统（工作站）　该系统具有获取与处理功能，把检测器检测到的信号显示出来，可对测试数据进行采集、贮存、显示、打印和处理等操作。通过软件，可完成对样品的定性、定量分析工作。

4. 高效液相色谱仪的配套设备

（1）流动相的过滤装置　在使用前过滤流动相是有效防止颗粒物进入HPLC系统的措施。流动相的过滤装置由专用真空泵、玻璃滤瓶一套（圆筒形刻度漏斗、砂芯滤器和特制卡夹）和水型或有机溶剂型滤膜组成（图5-7）。

液相色谱流动相
的过滤和脱气

(a) 玻璃滤瓶

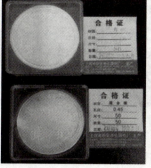

(b) 滤膜

(c) 真空泵

图5-7　流动相的过滤装置

(2) 流动相的脱气装置 流动相中溶解的气体存在以下几个方面的危害：

① 气泡进入检测器，引起光吸收或电信号的变化，基线突然跳动，干扰检测。

② 溶解在溶剂中的气体进入色谱柱时，可能与流动相或固定相发生化学反应。

③ 溶解气体还会引起某些样品的氧化降解，给分离和分析结果带来误差。

因此，使用前必须进行脱气处理。流动相脱气的方法有：氦气脱气、真空脱气、超声波脱气和加热脱气等。

超声波脱气是实验室广泛采用的脱气方法（图5-8）。将配制好的流动相及容器在超声波清洗器水槽中脱气 10～20min。

图 5-8 流动相的超声脱气装置

(3) 样品过滤器械 样品过滤要达到的目的是：

① 去除基体中干扰样品分析的杂质，提高分析精度和分离效果。

② 提高被测定化合物检测灵敏度。

③ 提高样品与流动相的兼容性，从而改善定性定量分析的重复性。

样品过滤一般采用针筒式滤膜过滤器过滤。采用针筒式滤膜时，需搭配针筒式过滤器（内置 0.45μm 水系或有机系滤膜），5～10mL 进样器和样品收集管等器械（图5-9、图5-10）。

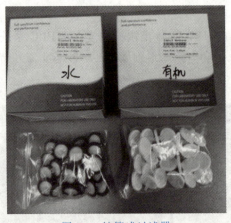

图 5-9 针筒式过滤器

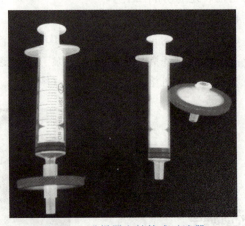

图 5-10 进样器和针筒式过滤器

(4) 排风系统 在仪器主机流动相贮液瓶上方安装有万向排风罩，用于排除有害物，通过排风系统排至室外。排风罩距流动相贮液瓶上方大约25cm，管道应采用防腐材质，排风要适量。

【技能强化】

高效液相色谱仪的使用操作

一、样品分析流程

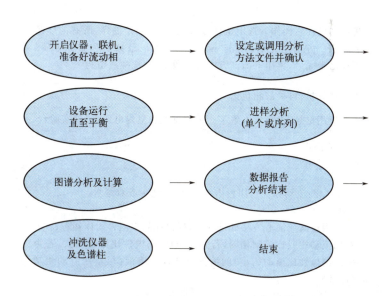

二、操作步骤

任务名称	高效液相色谱仪的使用操作	操作人		日期	
		复核人			
操作步骤	说明			笔记	
开机前准备	打开排风扇,熟读仪器说明书,检查管路连接				
	过滤流动相,根据需要选择不同的滤膜				
	对抽滤后的流动相进行超声脱气 10~20min				
开机操作	打开 HPLC 工作站(包括计算机软件和色谱仪),连接好流动相管道,连接检测系统				
	进入 HPLC 控制界面主菜单,点击"manual",进入手动菜单				
	长时间未使用,或更换了新的流动相时,需要先冲洗泵和进样阀。冲洗泵,直接在泵的出水口,用针头抽取。冲洗进样阀,需要在"manual"菜单下,先点击"purge",再点击"start",冲洗时速度不要超过 10mL/min				
	调节流量,初次使用新的流动相,可以先试一下压力,流速越大,压力越大,但不宜过大。点击"inject",选用合适的流速,点击"on",走基线,观察基线的情况				

项目五　高效液相色谱分析技术

续表

开机操作	设计走样方法。点击"file",选取"select users and methods",可以选取现有的各种走样方法。若需建立一个新的方法,点击"new method",选取需要的配件,包括进样阀、泵、检测器等。选完后,点击"protocol"。一个完整的走样方法需要包括:a. 进样前的稳流,一般2~5min;b. 基线归零;c. 进样阀的"loading-inject"转换;d. 走样时间,随不同的样品而不同	
进样	进样和进样后操作。选定走样方法,点击"start"进样,所有的样品均需过滤。方法走完后,点击"post run",可记录数据和做标记等。全部样品走完后,再用上面的方法走一段基线,洗掉残留物	
关机	先关计算机,再关液相色谱	
结束工作	填写使用记录,由负责人签字。关闭排风和室内电源,清理实验台	
安全操作	1. 规范操作 2. 团队合作	
注意事项	1. 流动相:流动相应选用色谱纯试剂、高纯水或双蒸水。 2. 样品: (1)采用过滤或离心方法处理样品,确保样品中不含固体颗粒; (2)用流动相或比流动相弱(若为反相柱,则极性比流动相大;若为正相柱,则极性比流动相小)的溶剂制备样品溶液(尽量用流动相制备样品液)。 3. 泵:泵在使用过程中不得把气泡泵进入仪器	

三、结果记录

结果记录				
任务名称	高效液相色谱仪的使用操作	操作人	日期	
		复核人		

任务二　果蔬中残余农药的检测

✈ 任务目标

1. **掌握**　高效液相色谱仪的基本结构和使用方法，高效液相色谱法测定残余农药（氯氰菊酯和残杀威）的原理和方法，标准工作曲线法
2. **熟悉**　果蔬样品的测定前处理方法
3. **了解**　高效液相色谱法的应用

📋 学习任务单

任务名称	果蔬中残余农药的检测
任务描述	熟练使用高效液相色谱仪测定果蔬中农药的残留
任务分析	在这个任务中，掌握液相色谱仪的结构及使用操作，以及关于果蔬中残余农药测定的色谱条件选择。本实训的操作过程中，注意待测样品前处理的方法
成果展示与评价	每一组学生完成实训的操作并记录数据，小组互评。最后，由教师综合评定成绩

【任务实施】

一、任务目的

1. 掌握高效液相色谱法测定残余农药（氯氰菊酯和残杀威）的原理和方法。
2. 熟悉果蔬样品的测定前处理方法。

二、方法原理

在一定的色谱条件（色谱柱和温度、流速等操作条件）下，物质均有各自确定不变的保留值（保留时间或保留体积）。对于较简单的多组分混合物，若其色谱峰均能互相分开，则可将各个峰的保留值，与各相应的标准样品在同一条件所测的保留值一一进行对照，确定各色谱峰所代表的物质，即为定性。进一步，根据峰高、峰面积等参数可确定各物质的含量，即为定量。

三、仪器与试剂

仪器：LC-16 型岛津高效液相色谱仪（二极管阵列检测器、高压输液系统、自动进样系统、LB 液相色谱工作站）；高速组织匀浆机，转速 11000～24000r/min；离心机，转速不低

于2000r/min，离心管50mL；超声波清洗器，超声频率30/40/50（kHZ）、超声功率180W；水浴锅；烧杯（500mL、1000mL）；100mL容量瓶；有机微孔滤膜（0.45μm）；天平（感量为0.1mg，0.01g）等。

试剂：① 乙腈（色谱纯）；冰乙酸（色谱纯）；无水甲醇（色谱纯）。

② 氯氰菊酯，带基准物号的标准储备液（1mg/mL）；残杀威，带基准物号的标准贮备液（1mg/mL）。

③ 无水硫酸镁；无水乙酸钠。

④ 水为高纯水。

⑤ 萃取液（0.1‰冰乙酸的乙腈液）。

四、操作过程

任务名称	果蔬中残余农药的检测	操作人		日期	
		复核人			
方法步骤	说明			笔记	
样品处理	1. 匀浆 取约200g果蔬，用剪刀剪成小块，采用匀浆机匀浆至糊状，从中取出50g备用。此步骤取两份做平行实验。 2. 萃取 将50g糊状试样置于500mL烧杯中，加入100mL萃取液，6g无水乙酸钠和18g无水硫酸镁，用玻璃棒搅匀，超声清洗3min。取清液后再萃取。合并萃取液。将残渣放入50mL试管中离心分离4min，合并萃取清液。 3. 浓缩 将上述萃取清液于(80±2)℃水浴浓缩至(5～8)mL。将浓缩液定容于50mL容量瓶中				
配制标准溶液	移取氯氰菊酯标准储备液1.00mL、5.00mL、10.00mL和45.00mL并分别置于100.00mL容量瓶中加萃取液至刻度，混匀备用。移取残杀威储备液1.00mL、5.00mL、10.00mL和45.00mL分别置于100.00mL容量瓶中加萃取液至刻度，混匀备用				
工作站参数设置	流动相： A:甲醇：水：冰乙酸=80：20：0.1；B:水。 色谱柱：C18柱，4.6mm×150mm。 柱温：30℃。 波长：276nm。 进样量：20μL。 检测器：二极管阵列检测器				

工作站参数设置	梯度：				
	时间/min	A/%	B/%	流速/(mL/min)	
	0	60	40	1.0	
	6	100	0	1.5	
	20	100	0	1.5	
	21	60	40	1.0	
	25	60	40	1.0	
标准曲线	将配制的两种标准溶液按照色谱条件分别进行测定，取相应的峰面积与浓度做线性回归方程				
	项目	氯氰菊酯标准溶液			
		1	2	3	4
	移取储备液/mL	1	5	10	45
	定容后浓度/(μg/mL)	10	50	100	450
	峰面积（举例）	30664	230109	481621	2231491
结果处理	记录待测液中各组分峰的保留值，并比较。得出结论				
数据处理	对样品与标准曲线在相同色谱条件进行测量（氯氰菊酯标准曲线结果示例见上表）。取氯氰菊酯和残杀威的峰面积代入标准曲线方程，计算结果，或操作色谱工作站自动得出结果				
关机	关闭仪器、关闭电脑				
结束工作	洗涤仪器，整理工作台和实验室				
注意事项	1. 定容后的样品和标准溶液，注入自动进样器样品瓶前，应用微孔滤膜（0.45μm）过滤后，再注入样品瓶 2. 流动相用之前需要进行过滤并脱气，流动相冲洗系统应有足够时间。 3. 线性回归方程可用工作站自带方法，也可以选用 Excel 中"插入—选散点图—输入横坐标和纵坐标—添加趋势线"获得，R^2 值大于 0.99 即可使用该趋势线进行定量计算				

五、结果记录

结果记录				
任务名称	果蔬中残余农药的检测	操作人		日期
		复核人		

$$M_i = \frac{c_i V_i}{m_i}$$

式中，M_i 为样品中残留农药浓度，$\mu g/g$；c_i 为试样经萃取后定容至 50mL 的残留农药浓度，$\mu g/mL$；V_i 为 50mL；m_i 为称取试样的质量，g。

六、操作评价表

任务名称	果蔬中残余农药的检测		操作人		日期	
操作项目	考核内容	操作要求	分值	得分	备注	
准备工作	测定前准备工作	1. 实验台的清洁、整理 2. 玻璃器具的选择及清洗 3. 仪器的自检、预热	5			
溶液取样、进样	进样器	1. 清洗操作正确 2. 取样操作规范 3. 进样操作规范	10			
仪器操作	实验前准备	实验室安全检查	5			
	软件操作	1. 正确启动工作站 2. 参数选择正确 3. 条件设置 4. 进样操作前准备 5. 正确点火，点火是否成功	20			
	燃气	总阀、分压阀、净化管等正确地开、关	10			

续表

溶液测定	定量测定	1. 样品溶液的测定 2. 色谱图保留时间的确定	15		
	测定结果	1. 色谱图标注正确,正确解读 2. 待测液测定正确 3. 精密度和准确度符合要求 4. 原始记录齐全	15		
测定结束	关机	管路清洗	5		
职业素养	文明和安全	文明操作,玻璃器皿轻拿轻放,规范处理废液	5		
	职业态度	整理实训室	5		
		认真、严谨	5		

评价人:_____   总分:_____

【任务支撑】

一、液相色谱的两相

1. 液相色谱的固定相

(1) 液-液分配色谱的固定相　由两部分组成,一部分是作为载体(又称担体)的惰性颗粒,另一部分是涂在载体表面上的固定液。常用 β,β'-氧二丙腈、聚乙二醇、角鲨烷等。液-液分配色谱固定相不适合梯度洗脱。

① 全多孔型担体。由氧化硅、氧化铝、硅藻土等制成的多孔球体;早期采用 $100\mu m$ 的大颗粒,表面涂渍固定液,性能不佳,已不多见;现采用全多孔型微粒担体,为 $10\mu m$ 以下的小颗粒,是由 nm 级的硅胶微粒堆积而成,又叫堆积硅珠(图 5-11)。由于颗粒小,所以柱效高,是目前最广泛使用的一种担体。

② 表面多孔型担体(薄壳型微珠担体)。$30\sim40\mu m$ 的玻璃微球,表面附着一层厚度为 $1\sim2\mu m$ 的多孔硅胶(图 5-11)。表面积小,柱容量低。

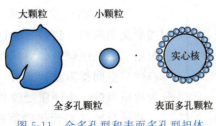

图 5-11　全多孔型和表面多孔型担体

③ 化学键合固定相。化学键合固定相是目前应用最广、性能最佳的固定相。化学键合固定相常用的有非极性键合相,如十八烷基键合相(ODS);极性键合相,如氨基键合相

(强极性)、氰基键合相（中强极性）。

根据在硅胶表面发生的化学反应类型，常用的化学键合相有：硅氧碳键型：≡Si—O—C；硅氧硅碳键型：≡Si—O—Si—C；硅碳键型：≡Si—C，硅氮键型：≡Si—N。其中硅氧硅碳键型稳定，耐水、耐光、耐有机溶剂，应用最广（图5-12）。

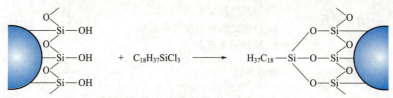

图 5-12　硅氧硅碳键型表面多孔型担体

化学键合相存在着双重分离机制，其分离机理由键合基团的覆盖率决定。高覆盖率时以分配为主，低覆盖率时以吸附为主。

化学键合固定相的特点：

a. 载样量大；

b. 寿命长，化学键合，无固定液流失，耐流动相冲击；

c. 传质快，表面无深凹陷，比一般液体固定相传质快；

d. 选择性好，可键合不同官能团，提高选择性；

e. 适合于梯度洗脱；

f. 热稳定性好，一般在70℃以下稳定；

g. 耐水、耐光、耐有机溶剂，化学性能稳定，在pH2~8的溶液中不变质。

（2）液-固吸附色谱法固定相　液-固吸附色谱固定相为全多孔型和薄壳型，粒度：5~10μm。可分为极性和非极性两大类。极性吸附剂为各种无机氧化物，如：硅胶、氧化铝等；非极性吸附剂最常见的是活性炭。不同类型的有机化合物，在极性吸附剂上的保留顺序如下：

氟碳化合物＜饱和烃＜烯烃＜芳烃＜有机卤化物＜醚＜硝基化合物＜腈＜酯、酮、醛＜羟酸。

（3）离子交换色谱法固定相　通常有薄壳型离子交换树脂和离子交换键合固定相两种类型。薄壳型离子交换树脂常以薄壳玻璃珠为担体，表面涂约1%的离子交换树脂。离子交换键合固定相有两种：键合薄壳型的担体是薄壳玻珠，键合微粒担体型的担体是微粒硅胶。

上述两类离子交换树脂，又可分为两种树脂类别：阳离子交换树脂（包括强酸性与弱酸性树脂），阴离子交换树脂（包括强碱性、弱碱性树脂）。见图5-13。

（4）空间排阻法固定相　常用的空间排阻法固定相分为软质凝胶、半硬质凝胶和硬质凝胶三种。

软质凝胶，如葡聚糖凝胶、琼脂凝胶等，具有多孔网状结构，以水为流动相，适用于常压排阻分离。

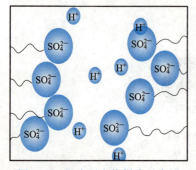

图 5-13　阳离子交换树脂示意图

半硬质凝胶，如苯乙烯-二乙烯基苯交联共聚物，是有机凝胶，以非极性有机溶剂为流动相，不能用丙酮、乙醇等极性溶剂。

硬质凝胶，如多孔硅胶、多孔玻珠等，化学稳定性、热稳定性好，机械强度大，流动相性质影响小，可在较高流速下使用。可控孔径玻璃微球，具有恒定孔径和窄粒度分布。

2. 液相色谱的流动相

液相色谱的流动相又称为淋洗液、洗脱液等。流动相的组成、极性改变可显著改变组分分离状况，故改变流动相的组成和极性是提高分离度的重要手段。亲水性固定相常采用疏水性流动相，即流动相的极性小于固定相的极性，而疏水性固定相常采用亲水性流动相。

（1）流动相分类　按流动相组成分为单组分（纯溶剂）和多组分；按极性分为极性、弱极性、非极性；按使用方式分为固定组成洗脱（恒定洗脱）和梯度洗脱。

常用的溶剂有己烷、四氯化碳、甲苯、乙酸乙酯、乙醇、乙腈和水。可根据分离要求选择合适的纯溶剂或混合溶剂。采用二元或多元组合溶剂作为流动相可以灵活调节流动相的极性或增加选择性，达到改进分离或调整出峰时间的效果。

（2）流动相的选择　在选择溶剂时，溶剂的极性是选择的重要依据。采用正相液-液分配分离时，首先选择中等极性溶剂，若组分的保留时间太短，则需降低溶剂极性，反之增加。也可在低极性溶剂中，逐渐增加其中的极性溶剂，使保留时间缩短。

常用溶剂的极性顺序：水（最大）＞甲酰胺＞乙腈＞甲醇＞乙醇＞丙醇＞丙酮＞二氧六环＞四氢呋喃＞甲乙酮＞正丁醇＞乙酸乙酯＞乙醚＞异丙醚＞二氯甲烷＞氯仿＞溴乙烷＞苯＞四氯化碳＞二硫化碳＞环己烷＞己烷＞煤油（最小）。

（3）流动相的处理　高效液相色谱仪要认真做好这三项工作：流动相的过滤、流动相的脱气和 HPLC 系统的清洁，使仪器维持良好的性能。

① 流动相的过滤。任何颗粒物进入 HPLC 系统后都会在柱子入口端被筛板挡住，堵塞柱子，使系统压力增加并使色谱峰变形。因此，需采取预防措施。在 HPLC 系统中，颗粒物的主要来源有三个途径：流动相、被测样品和仪器系统部件的磨损物。

如果流动相均由高效液相色谱级溶剂组成，不需过滤，因为在制造的工艺中已经过 $0.2\mu m$ 微孔滤膜过滤。其他流动相需过滤。例如缓冲液中加入磷酸盐，必须用微孔滤膜过滤流动相，因为缓冲盐可能含有塑料瓶盖与瓶口边缘挤压产生的塑料颗粒。

通常用 $0.45\mu m$ 微孔滤膜过滤流动相除去颗粒物，也可以用 $0.2\mu m$ 微孔滤膜。在连接贮液瓶和泵的输液管的末端入口采用下沉式过滤器（常见材质有熔融玻璃砂芯滤板和微孔金属），可滤除规格$\geqslant 10\mu m$ 的微粒，除去系统中的尘土并保证贮液瓶、输液管使用的可靠性，但它不能取代流动相过滤步骤。

样品要通过 $0.45\mu m$ 针筒式过滤器过滤。注意：过滤器滤膜的吸附、过滤器滤出的颗粒物上的吸附、针筒式滤膜过滤器与针筒连接处的渗漏等，可能导致样品中成分的丢失，一般可视为系统误差而忽略。

输液泵密封垫和进样阀旋转轴的磨损可能形成少量颗粒物，可被流路中在线滤器滤除。设备使用时，可遵照仪器工程师建议适时更换配件等，以减少这些颗粒物的生成。

② 流动相的脱气。流动相脱气的方法有氦气脱气、真空脱气、超声波脱气、加热脱气等。

氦气脱气效果好。氦气在流动相中的溶解度极低，缓缓通过流动相时，赶去溶入的空气，可以认为是一个无气体溶解体系。

真空脱气较常用。采用真空泵，把贮液器抽成部分真空，使溶入的气体溢出，其效果仅次于氦气脱气。

超声波脱气效果一般，但较常用。将流动相连同容器放入超声水槽中脱气 10～20min，方法简便，基本能满足日常分析操作需要，对氧敏感的检测器不宜用此法。

加热回流脱气效果很好，但是适用范围较窄，会使挥发性组分损失掉。

③ HPLC 系统的清洁。经常清洗流动相贮液瓶，或每做一批新样品更换一次流动相，保持流动相贮液瓶清洁。HPLC 设备在停泵以前一定要用非缓冲液流动相冲洗泵半个小时以上，如果流动相中有难挥发缓冲盐，则建议冲洗更长时间。根据仪器实际使用情况，还要按规定的方法自动冲洗进样器、色谱柱和检测器等。

二、液相色谱的检测器

液相色谱仪检测器的作用是将柱流出物中样品组成和含量的变化转化为可供检测的信号，常用检测器有紫外吸收检测器、荧光检测器、示差折光检测器、二极管阵列检测器和化学发光检测器等。另外，质谱仪检测器与液相色谱联用组成液相色谱-质谱联用仪，是一种分离分析复杂有机混合物的有效手段。

1. 紫外吸收检测器

紫外吸收检测器（UVD）是 HPLC 中应用最广泛的检测器之一，几乎所有的液相色谱仪都配有这种检测器。其特点是灵敏度较高，线性范围宽，噪声低，适用于梯度洗脱，对强吸收物质检测限可达 1ng，检测后不破坏样品，可用于制备，并能与任何检测器串联使用。UVD 的工作原理与结构同一般分光光度计相似，基于朗伯-比尔定律，被测组分对紫外线或可见光具有吸收，且吸收强度与组分浓度成正比。

很多有机分子都具紫外或可见光吸收基团，有较强的紫外或可见光吸收能力，因此 UVD 既有较高的灵敏度，也有很广泛的应用范围。由于 UVD 对环境温度、流速、流动相组成等的变化不是很敏感，所以还能用于梯度淋洗。

UVD 流动相的选择受到一定限制，即具有一定紫外吸收的溶剂不能做流动相，每种溶剂都有截止波长，当小于该截止波长的紫外线通过溶剂时，溶剂的透光率降至 10% 以下，因此，紫外吸收检测器的工作波长不能小于溶剂的截止波长。

UVD 的缺点有：①对没有紫外/可见波长吸收的样品无法检测；②流动相的选择受到流动相组分对紫外可见光的吸收影响，现有紫外吸收检测器在常用的流动相下当波长低于 210nm 时检测效果较差；③不同物质在同一检测波长下的响应因子不相同。

2. 示差折光检测器

示差折光检测器（RID）是一种浓度型通用检测器，对所有溶质都有响应，某些不能用选择性检测器检测的组分，如高分子化合物、糖类、脂肪烷烃等，可用示差折光检测器检测。示差折光检测器是基于连续测定样品流路和参比流路之间折射率的变化来测定样品含量的。光从一种介质进入另一种介质时，由于两种物质的折射率不同就会产生折射。只要样品组分与流动相的折光指数不同，就可被检测，二者相差愈大，灵敏度愈高，在一定浓度范围内检测器的输出与溶质浓度成正比。

示差折光检测法也称折射指数检测法。绝大多数物质的折射率与流动相都有差异，所以它是一种通用的检测方法。虽然其灵敏度与其他检测方法相比要低 1～3 个数量级。对于那些无紫外吸收的有机物（如高分子化合物、糖类、脂肪烷烃）是比较适合的。在凝胶色谱中是必备检测器，在制备色谱中也经常使用。

RID 的缺点有：①灵敏度很低（检测下限为 10^{-7} g/mL）；②流动相的变化会引起折光率的变化，不能用于梯度洗脱样品的检测。

3. 蒸发光散射检测器

蒸发光散射检测器（ELSD）属通用型和质量型检测器，散射光强只与溶质颗粒大小和数量有关，与溶质本身的理化性质无关。ELSD 能检测不含发色团的化合物，如碳水化合物、脂类、聚合物、未衍生脂肪酸和氨基酸、表面活性剂、药物（人参皂苷、黄芪甲苷），并可在没有标准品和化合物结构参数未知的情况下检测未知化合物。

色谱柱流出液导入 ELSD 的雾化器，被载气（压缩空气或氮气）雾化成微细液滴，液滴通过加热漂移管时，流动相中的溶剂被蒸发掉，只留下溶质，激光束照在溶质颗粒上产生光散射，光收集器收集散射光并通过光电倍增管转变成电信号。

ELSD 的响应不依赖于样品的光学特性，任何挥发性低于流动相的样品均能被检测，不受其官能团的影响。灵敏度比示差折光检测器高，对温度变化不敏感，基线稳定，适合与梯度洗脱液相色谱联用。适合于无紫外吸收、无电活性和不发荧光样品的检测，灵敏度与载气流速、气化室温度和激光光源强度等参数有关。与示差折光检测器相比，基线漂移不受温度影响，信噪比高，可用于梯度洗脱。日常维护简单，可与 HPLC、凝胶渗透色谱法（GPC）和超临界流体色谱法（SFC）连用。该检测器的缺点是流动相中不能含有不挥发组分。

4. 荧光检测器（FD）

荧光检测器是一种高灵敏度、有选择性的检测器，可检测能产生荧光的化合物。特别是芳香族化合物、生化物质，如有机胺、维生素、激素、酶等，被一定强度和波长的紫外线照射后，发射出较激发光波长要长的荧光，荧光强度与激发光强度、量子效率和样品浓度成正比。某些不发荧光的物质可通过化学衍生化生成荧光衍生物，再进行荧光检测。

FD 最小检测浓度可达 0.1ng/mL，适用于痕量分析；一般情况下荧光检测器的灵敏度比紫外吸收检测器约高 2 个数量级，但其线性范围不如紫外吸收检测器宽。

5. 二极管阵列检测器（PDAD）

二极管阵列检测器也称快速扫描紫外吸收检测器，是一种新型的光吸收式检测器，检测有紫外和可见光吸收的物质。它采用光电二极管阵列作为检测元件，构成多通道并行工作，同时检测由光栅分光，再入射到阵列式接收器上的全部波长的光信号，然后对二极管阵列快速扫描采集数据，得到吸收值是保留时间和波长函数的三维色谱光谱图，即时间、光强度和波长的三维谱图（图 5-14）。由此可及时观察与每一组分的色谱图相应的光谱数据，从而迅速决定具有最佳选择性和灵敏度的波长。

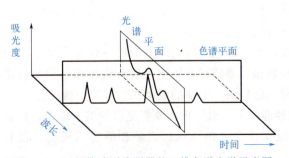

图 5-14 二极管阵列检测器的三维色谱光谱示意图

PDAD 是先让所有波长的光都通过流动池，然后通过一系列分光技术，使所有波长的光在接收器上被检测,可动态地在同一时间检测所有波长下的吸收。

PDAD灵敏度高;噪声低;线性范围宽;对流速和温度的波动不灵敏,适用于梯度洗脱及制备色谱;可得任意波长的色谱图,极为方便;可得任意时间的光谱图,相当于与紫外联用;具有色谱峰纯度鉴定、光谱图检索等功能,可提供组分的定性信息。其对流动相的选择有一定要求,流动相的截止波长必须小于检测波长。

6. 电化学检测器(ED)

电化学检测器主要有安培、极谱、库仑、电位、电导等检测器,属选择性检测器,可检测具有电活性的化合物。目前它已在各种无机和有机阴阳离子、生物组织和体液的代谢物、食品添加剂、环境污染物、生化制品、农药及医药等的测定中获得了广泛的应用。其中,电导检测器在离子色谱中应用最多。

电化学检测器的优点是:灵敏度高,最小检测量一般为ng级,有时可达pg级;选择性好,可测定大量非电活性物质中极痕量的电活性物质;线性范围宽,一般为4~5个数量级;设备简单,成本较低;易于自动操作。

7. 化学发光检测器(CD)

化学发光检测器是近年来发展起来的一种快速、灵敏的新型检测器,其具有设备简单、价廉、线性范围宽等优点。其原理是基于某些物质在常温下进行化学反应,生成处于激发态势反应中间体或反应产物,当它们从激发态返回基态时,发射出光子。由于物质激发态的能量是来自化学反应,故称作化学发光。当分离组分从色谱柱中洗脱出来后,立即与适当的化学发光试剂混合,引起化学反应,导致发光物质产生辐射,其光强度与该物质的浓度成正比。

该检测器需要配有恒流泵,将化学发光试剂以一定的流速泵入混合器中,与柱流出物迅速而又均匀地混合产生化学发光,进行检测。CD的最小检出量可达10^{-12}g。

三、高效液相色谱仪的使用与维护保养

1. 使用高效液相色谱仪的注意事项

(1) 开机、关机注意事项 一切分析准备工作做好后,依次按顺序打开稳压电源、高压输液泵、柱温箱、检测器,待以上各部件自检结束后,打开连接仪器的电脑,启动工作软件。仪器分析工作结束后,关闭工作软件,再依次按顺序关闭检测器、柱温箱、高压输液泵。

(2) 使用缓冲溶液后的注意事项 做完样品后应立即用超纯水冲洗管路、泵及柱子1h,然后用甲醇(或甲醇水溶液)冲洗30min以上,以充分洗去离子。对于柱塞杆外部,做完样品后也必须用超纯水冲洗20min以上。

(3) 对流动相的要求 液相色谱所用的流动相一般为低沸点有机溶剂与水或者缓冲溶液的混合物。为保证液相色谱仪器的正常使用,所有流动相必须是色谱纯级的,水为超纯水,且经过过滤杂质、排除气泡后装入干净的流动相贮存瓶中待用。

① 流动相的物理性能要求。对分析物要有足够的溶解能力,以利于提高检验的灵敏度;流动相的黏度要小,以保证合适的柱压;流动相的沸点要低,以利于制备分离时样品的回收。

② 流动相的温度。一般以硅胶为基质的色谱柱最高使用温度不超过60℃,以低于40℃为宜。温度过高会加速键合相水解和硅胶的溶解,从而使填料性质改变,柱塌陷,降低柱

效。最低使用温度不低于0℃。

2. 色谱柱的维护和保养

色谱柱是消耗品，会随使用时间或进样次数增加，出现色谱峰高降低，峰宽加大或出现肩峰，柱效下降，甚至堵塞现象。每次用后要进行清洗，并定期进行彻底清洗和再生，不同的色谱柱清洗方法各不相同，例如：对于反相色谱柱，可使用甲醇、乙腈、四氢呋喃、氯仿、庚烷等冲洗。

(1) 使用中注意事项

① C18柱绝对不能进蛋白质样品、血样、生物样品。

② 气泡会致使压力不稳，重现性差，所以在使用过程中要尽量避免产生气泡。

③ 要注意柱子的pH值范围，不得注射强酸、强碱样品，特别是碱性样品。溶液的pH不低于2或高于8。

④ 长时间不用仪器，应该将柱子取下用堵头封好保存，注意不能用纯水保存柱子，而应该用有机相（如甲醇等），以防在纯水中滋生微生物。反相柱可以储存于纯甲醇或乙腈中，正相柱可以储存于严格脱水后的纯正己烷中，离子交换柱可以储存于水（含防腐剂叠氮化钠或硫柳汞）中，并将购买新色谱柱时附送的堵头堵上。储存的温度最好是室温。

⑤ 反相色谱柱使用缓冲液或含盐的流动相后，应用含10%甲醇的水溶液冲洗30min，洗掉色谱柱中的盐，再用甲醇冲洗30min。不能用纯水冲洗柱子，防止将填料冲塌陷。

(2) 定期清洗和再生　色谱柱需要定期进行彻底清洗和再生，不同的色谱柱清洗方法各不相同，比如：

① 反相柱分别用甲醇：水＝90∶10、纯甲醇、异丙醇、二氯甲烷等溶剂作为流动相，依次冲洗，每种流动相流经色谱柱不少于20倍的色谱柱体积，然后再以相反的次序冲洗。

② 正相柱分别用正己烷、异丙醇、二氯甲烷、甲醇等溶剂做流动相，顺次冲洗，每种流动相流经色谱柱不少于20倍的柱体积（异丙醇黏度大，可降低流速，避免压力过高），注意使用溶剂的次序不要颠倒，用甲醇冲洗完后，再以相反的次序冲洗至正己烷，所有的流动相必须严格脱水。

③ 离子交换柱长时间在缓冲溶液中使用和进样，将导致色谱柱离子交换能力下降，用稀酸缓冲溶液冲洗可以使阳离子柱再生，反之，用稀碱缓冲溶液冲洗可以使阴离子柱再生。

3. 高效液相色谱仪的常见故障及其消除

(1) 流动相内有气泡　关闭泵，打开排空阀，按"PURGE"键清洗脱气。气泡不断从过滤器冒出，进入流动相，无论打开"PURGE"键几次都无法清除不断产生的气泡。

① 原因。过滤器长期沉浸于水液内，过滤头内部由于霉菌的生长繁殖，形成菌团阻塞了过滤器，缓冲液难以流畅通过过滤头。空气在泵的压力下经过过滤器进入流动相。

② 处理。过滤头浸泡在5%的硝酸溶液内，超声清洗15min即可；亦可将过滤头浸泡在5%的硝酸溶液中12~36h，轻轻振荡几次，再将过滤器用纯水清洗几次，打开排空阀，打开"PURGE"键清洗脱气。如仍有气泡不断从过滤器冒出，继续将过滤器浸泡在5%硝酸溶液中。如没有气泡不断从过滤器冒出，说明过滤器内部的霉菌菌团已被硝酸破坏，流动相可以流畅地通过过滤器，打开排空阀，打开泵，流速调至1.0~3.0mL/min。纯水冲洗过滤器1h左右，即可将过滤器清洗干净。关闭泄压阀，用纯甲醇冲洗半小时即可。

(2) 柱压高

① 原因。

a. 缓冲液盐分（如乙酸铵等）沉积于柱内；b. 样品污染沉积。

② 处理。对于第一种情况先用 40～50℃ 的纯水，低速正向冲洗柱子，待柱压逐渐下降后相应地提高流速冲洗，柱压大幅度下降后，用常温纯水冲洗，之后用纯甲醇冲洗柱子 30min。对于第 2 种情况，由样品的沉积引起污染的 C18 柱，先用纯水反向冲洗柱子，然后换成甲醇冲洗，接着用甲醇＋异丙醇（4＋6）冲洗柱子（冲洗时间的长短由样品的污染情况而定），再换成甲醇冲洗，然后用纯水冲洗，最后再以甲醇正向冲洗柱子 30min 以上。

(3) 既无压力指示又无液体流过

① 原因。

a. 泵密封垫圈磨损；b. 大量气体进入泵体。

② 处理。

对于第一种情况，更换密封垫圈；对于第二种情况，在泵作用的同时，用一个 50mL 的玻璃针筒在泵的出口处帮助抽出空气。

(4) 压力波动大，流量不稳定

① 原因。

系统中有空气或者单向阀的宝石球和阀座之间夹有异物，使得两者不能密封。

② 处理。

工作中注意流动相的量，保证不锈钢滤器沉入贮液器瓶底，避免吸入空气，流动相要充分脱气。如为单向阀和阀座之间夹有异物，拆下单向阀，放入盛有丙酮的烧杯用超声波清洗 10～20min。

(5) 出峰不准，峰分叉

① 原因。

a. 色谱柱被污染；b. 柱头填料塌陷。

② 处理。对于第一种情况，先用纯水反向冲洗柱子，然后换成甲醇冲洗，接着用甲醇＋异丙醇（4＋6）冲洗柱子（冲洗时间的长短由样品污染的情况而定），再换成甲醇冲洗，然后再用纯水冲洗，最后甲醇正向冲洗柱子 30min 以上。如冲洗后依然出峰不佳，则考虑第二种情况。对于第二种情况，更换色谱柱。

(6) 峰面积重复性不佳

① 原因。

a. 进样阀漏液；b. 加样针不到位。

② 处理。对于第一种情况更换进样垫圈；对于第二种情况保证加样针插到底。注射样品溶液后须快速、平稳地从 LOAD 状态转换到 INJECT 状态，以保证进样量的准确。液相色谱仪的日常保养非常重要，如要注意不要让空气进入输液系统和高压泵中，贮液器内的溶液如长时间未用应清洗贮液器并更换溶液，每次用完色谱仪后缓冲溶液要用纯水冲洗干净，防止无机盐析出或沉积；样品的前处理也很重要，任何样品都要尽可能地去除杂质，完全溶解，尽量减少对色谱柱的污染，以延长色谱柱的使用寿命，同时避免注射过量高浓度样品溶液，以免残留液在进样阀内析出固体引起堵塞；色谱柱做好标记，用于不同分析目的的色谱柱不要混用等。

【技能强化】

一、高效液相色谱法测定饮料中山梨酸和苯甲酸

（一）任务目的

1. 掌握高效液相色谱法测定饮料中山梨酸和苯甲酸的原理和方法。
2. 了解高效液相色谱仪的基本结构和使用方法。
3. 掌握内标法的定量方法。
4. 熟悉饮料样品的处理方法。

（二）方法原理

苯甲酸和山梨酸都是我国目前最常用的食品防腐剂，广泛应用于各种果汁饮料中。但如果防腐剂的含量超过标准限度，则会对人体健康造成不良影响，因此，检测果汁中的山梨酸和苯甲酸含量是非常有必要的。样品以氨水调 pH 至近中性后，过滤，滤液经反相高效液相色谱分离后，以紫外吸收检测器测定，通过与标准品比较，根据峰保留时间和峰面积实现定性和定量分析。

（三）仪器与试剂

仪器：LC-16 型岛津高效液相色谱仪（紫外吸收检测器、高压输液系统、自动进样系统、LB 液相色谱工作站）；超声振荡仪；100mL 烧杯（1个）；1mL 和 100μL 移液枪；离心管若干；离心管架；微孔滤膜（0.45μm）；天平（感量为 0.1mg, 0.01g）等。

试剂：流动相需分别超声脱气 15min。

（1）甲醇（色谱纯）；乙酸铵溶液（0.02mol/L，色谱纯）。

（2）山梨酸储备溶液（1.0mg/mL）：准确称取 0.2500g 山梨酸，加超纯水定容至 250mL。

（3）苯甲酸储备液（1.0mg/mL）：准确称取 0.2500g 苯甲酸，加超纯水定容至 250mL。

（4）实验用水均为超纯水。

样品：碳酸饮料（市售碳酸型橘汁饮料）。

（四）操作过程

任务名称	高效液相色谱法测定饮料中山梨酸和苯甲酸	操作人		日期	
		复核人			
方法步骤	说明			笔记	
样品处理	碳酸饮料（透明液体均可）：吸取 10mL 碳酸饮料超声 15min，然后用微孔滤膜（0.45μm）过滤，滤液备用。吸取 100μL 滤液于离心管中，并加入 900μL 超纯水，混合均匀标记为样品				

续表

配制标准溶液	1. 取一定量的苯甲酸储备液,经滤膜过滤于离心管中。吸取滤液 50μL 于另一离心管并加入 950μL 超纯水,得到 50μg/mL 的苯甲酸标准品,做好标记。 2. 同理得到 50μg/mL 的山梨酸标准品,做好标记。 3. 混合标准品配制:分别吸取 500μL 过滤后的苯甲酸和山梨酸储备液于离心管中混合均匀,得到 500μg/mL 的混合标准品。吸取 50μL 混合标准品(500μg/mL)于离心管中并加入 950μL 超纯水,得到 25μg/mL 的混合样,标记为混标	
开机前准备	打开排风扇,熟练阅读仪器说明书,检查管路连接。过滤流动相,根据需要选择不同的滤膜	
开机	打开 HPLC 工作站(包括计算机软件和色谱仪),连接好流动相管道,连接检测系统 进入 HPLC 控制界面主菜单,点击 manual,进入手动菜单	
工作站参数设置	柱温:室温 流动相:甲醇:水=60:40(经 0.45μm 滤膜过滤) 流动相流量:1.0mL/min 检测波长:224nm、252nm	
标准品和样品测定	分别进苯甲酸(50μg/mL)、山梨酸(50μg/mL)标准品,确定保留时间和峰面积,混合标准品进样,查看保留时间和峰面积 同样方法待测样品进样,查看保留时间和峰面积	
结果处理	记录混合标准品(25μg/mL)的峰面积并计算样品中苯甲酸和山梨酸含量	
数据处理	样品与标准曲线测量数据,峰面积代入计算结果	
关机	关闭仪器、关闭电脑	
结束工作	洗涤仪器,整理工作台和实训室	
注意事项	1. 定容后的样品和标准溶液,注入自动进样器样品瓶前,应用微孔滤膜(0.45μm)过滤 2. 流动相用之前需要进行过滤并脱气,流动相应充分冲洗流路。 3. 线性回归方程可用工作站自带方法,也可以选用 Excel 中插入—选散点图—输入横坐标和纵坐标—添加趋势线获得,R^2 值大于 0.99 即可使用该趋势线进行定量计算	

（五）结果记录

结果记录					
任务名称	高效液相色谱法测定饮料中山梨酸和苯甲酸	操作人		日期	
		复核人			

$$c_x = Fc_sA_x/A_s$$

式中，c_x 为样品中被测物的含量，$\mu g/mL$；c_s 为苯甲酸或山梨酸标准品的含量，$\mu g/mL$；F 为稀释倍数；A_x 为样品的峰面积；A_s 为标准品的峰面积。

1. 苯甲酸、山梨酸标准品的保留时间

物质	苯甲酸	山梨酸
保留时间/min		

2. 混合标准品及样品的峰面积

物质	苯甲酸	山梨酸	样品	
			苯甲酸	山梨酸
峰面积				

3. 样品中苯甲酸和山梨酸的含量

（六）操作评价表

任务名称	高效液相色谱法测定饮料中山梨酸和苯甲酸		操作人		日期	
操作项目	考核内容	操作要求		分值	得分	备注
准备工作	测定前准备工作	1. 实验台的清洁、整理 2. 玻璃器具的选择及清洗 3. 仪器的自检、预热		5		
溶液取样、进样	进样器	1. 清洗操作正确 2. 取样操作规范 3. 进样操作规范		10		

续表

仪器操作	实训前准备	实训室安全检查	5		
	软件操作	1. 正确启动工作站 2. 参数选择正确 3. 条件设置 4. 进样操作前准备 5. 正确点火,点火是否成功	30		
	开关气路系统	总阀、分压阀、净化管等正确地开关	10		
溶液测定	定量测定	1. 样品溶液的测定 2. 色谱图保留时间的确定	10		
	测定结果	1. 色谱图标注正确,正确解读 2. 待测液测定正确 3. 精密度和准确度符合要求 4. 原始记录齐全	15		
测定结束	关机	管路清洗	5		
职业素养	实训室安全	1. 整理实训室 2. 规范操作,使用记录填写 3. 废物、废液处理 4. 团队合作	10		

评价人：_____　　　　　　　　　　　　　总分：_____

二、甲硝唑片含量的测定

（一）任务目的

1. 掌握高效液相色谱法测定甲硝唑片含量的原理和方法。
2. 了解高效液相色谱仪的基本结构和使用方法。
3. 掌握内标法的定量方法。

（二）方法原理

高效液相色谱法利用泵使含有样品混合物的加压液体溶剂通过填充有固体吸附剂材料的色谱柱。样品中的每种组分与吸附材料的相互作用都略有不同,这使得不同组分具有不同流速,从而当它们流出色谱柱时即可以实现分离。分离后将色谱图上测定组分的保留值与对照品保留值进行对比,利用峰面积以外标法定量。

（三）仪器与试剂

仪器：LC-16型岛津高效液相色谱仪（紫外吸收检测器、高压输液系统、自动进样系统、液相色谱工作站）；100mL 烧杯（1 个）；1mL 和 100μL 移液枪；微孔滤膜（0.45μm）；超声波清洗仪；电子天平（精度为 0.1mg）等。

试剂：甲硝唑样品、甲硝唑原料药、甲醇（色谱纯，流动相）、超纯水、其他试剂（分析纯）。

样品：甲硝唑片（药店购置甲硝唑片）。

（四）操作过程

任务名称	甲硝唑片含量的测定	操作人		日期	
		复核人			
方法步骤	说明			笔记	
样品处理	取本品 20 片，精密称定，研细，精密称取（增量法）细粉适量（约相当于甲硝唑 0.25g）				
配制溶液	将上述细粉置 50mL 容量瓶中，加 50％甲醇适量，振摇使甲硝唑溶解，用 50％甲醇稀释至刻度，摇匀，过滤，精密量取滤液 5mL，置 100mL 容量瓶中，用流动相稀释至刻度，摇匀（供试品溶液）				
	取甲硝唑对照品适量，精密称定（增量法），加流动相溶解并定量稀释制成每 1mL 中约含 0.25mg 的溶液（对照品）				
开机前准备	打开排风扇，熟练阅读仪器说明书，检查管路连接。过滤流动相，根据需要选择不同的滤膜				
开机	打开 HPLC 工作站（包括计算机软件和色谱仪），连接好流动相管道，连接检测系统				
	进入 HPLC 控制界面主菜单，点击 manual，进入手动菜单				
工作站参数设置	柱温：室温 流动相：甲醇∶水＝20∶80 流动相流量：1.0mL/min 波长：320nm				
流动相的比例	以甲醇-水（20∶80）为流动相，在甲硝唑片的含量测定中，允许甲醇和水的比例介于(14∶86)～(26∶74)				
标准品和样品测定	分别精密量取供试品溶液和对照品溶液 10μL，注入液相色谱仪，记录色谱图； (1)进针数量：对照品溶液 2 份，其中一份连续进样 5 针，另一份进样 2 针；样品溶液 2 份，各进 2 针。 (2)校正因子要求：校正因子为单位面积所代表的质量或浓度 $f=\dfrac{c_S}{A_S}$（c_S 为对照品溶液的浓度，A_S 为对照品溶液的平均峰面积）。两份对照品溶液校正因子的比值在 0.98～1.02 时，取两份对照品溶液校正因子的平均值（$\overline{f}=\dfrac{f_1+f_2}{2}$）进行计算				
结果处理	用供试品溶液两针的峰面积的平均值、校正因子平均值计算含量，得到两个结果 $c_x=A_x\overline{f}$				

续表

数据处理	样品与标准曲线测量数据,峰面积代入计算结果
关机	关闭仪器、关闭电脑
结束工作	洗涤仪器,整理工作台和实训室
注意事项	1. 定容后的样品和标准溶液,注入自动进样器样品瓶前,应用微孔滤膜(0.45μm)过滤,再注入样品瓶。 2. 流动相用之前需要进行过滤并脱气,充分冲洗流路系统。 3. 线性回归方程可用工作站自带方法,也可以选用 Excel 中插入—选散点图—输入横坐标和纵坐标—添加趋势线获得,R^2 值大于 0.99 即可使用该趋势线进行定量计算

(五) 结果记录

结果记录				
任务名称	甲硝唑片含量的测定	操作人	日期	
		复核人		

$$标示值的百分含量\ X(\%) = \frac{A_x \overline{f} D V \overline{W}}{m_{药粉} s_{标示规格}}$$

式中,A_x 为供试品的峰面积;$\overline{f}$ 为对照品的平均校正因子;D 为稀释倍数;V 为样品初溶体积;$\overline{W}$ 为平均片重;$m_{药粉}$ 为样品药粉称取质量,g;$s_{标示规格}$ 为药品标识出药用规格,g。

（六）操作评价表

任务名称		甲硝唑片含量的测定	操作人		日期	
操作项目	考核内容	操作要求	分值	得分	备注	
准备工作	测定前准备工作	1. 实验台的清洁、整理 2. 玻璃器具的选择及清洗 3. 仪器的自检、预热	5			
溶液取样、进样	进样器	1. 清洗操作正确 2. 取样操作规范 3. 进样操作规范	10			
仪器操作	实训前准备	实训室安全检查	5			
	软件操作	1. 正确启动工作站 2. 参数选择正确 3. 条件设置 4. 进样操作前准备 5. 正确点火，点火是否成功	30			
	开关气路系统	总阀、分压阀、净化管等正确地开关	10			
溶液测定	定量测定	1. 样品溶液的测定 2. 色谱图保留时间的确定	10			
	测定结果	1. 色谱图标注正确，正确解读 2. 待测液测定正确 3. 精密度和准确度符合要求 4. 原始记录齐全	15			
测定结束	关机	管路清洗	5			
职业素养	实训室安全	1. 整理实训室 2. 规范操作，使用记录填写 3. 废物、废液处理 4. 团队合作	10			

评价人：_____　　　　　　　　总分：_____

练习与思考

一、选择题

1. 在液相色谱法中，按分离原理分类，液固色谱法属于（　　）。
   A. 分配色谱法　　　　　　　　　　B. 空间排阻色谱法
   C. 离子交换色谱法　　　　　　　　D. 吸附色谱法

2. 在高效液相色谱流程中，试样混合物在（　　）中被分离。
   A. 检测器　　　　B. 记录器　　　　C. 色谱柱　　　　D. 进样器

3. 液相色谱流动相过滤必须使用何种粒径的过滤膜？（　　）
   A. $0.5\mu m$　　　　B. $0.45\mu m$　　　　C. $0.6\mu m$　　　　D. $0.55\mu m$
4. 在液相色谱中，为了改变色谱柱的选择性，可以进行如下（　　）操作。
   A. 改变流动相的种类或柱子　　　　B. 改变固定相的种类或柱长
   C. 改变固定相的种类和流动相的种类　　　　D. 改变填料的粒度和柱长
5. 一般评价烷基键合相色谱柱时所用的流动相为（　　）。
   A. 甲醇/水（83/17）　　　　B. 甲醇/水（57/43）
   C. 正庚烷/异丙醇（93/7）　　　　D. 乙腈/水（1.5/98.5）
6. 下列用于高效液相色谱的检测器，（　　）检测器不能使用梯度洗脱。
   A. 紫外吸收检测器　　　　B. 荧光检测器
   C. 蒸发光散射检测器　　　　D. 示差折光检测器
7. 在高效液相色谱中，色谱柱的长度一般在（　　）范围内。
   A. $10\sim30cm$　　　　B. $20\sim50m$
   C. $1\sim2m$　　　　D. $2\sim5m$
8. 在液相色谱中，某组分的保留值大小实际反映了哪些部分的分子间作用力？（　　）
   A. 组分与流动相　　　　B. 组分与固定相
   C. 组分与流动相和固定相　　　　D. 组分与组分
9. 液相色谱中通用型检测器是（　　）。
   A. 紫外吸收检测器　　　　B. 示差折光检测器
   C. 热导检测器　　　　D. 火焰离子化检测器
10. 在液相色谱中，常用作固定相，又可用作键合相基体的物质是（　　）。
    A. 分子筛　　　　B. 硅胶
    C. 氧化铝　　　　D. 活性炭

二、简答题

1. 流动相为什么要脱气？常用的脱气方法有哪几种？
2. 流动相中溶解气体存在哪些害处？
3. 在硅胶柱上，用甲苯为流动相，某组分的保留时间为30min，如果改用四氯化碳或乙醚为流动相，试指出选用哪种溶剂能减少该组分的保留时间？为什么？

拓展阅读

色谱专家——周同惠

周同惠是我国分析化学、药物分析和色谱学专家，中国科学院院士，中国最杰出的科学家之一，长期致力于将分析化学新技术、新方法用于药物分析，成绩显著。

周同惠院士热爱祖国，热爱中国共产党，热爱为之奉献一生的药学研究事业。他于1948年，赴美入华盛顿大学，选读分析化学专业，名字收载于1954年出版的美国科学家名人录中。在此期间，他与一些留学生取得联系，为早日返回祖国商讨对策。同年，先后联名写信给当时的美国总统艾森豪威尔和联合国秘书长哈马舍尔德，要求尊重留学生的人权和回国与亲人团聚的自由。1955年，联名写信给当时在日内瓦开会的周恩来总理，请求政府出面与美国谈判。于是他在1955年返抵北京，开始为国家服务。

他始终以坚韧不拔、求实求新的精神为中国药物分析化学的开拓和发展以及兴奋剂检测工作而努力，作出了卓越的贡献。他负责筹建的中国兴奋剂检测中心，主持建立了五大类100种禁用药物的分析检测方法，为第十一届亚运会的召开作出了突出贡献。代表作有《纸色谱和薄层色谱》《中草药现代研究》等。

身边人觉得周同惠像个老顽童，他也曾说，"玩"与动手是自己的专业"启蒙老师"，正是"玩"培养了他对科学的兴趣，也正是动手，让他除了理论学习外，具备了扎实的实践分析能力。周同惠院士认为：药物分析工作者要不断努力充实自己，博采众家之长，紧跟科学的发展和进步，才能充分发挥分析化学作为科学技术的"眼睛"和"先行官"的作用。他的一生为药物分析化学领域的发展作出了重要贡献。他一生致力于科研工作，恪尽职守、开拓创新、潜心向学、淡泊名利。

项目六
离子色谱分析技术

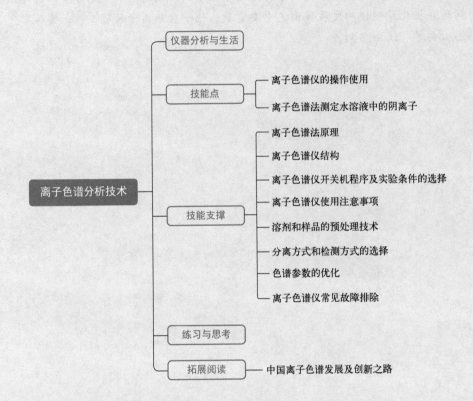

―――――― 仪器分析与生活 ――――――

曾经，我国一些地区水环境质量差、水生态受损重、环境隐患多等问题十分突出，既影响和损害群众健康，又阻碍经济社会持续发展。为保护生态环境，保障人体健康，国家生态环境部规范了环境空气降水中阳离子（Na^+、NH_4^+、K^+、Mg^{2+}、Ca^{2+}）的测定方法，同时也规范了水中无机阴离子（F^-、Cl^-、NO_2^-、Br^-、NO_3^-、PO_4^{3-}、SO_3^{2-}、SO_4^{2-}）的测定方法，此外，其他水中污染物，如有机酸（乙酸、甲酸和草酸）等的测定方法在环境标准中也非常常见。测定上述阳离子、阴离子或有机污染物的标准方法中，都有离子色谱法的身影。如水果蔬菜中的有机酸和阴离子的测定，水果、蔬菜及其制品中阿拉伯糖、半乳糖、葡萄糖、果糖、麦芽糖和蔗糖的测定，各类食品、化妆品中硝酸盐和亚硝酸盐的测定等，离子色谱法也是标准方法之一。总的来说，离子色谱法特别适于测定水溶液中低浓度的阴离子，适用于食品分析、药品质量检测、生物体液（尿和血等）分析以及钢铁工业和环境保护等方面。

任务一　离子色谱仪的操作使用

任务目标

1. **掌握**　离子色谱仪的操作规程
2. **熟悉**　离子色谱仪的结构及组成
3. **了解**　离子色谱仪的理论知识；离子色谱实训室安全知识

学习任务单

任务名称	离子色谱仪的操作使用
任务描述	离子色谱仪的使用、离子色谱室安全、仪器的结构及组成
任务分析	任务中,要掌握离子色谱仪的结构及组成,操作规范,尤其是仪器的开关机顺序。熟悉实训室安全,了解本任务的操作过程
成果展示与评价	每一组学生完成操作过程并记录数据,小组互评。最后由教师综合评定成绩

【任务实施】

一、任务目的

1. 掌握离子色谱仪的构造。
2. 熟练掌握离子色谱仪操作过程。

二、方法原理

离子色谱（ion chromatography）是高效液相色谱（HPLC）的一种，是分析阴离子和阳离子的一种液相色谱方法。先以低交换容量的离子交换树脂为固定相对离子性物质进行分离,后用检测器连续检测流出物信号变化。

本实验采用离子交换的原理,借助薄壳型离子色谱柱快速分离多种离子,由串联在分离柱后的自再生抑制器除去淋洗液中的强电解质以扣除其背景电导,再用电导检测器连续检测流出液的电导值,得到各种离子的色谱峰,达到分离、定性、定量分析一次完成的目的。

三、仪器与试剂

仪器:离子色谱仪;阴离子交换柱;抑制电导检测器;超声波清洗机;抽气过滤装置(配有孔径≤$0.45\mu m$ 乙酸纤维或聚乙烯滤膜);一次性水系微孔滤膜针筒过滤器(孔径$0.45\mu m$);一次性注射器(1~10mL);预处理柱[聚苯乙烯-二乙烯基苯为基质的 RP 柱或硅胶为基质键合 C18 柱(去除疏水性化合物);H 型强酸性阳离子交换柱或 Na 型强酸性阳离子交换柱(去除重金属和过渡金属离子)等类型]等。

试剂:氢氧化钠(NaOH);18.2MΩ·cm 超纯水等。

四、操作过程

任务名称		离子色谱仪的操作使用	操作人		日期	
			复核人			
方法步骤		说明			笔记	
淋洗液的配制		氢氧化钠(NaOH):在 105℃±5℃干燥恒重后,保存在干燥器中。或碳酸钠(Na_2CO_3):在 105℃±5℃干燥恒重后,保存在干燥器中。或碳酸氢钠($NaHCO_3$):在干燥器中平衡 24h。称取 100.0g 氢氧化钠,加入 100mL 水,搅拌至完全溶解,于聚乙烯瓶中静置 24h,制得氢氧化钠储备液,于 4℃以下冷藏、避光和密封可保存 3 个月。此 NaOH 浓度 $c(NaOH)=100mmol/L$				
试样制备		对于不含疏水性化合物、重金属或过渡金属离子等干扰物质的清洁水样,经抽气过滤装置过滤后,可直接进样;也可用带有水系微孔滤膜针筒过滤器的一次性注射器进样。对含干扰物质的复杂水质样品,须用相应的预处理柱进行有效去除后再进样				
开机预热		开启离子色谱主机、电脑主机、显示器、自动进样器的电源开关,预热 10~20min				
软件操作	进入软件	打开电脑软件,登录账号密码(初始账号:admin;密码:123456),进入主界面,点击"仪器",点击"确定"				
	条件设置	点击"仪器",打开"仪器控制",将柱温箱温度和电导池温度改为 35℃,点击"设置",泵流速设置 0.3mL/min,点击"设置",泵开启,在 0.3mL/min 流速下,拧开排气阀,进行排气操作,排气后,拧紧排气阀,等待 2min,把泵的流速调为 0.5mL/min,稳定 2min,再把泵的流速调为 0.7mL/min,稳定 2min,再把泵的流速调为 1.0mL/min,抑制器电流设为 75mA,点击"设置"。全部设置完成后,点击"启动"。或者在自动开启中设置好自动开机程序,直接点击"自动开启"即可				

续表

软件操作	色谱设置	点击"仪器"→点击"色谱方法管理"→点击"新增"→填写色谱柱型号和流动相→设置泵的流速→设置柱温和电导池温度→设置检测器采样频率→设置抑制器电流→填写方法名称→点击"确定"。一个完整的色谱方法就设置好了,如果不更换色谱柱,色谱方法不需每次都新建,可重复使用	
	序列设置	点击"仪器"→点击"序列管理"→点击"新增"→选择需要使用的色谱方法→选择积分方法(初次使用可不选择积分方法,选空方法即可)→选择校准方法(也可不选择,选空方法,计算时再选择也可以)→选择打印模板(也可选空方法)→输入序列名称→点击"确定"	
	采集基线	点击"分析控制"→点击"打开"→选择建好的序列→点击"确定"→点击"新建"→输入样品名称(基线)→进样时间 30min(一般基线采集 30min)→选择样品类型(基线)→选择方法→点击"运行",开始采集基线。基线采集完成后,打开基线谱图,选择噪声 & 飘移,选择噪声区间,查看仪器噪声值(噪声<2nS/cm,飘移<0.1μS/cm),噪声和飘移符合要求即可进行样品检测。点击"手动停止"按钮	
	进样	1. 进样前,模式选择主动模式。 2. 设置进样序列(先设置 1 个样品的序列),设置好样品名称,循环次数、进样时间、谱图名称,选择样品类型及选择方法。 3. 将六通阀扳到"进样(LOAD)"位置,用干净的进样针吸取去离子水清洗进样口 3~5 次。 4. 遵循浓度先低后高的原则,用干净的进样针润洗 1~3 次,然后进样,进样后将六通阀扳到"进样(INJECT)"位置	
	关机	1. 样品测试完毕,建议淋洗液冲洗流路 30min 以上。 2. 关闭电流,关闭电导池温度。 3. 将流量调为 0.5mL/min,1min 后将流量调至 0.3mL/min,1min 后关闭泵。关闭色谱柱温度。关闭离子色谱仪的电源开关,关闭电脑。 4. 每次仪器关机后或泵运行前,注射器抽取超纯水进行后冲洗	
结束工作		清洗玻璃仪器,整理实验台	
安全操作		规范操作;团队合作	

五、结果记录

结果记录

任务名称	离子色谱仪的操作使用		操作人		日期	
			复核人			
参数	柱温/℃	电导池温度/℃	泵流速(柱塞泵)/(mL/min)	抑制器电流/mA		仪器噪声/(nS/cm)
				阴离子	阳离子	
读数						

注：根据实验使用时所用到的阴离子或阳离子抑制器类型，抑制器电流有所不同，一般每次仅使用一种抑制器。

六、操作评价表

任务名称	离子色谱仪的操作使用		操作人		日期	
操作项目	考核内容	操作要求	分值	得分	备注	
淋洗液配制	天平的使用	正确称量	5			
	溶液配制	正确溶解搅拌	5			
	储存	正确储存在聚乙烯瓶中	5			
进样操作	进样原则	遵循浓度先低后高的原则	5			
	待进样	六通阀扳到"进样(LOAD)"位置	5			
	润洗	用干净的进样针润洗1~3次	5			
	正式进样	进样后将六通阀扳到"进样(INJECT)"位置	5			
仪器操作	实训前准备	1. 实训室安全检查 2. 预热	5			
	软件操作	1. 条件设置 2. 色谱设置 3. 序列设置 4. 采集基线	40			
	关机	1. 淋洗液冲洗管路 2. 关闭电流和电导池温度 3. 流量先高后低，最后关闭 4. 关闭软件和电脑 5. 清洗注射器	10			
职业素养	实训室安全	1. 整理实训室 2. 规范操作 3. 团队合作	10			

评价人：_____   总分：_____

【任务支撑】

一、离子色谱法原理

离子色谱（IC）是液相色谱（LC）的一种，是分析阴、阳离子和小分子极性有机化合物的一种液相色谱方法。现代 IC 的开始源于 H. Small 及其合作者的工作，他们于 1975 年发表了第一篇 IC 论文，同年商品仪器问世。

不同于气相色谱（GC）与高效液相色谱（HPLC），离子色谱的独特选择性是其快速发展的推动力。离子色谱从问世至今，已经发生了巨大的变化。在其发展初期，IC 主要用于常见阴离子的分析，而今，IC 已是一项成熟的分析技术，成为分析无机阴离子与小分子极性有机阴离子的首选方法。元素的价态与形态分析是分析化学关注的难点之一，离子的不同价态与形态是影响其在离子交换色谱柱上保留的关键因素，因此可在离子色谱柱上很好地被保留与分离，离子色谱与电感耦合等离子体质谱（ICP-MS）、原子荧光光谱（AFS）等联用，检测的浓度可低至 pg/L。

离子色谱的分离机理主要是离子交换，依据分离方式的不同分为高效离子交换色谱（HPIC）、离子排斥色谱（HPIEC）和离子对色谱（MPIC）。

（1）高效离子交换色谱　是基于流动相中溶质离子（样品离子）与固定相上的离子交换基团之间发生的离子交换。对高极化度和疏水性较强的离子，分离机理中还包括非离子交换的吸附过程。高效离子交换色谱主要用于无机和有机阴离子和阳离子的分离。目前用于阴离子分离的离子交换树脂的功能基主要是季铵基，用于阳离子分离的离子交换树脂的功能基主要是磺酸基和羧酸基。

高效离子交换色谱的固定相具有固定电荷的功能基，阴离子交换色谱中，其固定相的功能基一般是季铵基；阳离子交换色谱的固定相一般为羧酸基和磷酸基。在离子交换进行的过程中，流动相（离子色谱中通常称为淋洗液）连续提供与固定相离子交换位置的平衡离子相同电荷的离子，这种平衡离子（淋洗液中的淋洗离子）与固定相离子交换位置的相反电荷以库仑力结合，并保持电荷平衡。进样之后，样品离子与淋洗离子竞争固定相上的电荷位置。当固定相上的离子交换位置被样品离子置换时，由于样品离子与固定相电荷之间的库仑力，样品离子将暂时被固定相保留。同时，被保留的离子又被淋洗液中的淋洗离子置换，并从柱上被洗脱。样品中不同离子与固定相电荷之间的作用力不同，被固定相保留的程度不同，因此样品中不同的离子在通过色谱柱后可得到分离。

典型的离子交换模式是样品溶液中的离子与固定相上的离子交换位置上的反离子（或称平衡离子）之间直接的离子交换。例如用阴离子交换分离柱、NaOH 作淋洗液分析水中的 F^-、Cl^- 和 SO_4^{2-}，首先用淋洗液平衡阴离子交换分离柱，树脂上带正电荷的季铵基全部与 OH^- 结合。再将进样阀切换到进样位置，淋洗液将样品带入分离柱，此时树脂功能基（季铵基）位置上发生淋洗液阴离子（OH^-）与样品阴离子之间的离子交换，待测离子从阴离子交换树脂上置换 OH^-，并暂时保留在固定相上。同时，被保留的阴离子又被淋洗液中的 OH^- 置换并从柱上被洗脱。在树脂功能基位置发生淋洗液阴离子（OH^-）与样品阴离子的离子交换平衡，这种平衡是可逆的，如下式所示：

$$\text{Resin-NR}_3^+ \text{OH}^- + \text{Cl}^- \rightleftharpoons \text{Resin-NR}_3^+ \text{Cl}^- + \text{OH}^-$$

$$2\text{Resin-NR}_3^+\text{OH}^- + \text{SO}_4^{2-} \rightleftharpoons (\text{Resin-NR}_3^+)_2\text{SO}_4^{2-} + 2\text{OH}^-$$

Cl^- 和 SO_4^{2-} 与季铵功能基之间的作用力不同，一价的阴离子（Cl^-）对树脂亲和力较二价的离子（SO_4^{2-}）弱，因此二价的离子通过柱子快。这个过程决定了样品中阴离子之间的分离。将上述离子交换反应的平衡常数 K 称为选择性系数。离子交换反应可用通式表示为：

$$y\text{A}_m^{x-} + x\text{E}_s^{y-} \rightleftharpoons y\text{A}_s^{x-} + x\text{E}_m^{y-}$$

上式的平衡常数为：

$$K_{A,E} = \frac{[\text{A}^{x-}]_s^y [\text{E}^{y-}]_m^x}{[\text{A}^{x-}]_m^y [\text{E}^{y-}]_s^x}$$

式中，A 代表样品阴离子；E 代表淋洗离子；下标 m 代表流动相（或溶液）；下标 s 代表固定相（或树脂）。

流动相也具有一种与离子交换树脂上的功能基团相同电荷的平衡阳离子，因其在阴离子交换过程中不起作用，一般不将其表示出来。离子色谱中，流动相的离子浓度和样品离子的浓度都比较小，可以不考虑活度系数的影响，直接用浓度计算。平衡常数 $K_{A,E}$ 反映了带电荷的溶质与离子交换树脂之间的相互反应程度。

与样品离子相比，淋洗液离子的浓度远大于样品离子的浓度，因此可将 $[\text{E}^{y-}]_m^x$/$[\text{E}^{y-}]_s^x$ 视为常数。假若 $K_{A,E}=1$，则表示离子交换树脂对 A^{x-} 和 E^{y-} 的亲和力相同。若 $K_{A,E}>1$，则 A^{x-} 对树脂的亲和力较 E^{y-} 对树脂的亲和力强，树脂相中 A^{x-} 的浓度将比流动相中 A^{x-} 的浓度高。反之，$K_{A,E}<1$，树脂相中 A^{x-} 的浓度将比流动相中 A^{x-} 的浓度低。

带电荷的溶质和离子交换树脂之间的相互作用取决于溶质、树脂和流动相的多种性质，其中主要包括：溶质离子的电荷、溶质离子的溶剂化合物的大小、溶质离子的极化、树脂的交联度、树脂的离子交换容量、离子交换剂上功能基团的性质、淋洗离子的性质和浓度等。虽然随离子交换剂的类型和所用色谱条件的不同，溶质与树脂之间的亲和力会发生变化，但可用上述性质来预测离子交换剂对不同离子的亲和力。

阳离子交换的选择性系数的表示式与阴离子相同，仅电荷相反，如下式所示：

$$\text{Resin-SO}_3^-\text{H}^+ + \text{Na}^+ \rightleftharpoons \text{Resin-SO}_3^-\text{Na}^+ + \text{H}^+$$

平衡常数为：

$$K_H^{Na} = \frac{[\text{Na}^+]_s [\text{H}^+]_m}{[\text{H}^+]_s [\text{Na}^+]_m}$$

式中，下标 s 和 m 分别表示树脂相和流动相。

离子色谱中可用选择性系数来评价淋洗离子的效率。具有高选择性系数的离子是优先选择的淋洗离子，因为它们在较低的浓度也有较强的淋洗能力，若样品离子洗脱太快，则应用较低的浓度或改用选择性系数较小的淋洗离子。但淋洗离子的选择性系数和样品离子的选择性系数应相差不大。

（2）离子排斥色谱 离子排斥色谱主要用于有机酸、无机弱酸和醇类的分离。离子排斥色谱的一个特别优点是可用于弱的无机酸和有机酸与在高的酸性介质中完全离解的强酸的分离,强酸不被保留,在死体积被洗脱。

影响被测定化合物保留的因素包括被测定化合物的解离常数（pK_a）、分子大小和结构;淋洗液浓度和 pH 值、淋洗液中的有机溶剂、淋洗液的离子强度;柱的温度;固定相的组成与性质,包括离子交换功能基的类型、聚合物的交联度、离子交换容量和疏水性等。

离子排斥色谱的分离机制主要包括 Donnan 排斥、位阻排阻（空间排斥）、疏水性相互作用（吸附）、极性相互作用（氢键,正相）、π-π 电子相互作用,分离时几种机理可能同时发生。

典型的离子排斥色谱的固定相是总体磺化的聚苯乙烯-二乙烯基苯（PS-DVB） H^+ 型阳离子交换剂,树脂表面的负电荷层对负离子具有排斥作用,即 Donnan 排斥。图 6-1 表示乙酸在 HPIEC 柱上发生的分离过程简图。若纯水通过分离柱,将围绕磺酸基形成一水合壳层。与流动相的水分子相比,水合壳层的水分子排列在较好的有序状态。在这种保留方式中,Donnan 膜的负电荷层表征了水合壳和流动相之间界面的特性,这个壳层只允许未离解的化合物通过。强电解质如盐酸完全离解成 H^+ 和 Cl^-,因为 Cl^- 的负电荷受固定相上 SO_3^- 负电荷的排斥,不能接近或进入固定相。它们的保留体积叫作排斥体积 V_e。

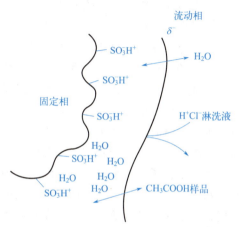

图 6-1 离子排斥柱上的分离过程示意

虽然乙酸与水均不受 Donnan 排斥,可靠近并进入树脂的内微孔,但乙酸的保留体积大于孔隙体积 V_p。这种现象可以解释为酸在固定相表面发生了吸附。保留时间随酸的烷基链长的增加而增加。加入有机溶剂乙腈或丙醇到淋洗液中,脂肪族一元羧酸的保留时间缩短,这说明有机溶剂分子阻塞了固定相的吸附位置,同时增加了有机酸在流动相中的溶解度。强酸性的淋洗液促进有机弱酸的质子化作用,中性分子不受 Donnan 排斥,可渗透进入磺化的聚苯乙烯-二乙烯基苯（PS-DVB） H^+ 型阳离子交换树脂的孔,基于有机酸阴离子的 pK_a 值、分子大小与疏水性不同而被分离。按照有机弱酸的 pK_a 值,Donnan 排斥使酸性较强的酸在酸性较弱的酸前被洗脱,如乙酸（$pK_a=4.56$）在丙酸（$pK_a=4.67$）前被洗脱。疏水性吸附机理导致亲水性有机酸在疏水性有机酸前被洗脱,如酒石酸（羟基丁二酸）在琥珀酸（丁二酸）前被洗脱（酒石酸分子中含有两个羟基）。酸性较强的有机酸,如草酸（$pK_a=1.04$）与丙酮酸（$pK_a=2.26$）,受 Donnan 排斥,保留时间短,较早被洗脱。强的无机酸阴离子则完全被排斥,在死体积洗脱。

离子排斥色谱中的系统峰有正峰与负峰,系统峰的形成是由于进样后样品中含有的淋洗液浓度高于或低于进样前用于平衡该柱的淋洗液浓度,在柱内发生的再平衡。离子排斥色谱中观察到的单个或多个系统峰是基于淋洗液的组成是单个或多个有效成分,系统峰的数目等于或少于淋洗液有效成分的数目。在分离柱中的样品段中淋洗液离子浓度小于在淋洗液中的浓度时,将出现负峰,反之将出现正峰。正的系统峰的保留时间总是大于负的系统峰的保留时间,因为正的系统峰发生在柱的进样平衡过程完成之后,而负的系统峰发生在这个时间之前。

(3) 离子对色谱 离子对色谱的主要分离机制是吸附，其固定相主要是弱极性和高比表面积的中性多孔聚苯乙烯-二乙烯基苯树脂和弱极性的辛烷或十八烷基键合的硅胶两类。分离的选择性主要由流动相决定。有机改进剂和离子对试剂的选择取决于待测离子的性质。离子对色谱主要用于表面活性的阴离子和阳离子以及金属络合物的分离。

在流动相中加入亲脂性离子，如烷基磺酸或季铵化合物，能在化学键合的反相柱上分离相反电荷的溶质离子。用 UV 作检测器，这种方法称为反向离子对色谱（RPIPC）。离子色谱中的离子对色谱〔也称流动相离子色谱（MPIC）〕与 RPIPC 的分离机理相似。离子对色谱中的固定相主要是高交联度、高比表面积的中性无离子交换功能基的聚苯乙烯大孔树脂，可用的 pH 值范围广（pH 0～14）。主要用于疏水性可电离的化合物的分离，包括分子量大的脂肪羧酸、阴离子和阳离子表面活性剂、烷基磺酸盐、芳香磺酸盐和芳香硫酸盐、季铵化合物、水溶性的维生素、硫的各种含氧化合物、金属氰化物络合物、酚类和烷醇酰胺等。用于离子对色谱的检测器主要是电导和紫外吸收检测器。

典型分离柱的填料是乙基乙烯苯交联 55% 二乙烯基苯的聚合物（EVB-DVB），无离子交换功能基，在 pH 0～14 稳定，可用酸、碱和有机溶剂作淋洗液。选择适当的离子对试剂，中性的 EVB-DVB 固定相可用于阴离子和阳离子的分离。

离子交换色谱的选择性受流动相和固定相两种因素的影响，主要的影响因素是固定相，而离子对色谱的选择性主要由流动相决定。流动相水溶液包括两个主要成分，即离子对试剂和有机溶剂。改变离子对试剂和有机溶剂的类型和浓度可改变选择性。离子对试剂是一种较大的离子型分子，所带电荷与被测离子的电荷相反。它通常有两个区，一个是与固定相作用的疏水区，另一个是与被分析离子作用的亲水性电荷区。离子对色谱分离过程中的物理与化学现象尚未完全被弄清楚，因此在阐述离子对色谱的分离机制时，出现多种理论（或模式），目前提出的主要理论包括离子对形成、动态离子交换和离子相互作用。离子对形成模式认为被分析离子与离子对试剂形成中性"离子对"，分布在流动相和固定相之间，与经典反相色谱相似，可通过改变流动相中有机溶剂的浓度来调节保留。动态离子交换模式认为离子对试剂的疏水性部分与固定相的疏水表面作用，创造了一种动态的离子交换表面，该表面与流动相处于动力学平衡，其离子交换容量随流动相中离子对试剂浓度的增加而增加。被分离的离子类似经典的离子交换那样被保留在这个动态的离子交换表面上，离子对试剂同时又起淋洗液的作用。用这种模式，流动相中的有机试剂被用于阻止离子对试剂与固定相的相互作用，因而可改变柱子的"容量"。图 6-2 描述了这种理论的分离过程，图中被分析的阳离子为 C^+，流动相是乙腈（ACN）和离子对试剂（辛烷磺酸，OSA）的水溶液，中性的苯乙烯-二乙烯基苯聚合物为固定相。阳离子通过与吸附到固定相上（疏水环境）的辛烷磺酸和在流动相（亲水环境）中的辛烷磺酸的相互作用而被保留。

离子相互作用模式认为被分离离子的保留取决于几种因素，其中包括前两种模式。这种模式认为，非极性固定相与极性流动相之间的表面张力很高，因此固定相对流动相中能减少这种表面张力的分子如极性有机溶剂、表面活性剂和季铵碱等有较高的亲和力。离子相互作用的概念为固定相表面双电层的模式做了准备。下面以表面不活泼阴离子的分析为例来说明双电层模式。如图 6-3 所示，亲脂性离子四丁基铵（TBA^+，图中用 R^+ 表示）和有机改进剂乙腈被吸附到非极性固定相表面的内区，相同电荷的离子之间会相互排斥，则固定相的表面只会部分被这种离子覆盖。与亲脂性离子相应的反离子（当用电导检测器时一般是 OH^-）和样品阴离子则在扩散外区。当流动相中亲脂离子的浓度增加时，由于流动相与固

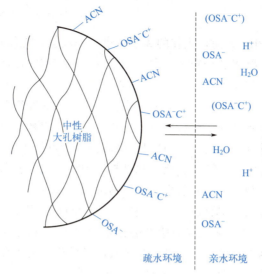

图 6-2 离子对色谱的分离机理

淋洗液：辛烷磺酸＋乙腈＋水；样品：阳离子 C^+

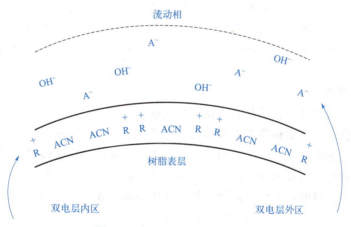

图 6-3 离子对色谱中的双电层

定相之间的动力学平衡，吸附到固定相表面的离子浓度也增加。溶质离子通过双电层的迁移是静电和范德华力的函数。若具有相反电荷的溶质离子被带电荷的固定相表面吸引，则保留是库仑引力和溶质离子的亲脂性部分与固定相的非极性表面之间的吸附作用。加一个负电荷到双电层的正电荷内区就相当于在这个区移出一个电荷。

与一般的溶质离子不同，表面活性离子可以进入双电层的内区，并被吸附到固定相的表面。保留由其碳链长短和疏水性决定，随表面活性离子碳链的增加而增加。有机改进剂乙腈也被吸附在树脂的表面，处于与亲脂性离子的竞争平衡中。当分析表面活性和非表面活性离子时，有机改进剂由于阻塞了树脂表面的吸附位置，因而使保留时间减少。在表面活泼离子的情况下，保留时间变短是由于有机改进剂与表面活泼性离子对固定相吸附位置的直接竞争；在非表面活泼性离子的情况下，是与亲脂离子（$R-SO_3^-$ 和 R_4N^+）的竞争。

二、离子色谱仪结构

离子色谱仪的
结构与原理

IC 系统的构成与 HPLC 相同，现在的离子色谱仪一般也是先做成一个个单元组件，然后根据需要将各个单元组件组合起来。最基本的组件是高压输液系统（流动相容器和高压输液泵）、进样器、色谱柱、检测器和数据处理系统。此外，也可根据需要配置流动相在线脱气装置、梯度洗脱装置、自动进样系统、流动相抑制系统、柱后反应系统和全自动控制系统等。

其主要不同之处是 IC 的流动相要求是耐酸碱腐蚀以及在可与水互溶的有机溶剂（如乙腈、甲醇和丙酮等）中稳定的系统。因此，凡是与流动相接触的容器、管道、阀门、泵、柱子及接头等均不宜用不锈钢材料，目前主要是用耐酸碱腐蚀的聚醚醚酮（PEEK）材料的全塑料 IC 系统。全塑料系统和用微机控制的高精度无脉冲双往复泵，在 0～14 的整个 pH 值范围内和 0～100% 与水互溶的有机溶剂中性能稳定的柱填料和液体流路系统，以及用色谱工作站控制仪器的全部功能和做数据处理，是现代离子色谱仪的主要特点。

离子色谱仪的工作流程是高压输液泵将流动相以稳定的流速（或压力）输送至分析体系，在色谱柱之前通过进样器将样品导入，流动相将样品带入色谱柱，在色谱柱中各组分被分离，并依次随流动相流至检测器。抑制型离子色谱则在电导检测器之前增加一个抑制系统，即用另一个高压输液泵将再生液输送到抑制器。在抑制器中，流动相背景电导被降低，然后将流出物导入电导池，检测到的信号送至数据处理系统记录、处理或保存。非抑制型离子色谱仪不用抑制器和输送再生液的高压输液泵，因此仪器结构相对比较简单，价格也相对比较便宜。

1. 高压输液系统

高压输液系统由流动相容器和高压输液泵组成。

（1）流动相容器　流动相容器通常是由一个或多个聚乙烯瓶或硬质玻璃瓶组成。离子色谱所用水应是经过蒸馏的去离子水，通常称重蒸去离子水或二次蒸馏水。与高效液相色谱一样，配制好的流动相应用 $0.45\mu m$ 以下孔径的滤膜过滤，防止流动相中有固体小颗粒堵塞流路。流动相放置一段时间后可能会因微生物的作用而出现絮状物，因此，流动相一次不能配制太多，应经常清洗流动相容器和过滤头，经常更换流动相。

（2）高压输液泵　高压输液泵是离子色谱仪的关键部件，其作用是将流动相以稳定的流速或压力输送至色谱分离系统。输液泵的稳定性直接关系到分析结果的重现性和准确性。

与高效液相色谱仪一样，离子色谱仪所用的高压输液泵也分为恒压泵和恒流泵两种。常用的类型有气动放大泵、单柱塞往复泵、双柱塞往复泵、往复式隔膜泵等。离子色谱仪的高压输液泵的要求、性能和特点可参考高效液相色谱仪中的高压输液泵。

2. 进样装置

离子色谱仪中的进样装置也分为手动进样器和自动进样器，详细内容可参阅高效液相色谱仪的进样装置。

3. 色谱柱

色谱柱是实现分离的核心部件，要求柱效高、柱容量大和性能稳定。国产柱内径多为 5mm，国外柱最典型的内径是 4.6mm，另外还有 4mm 和 8mm 的内径柱。柱长通常在 50～100mm，比普通液相色谱柱要短。柱管内部填充 5～10μm 粒径的球形颗粒填料。内径为 1～2mm 的色谱柱通常称为微型柱。在微量离子色谱中也用到内径为数十纳米的毛细管柱

（包括填充型和内壁修饰型）。与高效液相色谱柱一样，离子色谱柱也是有方向的，安装和更换色谱柱时一定要注意这个问题。

离子交换色谱柱的结构类似于高效液相色谱柱，与液相色谱仪一样，离子色谱仪也需用一根保护柱，也有恒温装置。

4. 流动相抑制系统

离子色谱有多种检测方式可用，其中电导检测是最主要的，因为它对水溶液中的离子具有通用性。然而，作为离子色谱的检测器，电导检测器的通用性却给高灵敏度检测带来一个致命的问题，即淋洗液有很高的背景信号，这就使得它难以识别样品离子所产生的相对淋洗液而言小得多的信号。此外，由于电导信号受温度影响极大，高背景电导的噪声会极大地影响检测下限。

20 世纪 70 年代 Small 等在离子色谱柱后引入抑制柱（后来称为抑制器），即选用弱酸的碱金属盐为分离阴离子的淋洗液，无机酸（硝酸或盐酸）为分离阳离子的淋洗液。当分离阴离子时使淋洗液通过置于分离柱和检测器之间的一个 H^+ 型强酸性阳离子交换树脂填充柱；分离阳离子时，则通过 OH^- 型强碱性阴离子交换树脂柱。这样，阴离子淋洗液中的弱酸盐被质子化生成弱酸；阳离子淋洗液中的强酸被中和生成水，从而使淋洗液本身的电导大大降低，称这种柱子为抑制柱（后经发展成为可以连续再生的抑制器）。抑制器使得离子色谱可以使用简单、通用的电导检测器，是离子色谱的关键部件。抑制器作为关键部件的原因在于它在整个离子色谱系统中起了背景消除（降低噪声）和信号放大的作用。

流动相抑制器的作用：一是将高电导率的淋洗液，如阴离子分析中的弱酸盐溶液（例如 Na_2CO_3、$NaHCO_3$）或碱溶液（$NaOH$、KOH），阳离子分析中的强酸溶液（例如 CH_3SO_3H、H_2SO_4），流经抑制器后转换成低电导率的溶液，即阴离子分析中转换为稀 H_2CO_3 溶液或 H_2O，阳离子分析中转换为 H_2O。二是将样品中的配对离子转换为电导率更高的离子，即阴离子分析中将样品中与目标阴离子配对的阳离子转换为 H^+，阳离子分析中将样品中与目标阳离子配对的阴离子转换为 OH^-。

淋洗液：高电导率溶液→抑制器→低电导率溶液。

样品配对离子：阴离子分析→阳离子→抑制器→H^+；阳离子分析→阴离子→抑制器→OH^-。

其双重作用（淋洗液背景电导率的降低和样品电导率的提高）大大提高了离子色谱法的检测灵敏度，图 6-4 给出了流经抑制器前和流经离子色谱抑制器后的色谱图的区别。

图 6-4 说明了离子色谱中化学抑制器的作用。图 6-4 中的样品为阴离子 F^-、Cl^-、SO_4^{2-} 的混合溶液，淋洗液为 Na_2CO_3。若样品经分离柱之后的洗脱液直接进入电导池，则得到图 6-4(a) 的色谱图。图中非常高的背景电导来自淋洗液 Na^+ 和 CO_3^{2-}，被测离子的峰很小，即信噪比不高，而且还有一个大的峰（与样品中阴离子相对应的阳离子，不被阴离子交换固定相保留，在死体积洗脱）对 F^- 峰产生干扰。而当洗脱液通过化学抑制器之后再进入电导池，则得到图 6-4(b) 的色谱图。在抑制器中，淋洗液中的 CO_3^{2-} 与 H^+ 结合生成 H_2CO_3。而 H_2CO_3 仅极少量电离为 CO_3^{2-} 与 H^+，从而形成低背景电导的水溶液进入电导池，而不是高背景电导的溶液，被测离子的配对离子（阳离子）与淋洗液中的 Na^+ 一同进入废液，因而消除了大的反离子峰（或称系统峰）。溶液中与样品阴离子对应的阳离子转变成了 H^+，由于电导检测器是检测溶液中阴离子和阳离子的电导总和，而在阳离子中，H^+

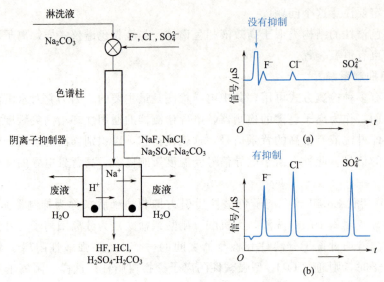

图 6-4 流经抑制器前后的离子色谱图

的摩尔电导值比其他离子摩尔电导值要大很多,因此样品阴离子 A^- 与 H^+ 摩尔电导总和也被大大提高。

按离子色谱抑制器中离子交换的模式来分类,离子色谱抑制器可以分为:①通过离子交换树脂进行的离子交换抑制器;②通过离子交换膜使离子有选择性地进行浓差扩散交换的抑制器;③通过离子交换膜和电场的共同作用使离子进行选择性定向迁移交换的抑制器。如果按离子色谱抑制器中再生离子的来源来分类,离子色谱抑制器可以分为由化学试剂提供 H^+(阴离子分析)和 OH^-(阳离子分析)的化学抑制器和电解水产生 H^+(阴离子分析)和 OH^-(阳离子分析)的自循环再生离子抑制器。

离子色谱抑制器有多种型号,离子色谱的性能指标可以表明抑制器的性能。抑制器的主要性能指标有如下。

(1) 工作模式　抑制器的工作模式主要分间断再生和连续工作两种模式。树脂填充式的抑制器必须间断再生,化学薄膜抑制器与电化学抑制器可连续工作。

(2) 抑制容量　抑制器的抑制容量表示抑制器对高浓度的淋洗液的抑制能力,高抑制容量的抑制器可用于梯度洗脱。

(3) 死体积　抑制器的死体积影响色谱带进入抑制器后的分辨率,小的死体积将较好地保持色谱带流经抑制器后的分辨率。然而抑制容量与死体积往往矛盾,因此需要根据工作要求选择合适型号的抑制器。

(4) 耐压　由于抑制器是连接在色谱柱与电导检测器之间,工作时承受着一定的压力。树脂填充式的抑制器有较好的耐压性能,薄膜抑制器的耐压性较差。

由于电化学抑制器可连续工作,不使用化学试剂,性能稳定,操作简单,为广大用户所接受。

5. 检测器

离子色谱的检测器分为两大类,即电化学检测器和光学检测器。电化学检测器包括电导、直流安培、脉冲安培和积分安培检测器;光学检测器主要是紫外吸收检测器。

电导检测器是 IC 的主要检测器，分为抑制型和非抑制型两种。抑制器能够显著提高电导检测器的灵敏度和选择性，可用高离子交换容量的色谱柱和高浓度的淋洗液。安培检测器有两种，单电位安培检测器（或称直流安培检测器）和多电位安培检测器（或称脉冲安培检测器）。多电位安培检测器除工作电位外，另加一个较工作电位正的清洗电位和一个较工作电位负的清洗电位，用于直流安培检测器不能测定的易使电极中毒的化合物，如糖类、醇类和氨基酸等的检测。光学检测器包括紫外吸收和荧光检测器。紫外吸收检测器与普通液相色谱中所用者无明显区别，用可见波长区时，常加柱后衍生以提高检测灵敏度与选择性。

离子色谱检测器的选择，主要的依据是被测定离子的性质、淋洗液的种类等因素。表 6-1 列出了离子色谱中常用检测器的主要应用范围。同一种物质有时可以用多种检测器进行检测，但灵敏度与选择性不同。例如，NO_2^-、NO_3^-、Br^- 等离子在紫外区域测量时可以得到较电导检测器高的灵敏度，而且避免了氯离子的干扰；I^- 用安培法测定其灵敏度要高于电导法。

表 6-1　几种常见检测器的应用范围

检测方法	检测原理	应用范围
电导法	电导	pK_a 或 pK_b < 7 的阴、阳离子和有机酸
安培法	在 Ag、Pt、Au 和玻碳电极上发生氧化、还原反应	CN^-、S^{2-}、I^-、SO_3^{2-}、氨基酸、醇、醛、单糖、寡糖、酚、有机胺、硫醇
紫外-可见光检测（有或无柱后衍生）	紫外-可见光吸收	在紫外光区或可见光区域有吸收的阴、阳离子和在柱前或柱后衍生反应后具有紫外或可见光吸收的离子或离子化合物，如过渡金属、镧系金属、二氧化硅等
荧光（结合柱后衍生）	激发和发射	胺类、氨基酸

在离子色谱中应用最多的是电导检测技术，其次是紫外检测、衍生化光度检测技术，安培检测技术和荧光检测技术以及在 HPLC 中几乎不被重视的原子光谱法。

以下简单介绍离子色谱中对所有离子型物质都有响应的通用型检测器——电导检测器。

(1) 溶液的电导　在置于电解质溶液中的两电极间施加一定电场，溶液就会导电。此溶液相当于一个电阻，它服从欧姆定律：电位=电流×电阻。电导是两个电极间电解质溶液导电能力的度量，溶液的电导 G 可用电阻 R 的倒数来表示，即

$$G = 1/R \tag{6-1}$$

式中，R 为电阻，Ω；G 为电导，S。

将电解质溶液置于施加电场的两个电极间，溶液的电导值与电极截面积 A_i、两电极间的距离 l 和离子的电导 $c_i\lambda_i$ 之间有如下关系：

$$G = \frac{1}{1000} \times \frac{A_i}{l} c_i \lambda_i = \frac{c_i \lambda_i}{1000K} \tag{6-2}$$

式中，K（$K = l/A_i$）是电导池常数，对于给定的电导池，K 为一常数；c_i 为某一离子的物质的量浓度；λ_i 为该离子的摩尔电导率。

离子的摩尔电导率随溶液浓度的改变而变化。在无限稀释情况下，离子的摩尔电导率达到最大值，称为极限摩尔电导率。表 6-2 列出了常见离子在稀溶液条件下的极限摩尔电导

率，正适合离子色谱的情况。

表 6-2 常见离子在水中的极限摩尔电导率（25℃）

阴离子	$\lambda_i/[\text{cm}^2/(\Omega \cdot \text{mol})]$	阳离子	$\lambda_i/[\text{cm}^2/(\Omega \cdot \text{mol})]$
OH^-	198	H^+	350
F^-	54	Li^+	39
Cl^-	76.4	Na^+	50.1
N_3^-	69	Rb^+	77.8
Br^-	78	K^+	74
I^-	77	NH_4^+	73
NO_3^-	71	Mg^{2+}	53
HCO_3^-	44.5	Ca^{2+}	60
SO_4^{2-}	80	Sr^{2+}	59
醋酸根	41	$CH_3NH_3^+$	58
甲酸根	32	$N(CH_3CH_2)_4^+$	33
草酸根	74.1	Ag^+	61.9
丙酸根	35.8	Tl^+	74.7
苯甲酸根	32.3	Cs^+	77.2
ClO_3^-	64.6	NMe_4^+	44.9
IO_4^-	54.5	NEt_4^+	32.6
$[Fe(CN)_6]^{3-}$	100.9	Cu^{2+}	56.6
$[Fe(CN)_6]^{4-}$	110	Zn^{2+}	52.8
BrO_3^-	55.7	La^+	69.7
ClO_4^-	67.3	NAm_4^+	17.4
CO_3^{2-}	69.3	NPr_4^+	23.4
甲基磺酸根（MSA^-）	48.8		

当溶液中某一离子的浓度很低时，其摩尔电导率近似等于极限摩尔电导率，代入公式：

$$G = \frac{cA_m}{1000K} \tag{6-3}$$

由式(6-3)中可以看出在一定温度下，检测池结构固定，稀溶液中溶液的电导与离子的浓度成正比，这就是电导检测器的定量基础。式(6-3)各项的单位：c 为 mol/L；A_m 为 $S \cdot cm^2/mol$；K 为 cm^{-1}；G 为 S。实际上由于样品溶液浓度很稀，G 经常以微西门子，即 μS 计量，$1\mu S = 10^{-6} S$。

（2）电导池的构造与工作原理　电导检测器是由电导池、测量电导率所需的电子线路、变换灵敏度的装置和数字显示仪等几部分组成。电导检测器的核心部分是一个电导池（也称电导传感器），其检测可达到微升甚至纳升级。电导池的基本构造是在柱流出液中放置两根电极，然后通过适当的电子线路测量溶液的电导率。

电导检测器的双极脉冲电导池结构如图 6-5 所示。电导池体一般采用材质较硬、化学惰性的聚合物材料，采用双电极结构，电极通常为钝化 316 不锈钢并固定在电导池内。另外，电导池上通常有一个温度传感器，用于探测液体流出电导池时的温度和补偿由于温度改变而导致的电导变化。两电极之间的距离对检测的灵敏度有很大的影响。通常电极间的距离越小，死体积越小，灵敏度越高。目前较先进的商品电导池的池体积为 $0.5\sim1\mu L$，最新的适合于毛细管离子色谱的电导池死体积可以达到 $0.02\mu L$。在电导池的设计中，为了消除电极表面附近形成的双电层极化电容对有效电压的影响，电导池的设计多采用双极脉冲技术。通过在极短的时间内（约 $100\mu s$），连续向电导池上施加两个脉冲高度和持续时间相同而极性相反的脉冲电压，采集并测量第二个脉冲终点时的电流，以此来准确测量电导池的池电阻。由于此点的电导池电流遵从欧姆定律，不受双电层极化电容的影响，此时便可以准确测量池电阻。

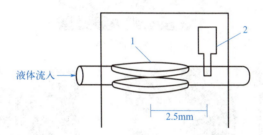

图 6-5　电导检测器的双极脉冲电导池结构
1—电极；2—热敏电阻

电导检测器由流通式电导池和控制电路两部分组成，电导检测器的主要性能指标由这两部分的性能决定。池体积的大小能够影响分辨率和灵敏度，小的池体积可较好地保持色谱柱的分辨率并可以得到更高的检测灵敏度，目前已商品化的电导池有效体积是 $0.7\sim1.0\mu L$。

另外，电导池能够承受的最大工作压力也是一个重要的指标，主流仪器的电导池最大耐压为 10MPa 左右。在离子色谱仪使用过程中有时为了获得稳定的基线，需要在电导池出口施加一定的反压以抑制气泡的产生，因此需要电导池有一定的耐压能力。电路部分反映了电子噪声的水平、检测量程、线性范围及线性关系、适用的温度范围、温度补偿及克服温度影响的能力。

6. 色谱工作站

离子色谱仪的数据处理系统常用的有色谱数据处理机和色谱工作站，离子色谱工作站的作用在于控制仪器运行、采集信号、处理数据、输出报告。色谱数据处理系统是现代离子色谱不可或缺的一个组成部分。借助于网络技术的发展，色谱工作站不仅可以做数据处理、全程控制仪器运行、实现仪器智能化与自动化，还可以实现多系统的远程实时遥控。

三、离子色谱仪开关机程序及实验条件的选择

1. 开关机程序

任务名称	离子色谱仪开关机程序及实验条件的选择	操作人		实验时间	
		复核人			

方法步骤	说明	笔记
结构认知	1. 正面结构（进样阀、柱温箱、泵显示屏、排气阀、漏液报警器、电磁切换阀、抑制器、电导池、泵头） 2. 滤头 3. 六通阀 4. 泵头（单向阀固定螺丝） 5. 泵进液管	
淋洗液配制		称取 100.0g 氢氧化钠，加入 100mL 水，搅拌至完全溶解，于聚乙烯瓶中静置 24h，制得氢氧化钠储备液

续表

开机程序 离子色谱仪开机及进样操作		打开电脑开关	
		打开仪器电源开关	
排气	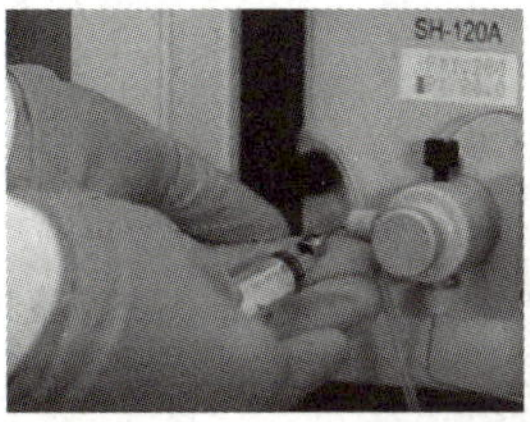	先逆时针拧松排气阀,用空的注射器抽吸排气3～5次,再顺时针拧紧	
进样	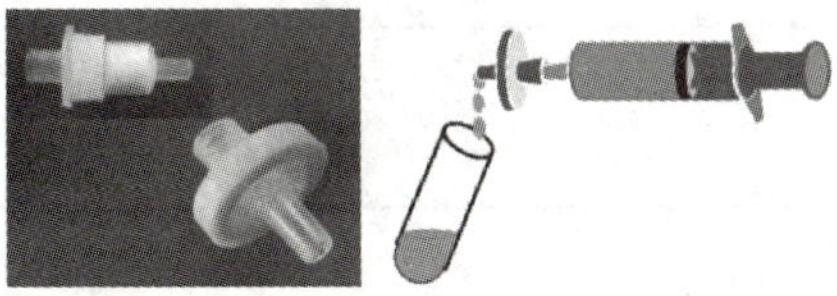 1. 过滤操作  2. 润洗 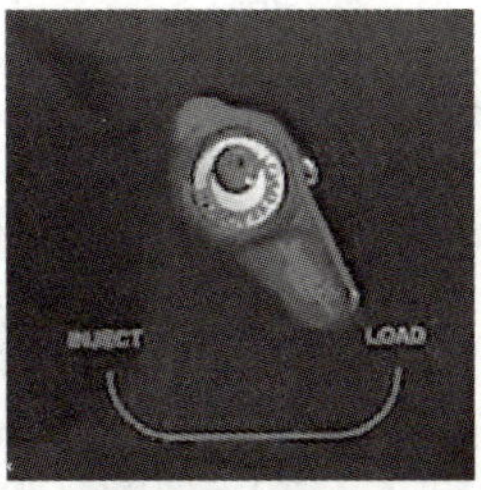　　3. 扳到"LOAD" 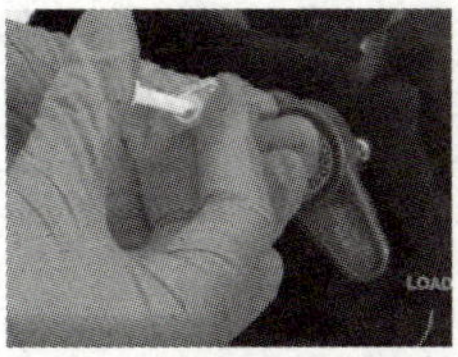 4. 注射器进样 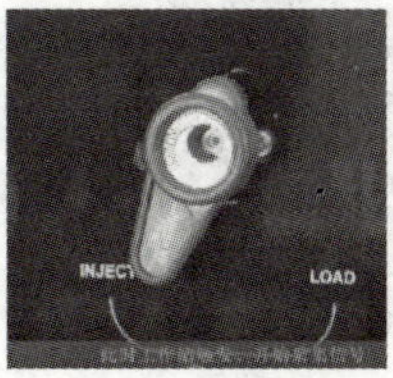　5. 扳到"INJECT"	用带有水系微孔滤膜针筒过滤头的一次性注射器先进行过滤操作。 再用待测溶液润洗注射器,再将面板扳到"LOAD",注射器进样后,将面板扳到"INJECT"	

项目六　离子色谱分析技术

续表

关机 离子色谱仪关机操作		主机关机	
		计算机退出软件，退出 Windows 系统，关机。填写使用记录	
		清洗注射器，清洗玻璃仪器，整理实验台	

2. 实验条件的选择

任务名称	离子色谱仪开关机程序及实验条件的选择	操作人		日期	
		复核人			
方法步骤		说明		笔记	
开机预热		开启离子色谱主机、电脑主机、显示器、自动进样器的电源开关，预热 10～20min			
软件操作	进入软件		打开电脑中软件，登录账号密码（初始账号：admin；密码：123456），进入主界面，点击"仪器"，点击"确定"		

续表

软件操作	条件设置	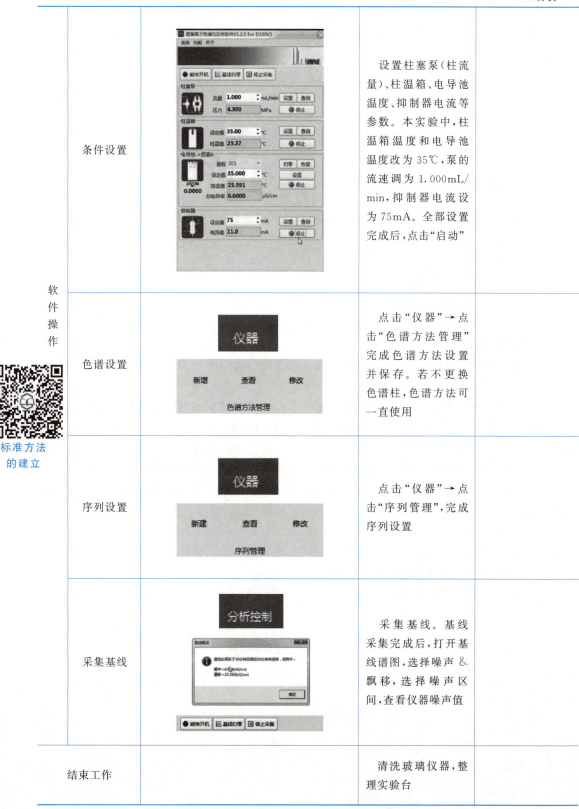	设置柱塞泵（柱流量）、柱温箱、电导池温度、抑制器电流等参数。本实验中，柱温箱温度和电导池温度改为35℃，泵的流速调为1.000mL/min，抑制器电流设为75mA。全部设置完成后，点击"启动"	
	色谱设置		点击"仪器"→点击"色谱方法管理"完成色谱方法设置并保存。若不更换色谱柱，色谱方法可一直使用	
	序列设置		点击"仪器"→点击"序列管理"，完成序列设置	
	采集基线		采集基线。基线采集完成后，打开基线谱图，选择噪声&漂移，选择噪声区间，查看仪器噪声值	
	结束工作		清洗玻璃仪器，整理实验台	

标准方法的建立

项目六　离子色谱分析技术　181

3. 结果记录

结果记录

任务名称		离子色谱仪的操作使用		操作人		日期	
				复核人			
参数	柱温/℃	电导池温度/℃	泵流速（柱塞泵）/(mL/min)	抑制器电流/mA		仪器噪声/(nS/cm)	
				阴离子	阳离子		
读数							

四、离子色谱仪使用注意事项

为确保仪器的使用安全及使用寿命，实验人员可以进行一些必要的检查维护。

1. 随时检查

① 检查仪器流路是否漏液。

② 检查系统压力是否正常。

③ 及时补充淋洗液。

④ 及时清空废液瓶。

2. 每周检查

① 检查仪器管路是否折叠、弯曲或污染。对已变形管路及时更换，以免影响流路稳定性。若管路较短，及时重置、调换管路。

② 检查淋洗液过滤头是否需要清洗或更换。已污染过滤头的过滤作用将大大减弱，尤其是做长期实验时，应及时检查是否污染。过滤头较新时为纯白色，当变色时请及时清洗或更换。

③ 仪器至少一周开机一次，使用超纯水冲洗 10~20min。对泵头进行后冲洗操作。

注意：当使用水溶液作为淋洗液时，极易产生细菌从而影响实验，应及时清洗或更换已污染的过滤头。

3. 定期检查

① 定期更换参比电极（三个月左右）。

② 定期更换自动进样器进样针及管路。

③ 定期对泵头进行后冲洗。

任务二　离子色谱法测定水溶液中的阴离子

📧 任务目标

1. **掌握**　离子色谱仪的操作规程
2. **熟悉**　标准溶液的配制及校准曲线的绘制
3. **了解**　离子色谱法的实验技术；离子色谱实训室安全知识

📖 学习任务单

任务名称	离子色谱法测定水溶液中的阴离子
任务描述	标准溶液的配制、离子色谱仪的使用、数据处理、离子色谱实训室安全
任务分析	任务中，能够熟练使用玻璃器具，配制符合浓度要求的阴离子混合溶液，然后规范操作离子色谱仪，能选择适宜的操作条件，能完成分析结果谱图处理。熟悉实训室安全，了解本实训的操作过程
成果展示与评价	每一组学生完成操作过程并记录数据，小组互评。最后由教师综合评定成绩

【任务实施】

一、任务目的

1. 掌握阴离子混合标准溶液的配制。
2. 熟练操作离子色谱仪。
3. 掌握仪器自带软件分析谱图，并完成数据处理。

二、方法原理

分析无机阴离子通常用阴离子交换柱，其填料通常为季铵盐交换基团，样品阴离子由于静电相互作用进入固定相的交换位置，又被带负电荷的淋洗离子交换下来进入淋洗液。不同阴离子交换基团的作用力大小不同，因此在固定相中的保留时间也就不同，从而达到分离效果。水中主要是 F^-、Cl^-、NO_3^- 和 SO_4^{2-} 等常见无机阴离子，这些阴离子在阴离子交换柱上均能得到良好的分离。

本实验采用外标法定量，以各离子的质量浓度（mg/L）为横坐标，峰面积（或峰高）为纵坐标，绘制标准曲线。

三、仪器与试剂

仪器：离子色谱仪；阴离子交换柱；抑制电导检测器；超声波清洗机；抽气过滤装置

(配有孔径≤0.45μm乙酸纤维或聚乙烯滤膜);一次性水系微孔滤膜针筒过滤器(孔径0.45μm);一次性注射器(1~10mL);预处理柱[聚苯乙烯-二乙烯基苯为基质的RP柱或硅胶为基质键合C18柱(去除疏水性化合物);H型强酸性阳离子交换柱或Na型强酸性阳离子交换柱(去除重金属和过渡金属离子)等类型]等。

试剂:氢氧化钠(NaOH);18.2MΩ·cm超纯水;市售浓度为1000μg/mL的7种阴离子混合溶液标准物质(F^-、Cl^-、Br^-、NO_3^-、NO_2^-、PO_4^{3-}、SO_4^{2-}),如不采用市售标准物质,也可使用单一组分标准物质按要求配制后混合,也可降低实验复杂程度,仅使用单一组分标准物质配制标准溶液。

四、操作过程

任务名称	离子色谱法测定水溶液中的阴离子	操作人		日期	
		复核人			
方法步骤		说明		笔记	
标准溶液的配制	打开市售浓度为1000μg/mL的7种阴离子混合溶液标准物质(F^-、Cl^-、Br^-、NO_3^-、NO_2^-、PO_4^{3-}、SO_4^{2-}),用100mL容量瓶,将其配制为100μg/mL的标准使用液。分别准确移取0.00、1.00mL、2.00mL、5.00mL、10.0mL、20.0mL混合标准使用液置于一组100mL容量瓶中,用水稀释定容至标线,混匀。配制成6个不同浓度的混合标准系列				
试样制备	用带有水系微孔滤膜针筒过滤器的一次性注射器进样				
开机预热	开启离子色谱主机、电脑主机、显示器、自动进样器的电源开关,预热10~20min				
软件操作	进入软件	参考任务一			
	条件设置				
	色谱设置				
	序列设置				
	采集基线				
	进样	参考任务一			
软件操作	处理谱图	点击"文件"→"打开"→"打开GST",打开第一个标准样品的谱图,点击"峰处理",点击"添加正峰",添加上所有需要的峰,然后点击"保存为积分方法"。后面的几个标准谱图可通过"批处理—积分",处理完成			
	建立校准方法	打开"校准方法"→点击"新建"→选择谱图→选择定量计算的峰→填写化合物名称(依次填写F^-、Cl^-、Br^-、NO_3^-、NO_2^-、PO_4^{3-}、SO_4^{2-})→定量方法(外标法)→选择校准点数(6个)→按等级输入各个离子的浓度→对应等级选择谱图→点击"计算"→输入校准曲线名称,校准建立完成			

续表

软件操作	样品分析	采集完谱图后,点击"谱图处理",打开谱图列表,右键选择"批处理—校准",添加谱图,选择校准方法,计算	
	打印报告	点击"报告处理",在"打印模板管理"里点击"新增",建立新的报告模板,点击"选择谱图",再点击"打开"模板,这时得到了谱图报告,可直接打印,也可导出 pdf 文件后再进行打印	
	关机	参考任务一	
	结束工作	清洗玻璃仪器,整理实验台	
	安全操作	规范操作;团队合作	

五、结果记录

结果记录

任务名称	离子色谱法测定水溶液中的阴离子	操作人		日期	
		复核人			

1. 标准曲线信息

离子名称	标准系列质量浓度/(mg/L)				
F^-					
Cl^-					
Br^-					
NO_3^-					
NO_2^-					
PO_4^{3-}					
SO_4^{2-}					

2. 仪器信息

仪器型号规格	

续表

3. 实验条件

进样量		室温	℃	湿度	
条件参数	柱温/℃	电导池温度/℃	泵流速/(mL/min)	抑制器电流/mA	噪声/(nS/cm)
设置值					

4. 标准曲线的绘制

离子名称	标准曲线方程	相关系数 R
F^-		
Cl^-		
Br^-		
NO_3^-		
NO_2^-		
PO_4^{3-}		
SO_4^{2-}		

5. 样品结果/(mg/L)

离子名称	结果值(如未检出,结果值填写"ND.")	是否达标
F^-		
Cl^-		
Br^-		—
NO_3^-		—
NO_2^-		
PO_4^{3-}		
SO_4^{2-}		

注:参考《地表水环境质量标准》(GB 3838—2002)判断 F^-、Cl^-、SO_4^{2-} 是否达标。

计算过程[以 Cl^- 为例,以色谱峰面积(无量纲)为纵坐标,标准溶液的浓度(mg/L)为横坐标,绘制标准曲线,手工计算回归方程 a、b、R 值,计算水中氯离子的含量,并与色谱软件结果比照]:

六、操作评价表

任务名称	离子色谱法测定水溶液中的阴离子		操作人		日期	
操作项目	考核内容	操作要求		分值	得分	备注
标准溶液配制	容量瓶操作	洗涤干净		2		
		正确试漏		2		
		定容准确		2		
	移液操作	润洗规范		2		
		吸液规范（无空吸、重吸）		2		
		放液规范（移液管垂直、管尖碰壁、放液停留15s）		2		
	标准溶液	浓度正确，无少配、错配		6		
进样操作	进样	遵循浓度先低后高的原则		2		
		进样针正确润洗		2		
		手动进样操作正确		2		
仪器操作	预热	预热时间至少10min		2		
	软件操作	条件设置		5		
		色谱设置		5		
		序列设置		5		
		采集基线		5		
		处理谱图		5		
		建立校准方法		5		
		样品分析		5		
		打印报告		5		
	关机	淋洗液冲洗管路		2		
		关闭软件和电脑		2		
		清洗注射器		2		
结果处理	标准曲线	标准曲线方程（所有组分标准曲线方程正确）		6		
		相关系数（每个组分$R \geqslant 0.995$不扣分）		6		
	样品结果	样品结果计算正确		6		
		样品判定正确		4		
职业素养	实训室安全	1. 整理实训室 2. 规范操作 3. 团队合作默契		6		

评价人：_____　　　　　　　　　　　　　　总分：_____

【任务支撑】

一、溶剂和样品的预处理技术

1. 去离子水的制备

用石英蒸馏器制得的蒸馏水的电导率在 $1\mu S/cm$ 左右,对于高含量离子的分析,或对分析要求不高时可以使用。作为一般性要求,离子色谱中的纯水的电导率应在 $0.5\mu S/cm$ 以下。通常用金属蒸馏器制得的水的电导率在 $5\sim25\mu S/cm$,反渗透法(RO)制得的纯水电导率在 $2\sim40\mu S/cm$,均难满足离子色谱的要求。因此需用去离子水制备装置制备纯水,一般是将以自来水为原水的去离子水用石英蒸馏器蒸馏,即通常所说的重蒸馏去离子水,也可将 RO 水作原水引进去离子水制备装置。精密去离子水制备可以制得电导率在 $0.06\mu S/cm$ 以下的纯水。

2. 流动相的配制和过滤

配制流动相时一定要用重蒸去离子水,以防离子污染。配好后的流动相要用 $0.45\mu m$ 以下的滤膜过滤,为防止微生物的繁殖,最好现用现配。

3. 流动相的脱气

与高效液相色谱法中使用的流动相一样,离子色谱法中的流动相在过滤之后也要进行脱气,具体方法见高效液相色法中的"流动相的脱气"部分。

4. 样品的预处理

离子色谱法中样品的预处理技术有很多种,常用的有液-液萃取、固相萃取、微渗析、超滤、超临界流体萃取等。

离子色谱法中的样品溶液和标准溶液的配制一般均要使用重蒸去离子水,而且配制好的样品溶液和标准溶液也都要用 $0.45\mu m$ 以下的滤膜过滤。样品溶液和标准溶液放置时间不宜过长,最好现用现配。

二、分离方式和检测方式的选择

分析者对待测离子应有一些一般信息,首先应了解待测化合物的分子结构和性质以及样品的基体情况,例如是无机还是有机离子,是酸还是碱,亲水还是疏水,离子的电荷数,是否为表面活性化合物等。

待测离子的疏水性和水合能是决定选用分离方式的主要因素。水合能高和疏水性弱的离子,如 Cl^- 和 K^+ 最好选用 HPIC 分离。水合能低和疏水性强的离子,如高氯酸(ClO_4^-)或四丁基铵,最好用亲水性强的离子交换分离柱或 MPIC 分离。有一定疏水性,也有明显水合能的 pK_a 值在 $1\sim7$ 之间的离子,如乙酸盐或丙酸盐,最好用 HPIEC 分离。有些离子,既可用阴离子交换分离,也可用阳离子交换分离,如氨基酸、生物碱等。

对无紫外或可见光吸收以及强离解的酸和碱,最好用电导检测器;具有电化学活性和弱离解的离子,最好用安培检测器;对离子本身或通过柱后衍生化反应后的络合物在紫外或可见光区有吸收的最好用紫外吸收检测器;能产生荧光的离子和化合物最好用荧光检测器。

三、色谱参数的优化

离子色谱法中优化色谱参数的主要目的是通过改变各种色谱参数或条件来改善分离度、缩短分析时间和提高检测灵敏度。

1. 分离度的改善

（1）稀释样品 虽然离子色谱分离柱的柱容量比较大，但有一定范围。对未知浓度的样品，最好先稀释后再进样，若进样量超过所用分离柱的柱容量，不仅不能分开各个色谱峰，而且清洗与再平衡需较长时间。增加分离度的最简单方法是稀释样品。例如盐水中 SO_4^{2-} 和 Cl^- 的分离，若直接进样，其色谱峰很宽而且拖尾表明进样量已超过分离柱容量，在常用的分析阴离子的色谱条件下，30min 之后 Cl^- 的洗脱仍在继续。在这种情况下，在未恢复稳定基线之前不能再进样。若将样品稀释10倍体积之后再进样就可得到 Cl^- 与痕量 SO_4^{2-} 之间的较好分离。

（2）改变分离和检测方式 若待测离子对固定相亲和力相近或相同，样品稀释的效果常令人不满意。对这种情况，除了选择适当的流动相之外，还应考虑选择适当的分离方式和检测方式。例如，NO_3^- 和 ClO_3^-，由于它们的电荷数相同、离子半径相近，在用碳酸盐作淋洗液的阴离子交换分离柱上共淋洗。但 ClO_3^- 的疏水性大于 NO_3^-，在用 OH^- 作淋洗液的亲水性柱上或离子对色谱柱上就很容易分开了。又如 NO_2^- 与 Cl^- 在阴离子交换分离柱上的保留时间相近，常见样品中 Cl^- 的浓度又远大于 NO_2^-，使分离更加困难，但 NO_2^- 有强的 UV 吸收，而 Cl^- 则很弱，因此应改用紫外吸收检测器测定 NO_2^-，用电导检测器检测 Cl^-，或将两种检测器串联，于一次进样同时检测 Cl^- 与 NO_2^-。对高浓度强酸中弱酸的分析，若采用离子排斥色谱法，由于强酸不被保留，在死体积被排除，将不干扰弱酸在离子排斥柱上的分离。

（3）选择适当的淋洗液与淋洗模式 淋洗液种类、浓度和有机溶剂的适当选择，可有效地改善分离度。离子色谱分离是基于淋洗离子和样品离子之间对树脂有效交换容量的竞争，为了得到最佳的分离效果，样品离子和淋洗离子应有相近的亲和力。离子色谱中由于固定相结构不同，特别是离子交换功能基的选择性和亲水性不同，所用淋洗液亦不同。离子交换功能基为烷基季铵的阴离子交换剂，主要用碳酸盐作淋洗液；离子交换功能基为烷醇季铵的离子交换剂是对 OH^- 选择性的固定相，主要用 KOH 或 NaOH 为淋洗液。淋洗液浓度的改变对二价和多价待测离子保留时间的影响大于对一价待测离子。若多价待测离子的保留时间太长，增加淋洗液浓度有利于洗脱。用亲水性强的分离柱分离疏水性强的离子时，淋洗液中无须加入有机溶剂。

对离子交换树脂亲和力强的离子有两种情况，一种是离子的电荷数大，如 PO_4^{3-}、AsO_4^{3-} 和柠檬酸等；一种是离子半径较大，疏水性强，如 I^-、SCN^-、$S_2O_3^{2-}$、苯甲酸和多聚磷酸盐等。对前者以增加淋洗液的浓度或选择强的淋洗离子为主。对后一种情况，推荐的方法是在淋洗液中加入适量极性有机溶剂（如甲醇、乙腈和对氰酚等）或选用亲水性的分离柱，有机溶剂的作用主要是减少样品离子与离子交换树脂之间的非离子交换作用，占据树脂的疏水性位置，减少疏水性离子在树脂上的吸附，从而缩短保留时间，减小峰的拖尾，并增加测定灵敏度。相邻两种离子的分离度小于 0.8 或共洗脱时，若两种离子的疏水性不同，在淋洗液中加入适当种类和浓度的有机溶剂可有效地改善分离。用添加有机溶剂的淋洗液时，若用电解类型抑制器，推荐用外加水模式或化学再生模式。

梯度淋洗的主要优点是在一次进样中可同时分离强保留与弱保留离子、缩短分析时间、改善分离与提高柱容量。若用抑制型电导检测，目前以 OH^- 类淋洗液用于梯度淋洗较好；$Na_2B_4O_7$ 类淋洗液是梯度淋洗分离弱保留离子的适合淋洗液。用添加有机溶剂的淋洗液时，可用另一种梯度模式，即保持淋洗离子的浓度不改变，而改变有机溶剂的浓度，这种方式在离子对色谱与紫外检测中的应用较多。

2. 减少分析时间

减少分析时间是离子色谱发展的主要趋势之一。快速的优点包括快速得到分析结果、高的样品通量、快速的方法发展、改进生产效率与减少消耗等。减少分析时间的方法包括增加流速、改变温度、缩短柱长、增加淋洗液浓度、梯度淋洗与使用快速柱（短柱或整体柱）等，但每种方法都有不同的局限性。增加淋洗液的流速可缩短分析时间，但流速的增加受系统所能承受的最高压力的限制。流速的改变对分离机理不完全是离子交换的组分的分离度的影响较大，例如对 Br^- 和 NO_2^- 的分离，当流速增加时分离度降低很多；而分离机理主要是离子交换的 NO_3^- 和 SO_4^{2-}，在很高的流速时，它们之间的分离度仍很好。

3. 改善检测器灵敏度

改善检测器灵敏度的方法主要有四种，分述如下。

① 将检测器的灵敏度设置在较高灵敏度挡，这是提高检测灵敏度最简单的方法，但同时也增大了基线噪声。因此，这种方法由于作用不大，一般很少使用。

② 增加进样量。离子色谱中，为了提高检测灵敏度，可以采用大体积进样。比如用 lonPac CS12A 柱，12mmol/L 硫酸作淋洗液，进样体积 $1300\mu L$，可直接用电导检测低至每升微克级的碱金属和碱土金属。但进样量也不能无限制地增大，其上限值取决于保留时间最短的色谱峰与死体积（水峰）之间的时间。

③ 选用浓缩柱。对于较清洁样品中痕量成分的测定采用本法效果较好。使用浓缩柱时一定要注意，不能使分离柱超负荷。

④ 使用小孔径柱，离子色谱中常用标准柱的直径为 4mm，小孔径柱的直径为 2mm，因而标准柱是小孔径柱体积的 4 倍。在小孔径柱中进同样（与标准柱）质量的样品，将在检测器中产生 4 倍于标准柱的信号，从而增加了检测的灵敏度，与此同时还减少了淋洗液的消耗。可见，使用小孔径柱对于提高检测灵敏度而言是一个较好的办法。

四、离子色谱仪常见故障排除

离子色谱仪在运行过程中可能会出现的一些问题及解决方案见表 6-3。

表 6-3　常见离子色谱仪故障类型及解决方案

序号	故障类型	解决方案
1	泵压力波动	1. 输液泵单向阀堵塞 解决方案：更换单向阀或将单向阀放入 1∶1 的纯水/硝酸溶液或无水乙醇中超声清洗。 2. 六通进样阀堵塞 解决方案：按流流的方向依次排查，发现故障点并排除。 3. 色谱柱滤膜堵塞 解决方案：将色谱柱取下并拧下柱头，小心取出其中的滤膜，放入 1∶1 的纯水/硝酸溶液中浸泡，超声波清洗 30min 后，用超纯水冲洗后装上；或将色谱柱反接后冲洗；注意色谱柱不接入流路

2	频繁超压	1. 输液泵的最高限压设置过低 解决方案:在色谱柱工作流量下,将最高限压调至高于目前工作压力 5MPa。 2. 流路堵塞 解决方案:根据逐级排除法找出堵塞点,更换流路组件。 3. 保护柱压力升高 解决办法:更换保护柱进口处的筛板
3	基线噪声大	1. 仪器平衡时间较短 解决方案:通淋洗液至仪器稳定。 2. 流路 ①输液泵中有气泡。 解决方案:将排气阀打开抽气泡。 ②超纯水过滤头堵塞,在吸力下产生负压从而产生气泡。 解决方案:更换过滤头或将过滤头放入 1∶1 的纯水/硝酸溶液或无水乙醇内超声清洗 5min。 ③主机流路中有气泡 解决方案:将色谱柱取下,通水将气泡排除。 ④色谱柱中有气泡 解决方案:用脱气后的淋洗液以低流速冲洗色谱柱,将气泡排除。 ⑤参比电极使用过久;使用结束后没有浸泡在饱和氯化钾溶液内。 解决方案:活化或更换参比电极。 ⑥工作电极使用时间过久没抛光。 解决方案:清洗、抛光或更换工作电极。 ⑦安培池进气泡。 解决方案:手指堵住出口管路几秒,并持续几次。 3. 仪器 ①接地不佳。 解决方案:注意接地。 ②电压不稳,或有干扰。 解决方案:安装稳压器
4	基线漂移大	1. 仪器预热时间不够 解决方案:延长预热时间。 2. 仪器存在渗漏 解决方案:找到渗漏处进行维修。 3. 电压不稳或静电干扰 解决方法:加稳压器和将仪器接地
5	背景值过高	1. 抑制器未工作或施加电流过小 解决方案:检查抑制器电流是否打开或增大抑制器电流。 2. 淋洗液浓度过高 解决方案:降低淋洗液浓度。 3. 安培施加电位及积分时间不合适 解决方案:更换电位及积分时间

续表

6	响应值低	1. 样品浓度过低 解决方案:更换大定量环或浓缩样品。 2. 安培工作电极表面不光滑 解决方案:抛光清洁工作电极。 3. 自动进样器设置错误 解决方案:设置的自动进样器吸样体积应稍大于定量环体积。 4. 自动进样器故障 解决方案:观察自动进样器吸液量是否正常。若不正常,请联系公司技术人员进行维修
7	抑制器电流不正常,或者不出峰	1. 电导池安装不正确 解决方案:重新安装电导池。 2. 电导池损坏 解决方案:更换电导池。 3. 泵没有输出溶液 解决方案:检查压力读数,确认泵是否工作。 4. 淋洗液发生器没有工作 解决方案:查看淋洗液发生器电缆是否连接或更换淋洗液发生器。 5. 安培池没有工作 解决方案:查看安培池的进出口的连接电缆是否接入。 6. 电磁进样阀未切阀 解决方案:重启仪器。 7. 自动进样器未进样 解决方案:重启自动进样器
8	峰拖尾	1. 样品流路死体积较大 解决办法:减小死体积。 2. 样品浓度过高,导致色谱柱过载 解决办法:降低样品浓度或更换高承载能力的色谱柱
9	分离度差	1. 淋洗液 ①淋洗液浓度不合适。 解决方案:选择合适的淋洗液浓度。 ②淋洗液流速过大。 解决方案:选择合适的流速。 2. 样品浓度过高 解决方案:稀释样品。 3. 色谱柱被污染,使柱效下降 解决方案:再生色谱柱或更换色谱柱
10	重复性差	1. 进样 ①进样量不恒定。 解决方案:超过定量环体积10倍进样,保证完全进样。 ②进样浓度选择不合适。 解决方案:选择合适的进样浓度。

10	重复性差	2. 干扰 ①试剂不纯净。 解决方案:更换试剂。 ②超纯水含有杂质。 解决方案:更换超纯水。 3. 流路 ①管路泄漏。 解决方案:找到泄漏处,拧紧或更换泄漏部件。 ②流路被堵。 解决方案:找到被堵地方,维修或者更换。 4. 环境温度变化 解决办法:进行实验时应尽量保持环境恒温。 5. 淋洗液浓度发生变化 解决办法:不使用淋洗液发生器时,应对NaOH淋洗液添加保护装置。 6. 色谱柱柱效下降 解决办法:更换新色谱柱。 7. 抑制器漏液 解决办法:更换新抑制器
11	线性不好	1. 溶液被污染 解决方案:重新配制溶液。 2. 超纯水不纯 解决方案:更换超纯水。 3. 线性溶液被污染,特别是低浓度的样品 解决方案:重新配制溶液。 4. 样品浓度过高或过低,超出仪器线性范围 解决方案:选择合适浓度范围
12	输液泵产生气泡	1. 流路管中吸附气体 解决方案:通水的情况下打开输液泵排气阀,开启平流泵,同时不断震动滤头,将气体排除干净。 2. 室内温度过高,导致超纯水脱气不干净 解决方案:采用在线脱气装置。 3. 输液泵过滤头堵塞 解决方案:可将滤头取下放入1∶1的纯水/硝酸溶液或无水乙醇中超声波清洗

练习与思考

一、选择题
  1. 大分子或离解较弱的有机离子可采用(　　)法进行分离。(多选)
  A. 离子交换色谱　　B. 离子抑制色谱　　C. 离子对色谱　　D. 凝胶色谱

2. 在离子色谱仪中，使用最多的检测器是（　　）。
   A. 电导检测器　　　　B. 紫外吸收检测器　　　C. 安培检测器　　　　D. 荧光检测器
3. 分析阳离子时通常用（　　）作为再生剂。
   A. 稀硫酸　　　　　　B. 稀硝酸　　　　　　　C. 氢氧化钠　　　　　D. 氢氧化钾
4. 自来水中阴离子的分析通常选用的检测器是（　　）。
   A. 电导检测器　　　　B. 安培检测器　　　　　C. 紫外吸收检测器　　D. 荧光检测器

二、思考题

1. 离子色谱法中优化色谱参数的主要目的是通过改变各种色谱参数或条件来改善分离度、缩短分析时间和提高检测灵敏度。请问如何改善分离度？
2. 在离子色谱分析实验操作中，如果出现不出峰的现象，可能的原因有哪些？需要采用哪些相应的方法予以解决？

拓展阅读

中国离子色谱发展历程及创新之路

1975 年，H. Small 将离子色谱法作为一门色谱分离技术，从液相色谱法中独立出来。1977 年，戴安（Dionex）推出第一台商品化离子色谱仪。1979 年，Gjerde 用弱电解质作流动相，拉开非抑制型和抑制型离子色谱法分类序幕。

1981 年，在天津市举办的多国仪器仪表展上美国人曾放言：中国几十年内都搞不出来自主研发的离子色谱仪。这句话深深地刺痛了刘开禄的心。一个离子色谱仪的"中国梦"在逐渐酝酿成型。

离子色谱筑梦团队——第一代离子色谱老专家，他们分别是刘开禄、蒋仁侬、赵云麒、袁斯鸣和苏程远。他们克服研究中的重重困难，突破了种种阻碍，终于在 1983 年成功研制了第一台国产离子色谱仪的原理样机 ZIC-1。它的性能基本与国外同类仪器（美国 Dionex-14 型）相接近，填补了国内空白。

1985 年 6 月，赵云麒、刘开禄研制了 ZIC-2 型离子色谱仪，其包含双模式理论和适用于阳离子分析的"五级电导检测"电路，其核心技术目前仍应用在中国的核潜艇水质监测。

1986 年，刘开禄对国际上已有的抑制型离子色谱仪和单柱离子色谱仪的原理进行理论研究，推导出统一两种模式的检测下限公式。

1987 年，袁斯鸣研制的高效阳离子分离柱成功实现了国产仪器的阳离子分析，赵云麒、苏程远成功研制了五电极式电导检测器。

通过自主创新，我国离子色谱仪达到国际同类产品水平。我们要时刻牢记刘开禄老先生的叮嘱，"我们不能单打独斗，大家要统一起来'抱团'发展，共同为国产离子色谱的明天而努力！"

项目七

电化学分析技术

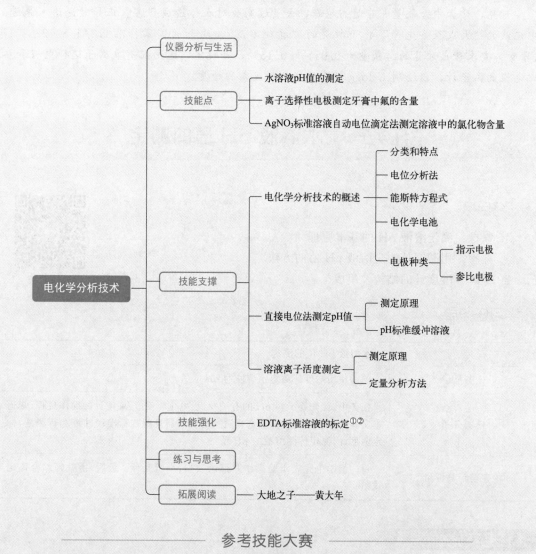

———— 参考技能大赛 ————

① 全国职业院校技能大赛工业分析检验赛项。
② 全国食品药品类职业院校药品检测技术技能大赛。

仪器分析与生活

氟是人体健康所必需的一种微量元素,将氟化物用于预防龋病是 20 世纪预防口腔医学对人类的重大贡献。用氟防龋主要机理有:氟化物能降低牙齿表层釉质的溶解度并促进釉质再矿化;氟化物能抑制口腔中致龋菌的生长,抑制细菌产酸;牙齿发育期间摄入适量氟化物,可以使牙尖圆钝、沟裂变浅等。然而,世界卫生组织(WHO)制定的口腔健康标准与氟化物专家委员会指出,牙齿萌出后,口腔内保持恒定的低氟水平,对防龋最为有效。人体摄取过量的氟元素,会伤害牙齿,容易导致氟斑牙、氟骨症,甚至造成氟中毒。

可见,牙膏中含氟量并非越高越好,含量过高会对人体造成伤害。正如《论语·先进》中记载的"大成至圣先师"孔子所说的"过犹不及"。现行的国家标准 GB/T 8372—2017《牙膏》要求含氟牙膏的总氟量为 $0.05\%\sim0.15\%$,并规定,选配有氟离子选择电极和参比电极的离子计,以绘制 E-$\log c$ 标准曲线法测定氟的含量。

任务一　水溶液 pH 值的测定

任务目标

1. **掌握**　测定溶液 pH 的基本原理
2. **熟悉**　用酸度计测定溶液 pH 值的方法
3. **了解**　酸度计的结构及组成

未知溶液
pH 的测定

学习任务单

任务名称	水溶液 pH 值的测定
任务描述	熟练使用酸度计测定水溶液的 pH
任务分析	任务中,首先要了解 pH 的有关知识、电化学反应、酸度计的操作规程,知道本实验的操作过程。然后选择适宜的玻璃器具配制标准缓冲液和待测液,标定酸度计,测定待测溶液的 pH 值
成果展示与评价	每一组学生完成实验操作并记录数据,小组互评。最后,由教师综合评定成绩

【任务实施】

一、任务目的

1. 掌握酸度计的构造和测定溶液 pH 的基本原理。
2. 学习测定玻璃电极响应斜率的方法。
3. 掌握用酸度计测定溶液 pH 的步骤。

二、方法原理

以玻璃电极作指示电极、饱和甘汞电极作参比电极，插入待测溶液中组成原电池，在一定条件下，测得的电池电动势 E 与 pH 呈直线关系：

$$E = K + \frac{2.303RT}{F}\text{pH} \tag{7-1}$$

常数 K 取决于内外参比电极电位、电极的不对称电位和液体接界电位等，无法准确测得。实际应用中，先用标准缓冲液 pH_s 标定酸度计，再根据标准缓冲液与待测溶液 pH_x 的关系，得出待测溶液 pH 值。两者关系为

$$\text{pH}_x = \text{pH}_s + \frac{E_x - E_s}{2.303RT/F} \tag{7-2}$$

玻璃电极为能斯特响应，玻璃电极在不同的 pH 标准缓冲液中测得的电极电位与 pH 均呈直线关系，响应斜率 $2.303RT/F$ 与温度有关，在一定的温度下是定值，25℃时玻璃的理论响应斜率为 0.0592。

三、仪器与试剂

仪器：pHS-3C 型酸度计，复合 pH 玻璃电极，100mL 容量瓶 4 个，100mL 烧杯 5 个，玻璃棒若干等。

酸度计的标定

试剂：邻苯二甲酸氢钾标准缓冲液，pH＝4.01；磷酸二氢钾和磷酸氢二钠标准缓冲液，pH＝6.86；硼砂标准缓冲液，pH＝9.18；待测水溶液等。

四、操作过程

任务名称	水溶液 pH 值的测定	操作人		日期	
		复核人			
方法步骤	说明			笔记	
标准缓冲液的配制	用蒸馏水溶解市售的标准缓冲液试剂，转入试剂说明中规定的容量瓶中定容，贴标签备用。或自行称量试剂，配制标准缓冲液				
酸度计开机	仪器插入电源后，按电源开关后开机；用蒸馏水清洗电极，并用滤纸吸干				
酸度计的标定(二点标定法，还可按照操作说明书操作一点标定法或三点标定法)	定位：将电极浸入 pH 6.86 标准溶液中，稍加摇动，静置，待读数稳定，按"定位"键，显示"Std YES"字样，按"确定"键，仪器自动进入标定状态，仪器会自动识别当前标液在当前温度下的标准 pH，再按"确定"键，仪器存贮当前的标定值，第一个 pH 标准校正完毕				
	确定斜率：取出电极，冲洗后吸干，浸入另一标准溶液中(如待测溶液呈酸性，选用 pH 4.01 标准溶液；如呈碱性，宜用 pH 9.18 标准溶液)，稍加摇动，静置，按"斜率"按钮，接着按"确定"键，仪器自动进入第二个 pH 标准的标定状态，再按"确定"键，完成第二个 pH 标准的校正				

样品溶液 pH 值的测定	清洗校正好的电极,吸干后浸入待测溶液中,搅动,静置,待数值稳定后,记下数值,即为被测溶液的 pH 值。冲洗电极并用滤纸吸干后,可再用于测定。反复测定样品,共三次,计算平均值	
	测试完毕,关机,卸下电极,洗净,套上保护套	
酸度计的标定过程和待测样品 pH 的测定	1. 在 50mL 烧杯中盛 30mL 左右的邻苯二甲酸氢钾标准、缓冲液(pH=4.01),将电极浸入其中,按下"mV"挡,稍加摇动,静置,待读数稳定,记下数据(单位为 mV)。冲洗电极并用滤纸吸干后,反复测定样品,共三次,计算平均值	
	2. 用蒸馏水轻轻冲洗电极,并用滤纸吸干。在 50mL 烧杯中盛 30mL 左右混合磷酸盐缓冲溶液(pH=6.86),按上法操作,记下数据(单位为 mV)。冲洗电极并用滤纸吸干后。反复测定样品,共三次,计算平均值	
	3. 按照(2)的操作,更换为硼砂缓冲溶液(pH=9.18),测其值(单位为 mV)。冲洗电极并用滤纸吸干后,反复测定样品,共三次,计算平均值	
	4. 将电极用蒸馏水冲干净,并用滤纸吸干。把电极浸入样品溶液中,稍加摇动,记录其值(单位为 mV)。冲洗电极并用滤纸吸干后,反复测定样品,共三次,计算平均值	
	5. 取下电极,用水冲洗干净,妥善保存,实验完毕	
结果分析	记录结果,计算样品的 pH 平均值	
结束工作	洗涤仪器,整理工作台和实训室	

五、结果记录

结果记录				
任务名称	水溶液 pH 值的测定	操作人	日期	
		复核人		
样品种类	pH 测定值			pH 平均值
未知液				
项目	电位测定值/mV			电位平均值/mV
标样 pH 4.00				

续表

项目	电位测定值/mV			电位平均值/mV
标样 pH 6.86				
标样 pH 9.18				
未知液				

六、操作评价表

任务名称		水溶液 pH 值的测定	操作人		日期	
操作项目	考核内容	操作要求	分值	得分	备注	
溶液配制	容量瓶规格	选择正确	5			
	容量瓶试漏	正确试漏	5			
	容量瓶洗涤	洗涤干净	5			
	定量转移	转移动作规范	5			
	定容	1. 三分之一处水平摇动 2. 准确稀释至刻度线 3. 摇匀动作正确	5			
仪器的标定	定位	1. 仪器操作正确 2. 一点标定操作正确 3. 二点标定操作正确	10			
	斜率	操作正确	10			
样品溶液 pH 测定	操作	1. 清洗电极 2. 仪器操作正确 3. 仪器清理	15			
斜率测定		1. 选择电极正确 2. 仪器操作正确 3. 清洗	10			
结果分析	结果记录	实验结果在误差范围内	20			
职业素养	实验室安全	1. 进行实验室整理 2. 规范操作 3. 团队合作	10			

评价人：_____ 总分：_____

【任务支撑】

一、电化学分析技术

电化学分析法

电化学分析法是利用物质的电学及电化学性质建立起来的一类分析方法，是仪器分析的一个重要分支。通常利用电极和待测溶液组装成原电池或电解池，根据电池的某些物理性质和待测试液的组成或含量之间的关系对组分进行定量分析。

1. 电化学分析法的分类

根据测量的参数不同，电化学分析法主要可分为电位分析法、库仑分析法、极谱分析法、电导分析法和电解分析法等。

（1）电位分析法　是用一个指示电极和一个参比电极与试液组成电池，根据电池的电动势或指示电极电位来进行分析的方法。电位分析法又分为直接电位法和电位滴定法。

（2）库仑分析法　应用外加直流电源电解试液，根据电解过程中消耗的电量来进行分析的方法。此法可分为库仑滴定法（控制电流库仑分析法）和控制电位库仑分析法。

（3）伏安分析法和极谱分析法　用微电极电解被测物质的稀溶液，根据电解过程中电流随电位的变化曲线来测定被测物质浓度的分析方法称为伏安分析法。用电极表面做周期性连续更新的液态电极（如滴汞电极）作指示电极的称为极谱分析法。

（4）电导分析法　根据溶液的电导性或电阻进行分析的方法。可分为电导法和电导滴定法。

电导法：直接根据溶液的电导或电阻与被测离子浓度的关系进行分析的方法。

电导滴定法：该方法是一种容量分析方法，根据溶液电导的变化来确定滴定终点。滴定时滴定剂与溶液中被测离子生成水、沉淀或难离解的化合物，而使溶液的电导发生变化，在计量点时出现转折点，指示滴定终点。根据滴定剂消耗体积和浓度，计算出被测物质的浓度。

（5）电解分析法　外加直流电源电解试液，电解后直接测量电极上电解析出物质的量来进行分析的方法。如果将电解的方法用于元素的分离，则称为电解分离法。

2. 电化学分析法的特点

① 灵敏度较高。最低分析检出限可达 10^{-12} mol/L。

② 准确度高。如库仑分析法和电解分析法的准确度很高，前者特别适用于微量成分的测定，后者适用于高含量成分的测定。

③ 测量范围宽。电位分析法及微库仑分析法等可用于微量组分的测定；电解分析法、电容量分析法及库仑分析法则可用于中等含量组分及纯物质的分析。

④ 仪器设备较简单，价格低廉，仪器的调试和操作都较简单，容易实现自动化。

⑤ 选择性差。测定时需使用选择性较好的仪器，并且可能需要对样品进行分离纯化或富集后再进行测定。

电化学分析仪器简单，价格低廉，测定快速，在有机物、生物和药物、环境分析中显示出很大的潜力和优越性。另外，在一些苛刻的环境条件下，如流动的河流、非水化学流动过程、熔岩及核反应堆芯的流体中，电化学方法也是非常实用的。

二、电位分析法

1. 电位分析法分类及特点

（1）电位分析法分类　电位分析法是以测量原电池的电动势为基础，根据电动势与溶液中某种离子的活度之间的定量关系符合能斯特方程式，来测定物质活度的一类电化学分析法。测定时，原电池参比电极的电位已知、恒定，指示电极的电极电位随待测溶液中待测离子活度而变化，故测得的电池电动势与指示电极有关，进而与被测离子活度有关。电位分析法分为直接电位法和电位滴定法。

直接电位法：将电极插入被测液中构成原电池，根据原电池的电动势与被测离子活度间的函数关系，直接测定离子活度，常用于溶液 pH 和一些离子浓度的测定。直接电位法具有简便、快速、灵敏和应用广泛的特点。

电位滴定法：借助测量滴定过程中电池电动势的突变来确定滴定终点，再根据反应计量关系进行定量。电位滴定法的滴定终点由测量电位突跃来确定，而非指示剂颜色变化，因此，结果的准确度高，容易实现自动化控制，能进行连续和自动滴定，广泛用于酸碱、氧化还原、沉淀、配位等各类滴定反应。特别是那些滴定突跃小、溶液有色或浑浊的滴定，使用电位滴定法可以获得理想的结果。电位滴定法还可以用来测定酸碱的离解常数、配合物的稳定常数等。

(2) 电位分析法的特点

① 选择性好，对组分复杂的试样往往不需分离处理就可以直接测定。

② 灵敏度高，直接电位法的检出限一般为 $10^{-8} \sim 10^{-5}$ mol/L，特别适用于微量组分的测定。

③ 准确度高。

④ 电位分析法所用仪器设备简单，操作方便，分析快速，测定范围宽，不破坏试液，易于实现分析自动化。

⑤ 适用面广，成为农、林、渔、牧、地质、冶金、医药生产、环境保护等各个领域的重要测试手段。

2. 能斯特方程式

能斯特方程式(Nernst equation)表示了电极电位与溶液中对应离子活度之间存在的关系。例如对于氧化还原体系：

$$O_x^{n+} + ne^- \rightleftharpoons Red$$

$$\varphi(O_x/Red) = \varphi^{\ominus}(O_x/Red) + \frac{RT}{nF} \ln \frac{\alpha(O_x)}{\alpha(Red)} \tag{7-3}$$

式中，R 是气体常数，8.3143 J/(K·mol)；T 是绝对温度，K；F 是法拉第常数，96486.70 C/mol；n 是电极反应中得失的电子数；$\alpha(O_x)$ 及 $\alpha(Red)$ 分别表示氧化态及还原态的活度。

对于金属电极，其还原态是纯金属，其活度为常数，设定为 1。以常用对数代替自然对数，在温度为 25℃时，能斯特方程式可写为：

$$\varphi = \varphi^{\ominus}_{M^{n+}/M} + \frac{2.303RT}{nF} \lg \alpha_{M^{n+}} \tag{7-4}$$

式中，$\alpha_{M^{n+}}$ 为金属离子 M^{n+} 的活度。并近似地简化成：

$$\varphi = \varphi^{\ominus}_{M^{n+}/M} + \frac{0.0592}{n} \lg \alpha_{M^{n+}} \tag{7-5}$$

3. 电化学电池

电化学分析法都是在同一种电化学反应装置（电化学电池）上进行，其由两支电极、容器和适当的电解质溶液组成。

电化学电池是化学能和电能进行相互转换的电化学反应器，它分为原电池和电解池。电化学电池由两组容器盛装的金属-电解质溶液体系组成，这种金属-溶液体系称为电极或半电池，两电极的金属部分通过金属导线与外电路连接，两电极的溶液部分相通，组成一个回路。另外，电解池有外接电源，可以提供电能。

(1) 原电池　原电池一般发生氧化还原反应，还原剂在负极上失电子发生氧化反应，电子通过外电路输送到正极上，氧化剂在正极上得电子发生还原反应，从而完成还原剂和氧化剂之间电子的转移。两极之间溶液中离子的定向移动和外部导线中电子的定向移动构成闭合回路，使两个电极反应不断进行，发生有序的电子转移过程，产生电流，实现化学能向电能的转化。

从能量转化角度看，原电池是将化学能转化为电能的装置；从化学反应角度看，原电池的原理是氧化还原反应中还原剂失去的电子经外接导线传递给氧化剂，使氧化还原反应分别在两个电极上进行（图7-1）。

Cu-Zn原电池的Cu极为正极，Zn极为负极。

为便于描述，该原电池可用表达式表示：

$$Zn\,|\,ZnSO_4(x\,mol/L)\,\|\,CuSO_4(y\,mol/L)\,|\,Cu$$

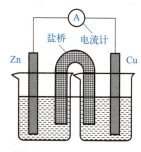

图7-1 Cu-Zn原电池示意图

式中，不同两相界面或两互不相溶溶液（相界面）之间用单竖线"|"表示；两电极之间的盐桥用双竖线"∥"表示，说明有两个接界面；双竖线两侧为两个半电池，通常将发生氧化反应的电极写在左边，发生还原反应的电极写在右边。电解质位于两电极之间，溶液需标明活度，气体需标明压力和温度。

（2）电解池　电解池主要应用于工业制高纯度的金属，是将电能转化为化学能的一个装置，由外加电源、电解质溶液和阴阳电极等构成。电流通过电解质溶液或熔融电解质而在两极引起氧化还原反应的发生（图7-2）。

Cu-Zn电解池的Cu极为阳极，Zn极为阴极。

电解池的表示方法与原电池相似，该Cu-Zn电解池的表达式可表示为：

$$Cu\,|\,CuSO_4(x\,mol/L)\,\|\,ZnSO_4(y\,mol/L)\,|\,Zn$$

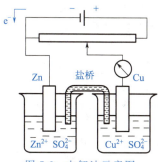

图7-2　电解池示意图

电解池的组成与原电池相似，但电解池有一个外电源。将外电源接到Cu-Zn原电池上，如果外电源的电压足够大，且方向与原电池相反，则电池中电流将按外电源极性的方向流动。两极的电极反应与原电池的情况相反，发生电解。

4. 电极

电极分为指示电极和参比电极。

（1）参比电极　参比电极的电势已知、恒定，不与被测溶液接触，是用来提供电位标准的电极。

标准氢电极（NHE）是最重要的参比电极，在电化学中将标准氢电极在任何温度下的电极电位定义为零。在压力为1MPa时，标准电极的电极电位为零时也称为绝对零电极电位（图7-3）。

电极反应：　　　$2H^+ + 2e^- \Longrightarrow H_2\uparrow$

参比电极

指示电极

参比电极需满足：受外界的影响较小，对温度和浓度无滞后现象；具有良好的可逆性、稳定性和重现性；装置简单，使用寿命长；电极的电位值稳定。电位分析法中最常用的参比电极有甘汞电极、饱和甘汞电极和银-氯化银电极。

① 甘汞电极。甘汞电极由汞、甘汞和含Cl^-的溶液等组成，常用$Hg\,|\,Hg_2Cl_2\,|\,Cl^-$表示。电极内，汞上有一层汞和甘汞的均匀糊状混合物。用铂丝与汞相接触作为导线。电解液一般采用氯化钾溶液。以饱和氯化钾溶液为电解质溶液的甘汞电极称为饱和甘汞电极，用1mol/L氯化钾溶液的则称为当量甘汞电极（图7-4）。甘汞电极的电极电势与氯化钾浓度、

所处温度有关。它在较高温度时（80℃以上）性能较差。

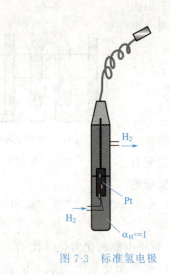

图 7-3　标准氢电极

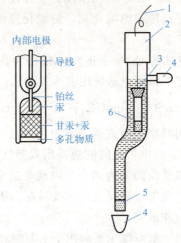

图 7-4　甘汞电极示意图

1—导线；2—绝缘帽；3—内电极；4—保护帽；
5—多孔物质；6—饱和 KCl 溶液

甘汞电极的电极电位随氯化钾的浓度变化而变化，见表 7-1。

表 7-1　Hg/Hg_2Cl_2 电极的电极电位（25℃）

名称	0.1mol/L 甘汞电极	标准甘汞电极	饱和甘汞电极(SCE)
c_{KCl}	0.1mol/L	1mol/L	饱和溶液
电极电位 φ/V	+0.3365	+0.2828	+0.2438

② 饱和甘汞电极。饱和甘汞电极是电位分析法中最常用的参比电极。在使用饱和甘汞电极时，需要注意下面几个问题：

a. 使用前应先取下电极下端口和上侧加液口的小胶帽，不用时戴上。

b. 电极内饱和 KCl 溶液的液位应保持有足够的高度（浸没内电极），不足时要补加；为了保证内参比溶液是饱和溶液，由上加液口补加少量 KCl 晶体，保证电极下端要有少量 KCl 晶体存在。

c. 使用前应检查弯管处是否有气泡，若有气泡应及时排除掉，否则将引起电路断路或仪器读数不稳定。

d. 甘汞电极的保存温度和使用温度要相似，否则会引起电极电势的改变。

e. 安装电极时，电极应垂直置于溶液中，内参比溶液的液面应较待测溶液的液面高，以防止待测溶液向电极内渗透。

f. 电极不用时应将其侧管的橡皮塞塞紧，将下端的盛装有饱和氯化钾溶液的橡皮套套上，存放在盒内。若甘汞电极盐桥端的毛细孔被氯化钾晶体堵塞，则可放入蒸馏水中浸泡溶解。

③ 银-氯化银电极。由覆盖着氯化银层的金属银浸在氯化钾或盐酸溶液中组成，常用 $Ag|AgCl|Cl^-$ 表示。银-氯化银电极的电极电势与溶液中 Cl^- 浓度、所处温度有关（图 7-5）。

（2）指示电极　在电化学分析过程中，电极电位随溶液中待测离子活度（浓度）的变化而变化，并指示出待测离子活度（浓度）的电极。指示电极共有两大类：电子交换反应电极和离子选择性电极。

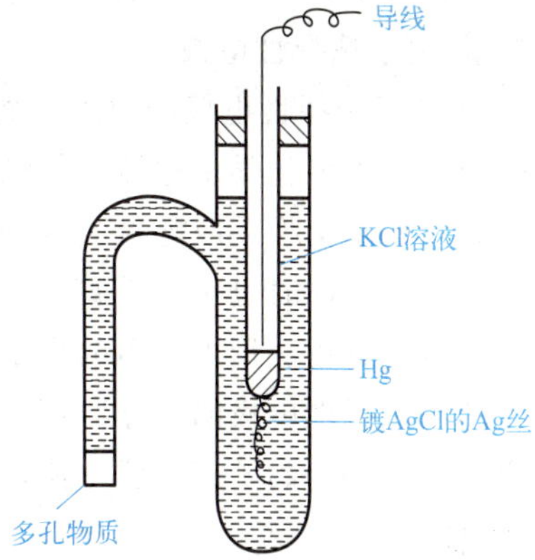

① 电子交换反应电极。电子交换反应电极也叫金属基电极,它是以金属为基体,基于电子交换反应的电极。其共同特点是它们的电极电位主要来源于电极表面的氧化还原反应,在电极反应中发生了电子交换。常用的电子交换反应电极有以下几种。

a. 第一类电极,也叫金属-金属离子电极,由能发生可逆氧化反应的金属插入含有该金属离子的溶液中构成,是金属与其离子的溶液处于平衡状态所组成的电极。

例如 $Ag^+|Ag$ 电极,电极反应为:

$$Ag^+ + e^- \longrightarrow Ag$$

图 7-5 银-氯化银电极示意图

电极电位为:

$$\varphi(Ag^+/Ag) = \varphi^\ominus(Ag^+/Ag) + \frac{2.303RT}{nF}\lg a(Ag^+) \tag{7-6}$$

该电极不但可用于测定 Ag^+ 的活度,还可以用于滴定过程中,由于沉淀或配位反应而引起 Ag^+ 的活度变化的电位滴定。

常用的这类电极的金属有银、铜、镉、锌和汞等,铁、钴、镍等金属不能构成这种电极。金属电极使用前应彻底清洗金属表面,清洗方法是先用细砂纸打磨金属表面,然后再分别用自来水和蒸馏水清洗干净。

b. 第二类电极,也叫金属-金属难溶盐电极,由金属、该金属的难溶盐和难溶盐的阴离子溶液组成。金属表面覆盖其难溶盐,并与此难溶盐具有相同阴离子的可溶盐的溶液处于平衡态时所组成的电极。甘汞电极和银-氯化银电极就属于此类电极,其电极电位随所在溶液中的难溶盐阴离子活度变化而变化。

例如 $Ag|AgCl,Cl^-$ 用来测定氯离子的活度。电极反应为:

$$AgCl + e^- \longrightarrow Ag^+ + Cl^-$$

电极电位为:

$$\varphi(AgCl/Ag) = \varphi^\ominus(AgCl/Ag) + \frac{2.303RT}{nF}\lg\frac{1}{a(Cl^-)} \tag{7-7}$$

此类电极制作容易、电位稳定、重现性好,常用作参比电极。

c. 零类电极,也叫惰性金属电极,这类电极是将一种惰性金属浸入氧化态与还原态同时存在的溶液中所构成的体系。它是由铂、金等惰性金属(或石墨)插入含有氧化还原电对(如 Fe^{3+}/Fe^{2+})物质的溶液中构成的。

例如 $Pt|Fe^{3+},Fe^{2+}$

电极反应为:

$$Fe^{3+} + e^- \longrightarrow Fe^{2+}$$

电极电位为:

$$\varphi(Fe^{3+}/Fe^{2+}) = \varphi^\ominus(Fe^{3+}/Fe^{2+}) + \frac{2.303RT}{F}\lg\frac{a(Fe^{3+})}{a(Fe^{2+})} \tag{7-8}$$

此类电极的电位能指示出溶液中氧化态和还原态离子活度之比。但是惰性金属本身并不参与电极反应，它仅提供了交换电子的场所。

② 离子选择性电极。

a. 离子选择性电极的原理。离子选择性电极也叫膜电极，是对某种特定离子产生选择性响应的一种电化学传感器。其结构一般由敏感膜（玻璃膜）、内参比溶液和内参比电极组成。它与电子交换反应电极的区别在于电极的薄膜并不给出或得到电子，而是选择性地让一些离子渗透，同时也包含着离子交换过程。这类电极由于具有选择性好、平衡时间短的特点，是电位分析法用得最多的指示电极（图7-6）。

离子选择性电极的工作原理：通过某些离子在膜两侧的扩散、迁移和离子交换等作用，选择性地对某个离子产生膜电势，膜电势与该离子活度的关系符合能斯特方程式。

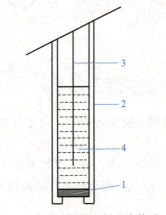
图7-6 离子选择性电极基本构造
1—敏感膜；2—电极管；3—内参比电极；4—内参比溶液

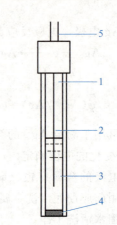
图7-7 氟离子选择膜电极
1—塑料管或玻璃管；2—内参比电极；3—内参比溶液（NaF-NaCl）；4—氟化镧单晶膜；5—接线

例如氟离子选择膜电极，内参比溶液是0.1mol/L NaCl和0.1mol/L NaF的混合物，F^-用来控制膜内表面的电极电位，Cl^-用来固定内参比电极的电位（图7-7）。

b. 离子选择性电极的分类：

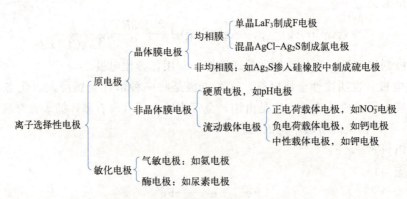

c. 离子选择性电极的选择性。理想的离子选择性电极应仅对某一特定的离子有电位响应。实际上，每一种离子选择性电极对于与这种特定离子共存的其它离子都有不同程度的响应，会对膜电位产生一定的影响。例如，pH玻璃电极，在测定溶液的pH值时，若pH>9，则玻璃电极就会对溶液中的碱金属离子（如Na^+）产生一定的响应，使得其膜电位与pH

的理想线性关系发生偏离，产生测量误差，这种误差称为"钠误差"或"碱性误差"。产生这种现象的原因是pH玻璃电极在一定条件下对Na^+也有响应。当H^+浓度较高时，电极对H^+的响应占主导，但当H^+浓度较低时，Na^+存在的影响就显著了。所以，此时pH玻璃电极的膜电位应修正为：

$$\varphi = K + \frac{2.303RT}{F} \lg(\alpha_{H^+} + \alpha_{Na^+} K_{H^+,Na^+}) \tag{7-9}$$

式中，α_{Na^+}为溶液中共存的Na^+的活度；K_{H^+,Na^+}为选择性系数。若设i为某离子的选择性电极的欲测离子，j为与i共存的干扰离子，n_i与n_j分别为两种离子的电荷，则一般离子选择性电极的膜电位通式可表示为：

$$\varphi = K \pm \frac{2.303RT}{n_i F} \lg(\alpha_i + K_{i,j} \alpha_j^{n_i/n_j}) \tag{7-10}$$

$K_{i,j}$可理解为在其它条件相同时，能提供相同电位的i与j的活度比，即：

$$K_{i,j} = \frac{a_i}{(a_i)^{n_i/n_j}} \tag{7-11}$$

若$n_i = n_j = 1$，如果$K_{i,j} = 10^{-2}$，则当α_j是α_i一百倍时，j离子所提供的电位才等于i所提供的电位，亦即：该电极对i离子的敏感度比j离子大100倍。但当$K_{i,j} = 100$时，与i离子比较，j离子是主响应离子。可见，$K_{i,j}$越小表示电极对i离子的选择性越高，抗j离子的干扰能力越强。不过，$K_{i,j}$的大小与离子活度和实验条件及测定方法等有关，因此不能用$K_{i,j}$的文献数据作为分析测定时的干扰校正。通常商品电极都会提供经试验测定的$K_{i,j}$值，用于估算干扰离子对测定造成的误差，判断某种干扰离子存在下测定方法是否可行。计算公式为：

$$相对误差 = \frac{K_{i,j} a_j^{n_i/n_j}}{a_i} \times 100\% \tag{7-12}$$

【例 7-1】 有一NO_3^-选择性电极，对SO_4^{2-}的电位选择性系数为4.1×10^{-5}。用此电极在1.0mol/L H_2SO_4介质中测定，测得$a_{NO_3^-} = 8.2 \times 10^{-4}$ mol/L。问SO_4^{2-}引起的误差是多少？

解：根据公式得出

$$相对误差 = 4.1 \times 10^{-5} \times 1.0^{1/2} / 8.2 \times 10^{-4} = 5.0\%$$

因此，SO_4^{2-}引起的误差是5.0%。

③ pH玻璃电极。pH玻璃电极是最常见的一种离子选择性电极。pH玻璃电极膜电位的产生是氢离子在玻璃膜表面进行离子交换和扩散的结果。

pH玻璃电极是一种特定配方的玻璃（在SiO_2基质中加入Na_2O和少量CaO烧制而成）吹制成球状的膜电极，这种玻璃的结构为三维固体结构，网格由带有负电性的硅酸根骨架构成，Na^+可以在网格中移动或者被其他离子所交换，而带有负电性的硅酸根骨架对H^+有较强的选择性（图7-8）。当玻璃膜浸泡在水中时，发生如下的离子交换反应：

$$H^+ + Na^+Gl^- \rightleftharpoons Na^+ + H^+Gl^-$$
$$溶液\quad 玻璃 \qquad 溶液\quad 玻璃$$

由于硅氧结构与氢离子的键合强度远大于其与钠离子的强度（约为10^{14}倍），平衡常数很大，玻璃膜内外表层中的Na^+的位置几乎全部被H^+所占据，从而形成"水化层"。

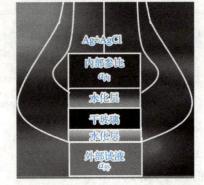

pH 玻璃电极　　图 7-8　pH 玻璃电极水化层形成示意图

pH 玻璃电极除了对某特定离子有响应外，溶液中共有的离子对电极电位也有贡献，形成对待测离子（H^+）的干扰。此时，电极电位可写成：

$$\varphi = K + \frac{2.303RT}{n_i F} \lg(\alpha_i + \sum_j k_{i,j} \alpha_j^{n_i/n_j}) \tag{7-13}$$

式中，i 表示待测离子（H^+）；j 表示共存离子。例如某 pH 玻璃电极对 Na^+ 的选择性系数 $K_{H^+,Na^+} = 10^{-11}$，表示该电极对 H^+ 的响应比对 Na^+ 的响应灵敏 10^{11} 倍。

玻璃电极一般适用于 pH 1～9，pH＞9 时会产生碱误差，读数偏高，pH＜1 时会产生酸误差，读数偏低。

三、直接电位法

直接电位法测离子活度

直接电位法是电位分析法的一种，主要应用于 pH 值测定和离子选择性电极法测定溶液中离子活度。该法将指示电极和参比电极一起浸入待测溶液中组成原电池，用精密酸度计、毫伏计或离子计测量电池电动势，或直读离子浓度。

实际上，由于所测得的电池电动势包括了液体接界电位，存在膜电极不对称电位，指示电极测定的是活度而不是浓度等原因，直接电位法直接测定电池电动势或溶液浓度时，需用 pH 标准缓冲液作为基准。

1. 直接电位法测定原理

pH 值是氢离子活度的负对数，测定溶液的 pH 值通常用 pH 玻璃电极作指示电极（为负极），饱和甘汞电极作参比电极（为正极），与待测溶液组成工作电池，电动势为：

$$E = E_{SCE} - E_{玻璃}$$

对于 pH 标准缓冲液和未知溶液，测得的电动势分别为：

$$E_s = \varphi_{SCE} - (\varphi_{AgCl,Ag} + \frac{2.303RT}{F} \lg \frac{\alpha_s}{\alpha_y} + \varphi_a + \varphi_j) \tag{7-14}$$

$$E_x = \varphi_{SCE} - (\varphi_{AgCl,Ag} + \frac{2.303RT}{F} \lg \frac{\alpha_x}{\alpha_y} + \varphi_a + \varphi_j) \tag{7-15}$$

式中，φ_{SCE} 是参比电极饱和甘汞电极的电位；$\varphi_{AgCl,Ag}$ 是玻璃膜电极内参比电极银-氯化银电极的电位；φ_a 是不对称电位；φ_j 是液体接界电位；α_y 是内参比溶液氢离子活度；α_s 为缓冲溶液氢离子活度；α_x 为未知溶液的氢离子活度。$pH = -\lg a_{H^+}$。式（7-14）及式（7-15）可简写为：

$$E_s = K'_s + \frac{2.303RT}{F}\text{pH}_s \tag{7-16}$$

$$E_x = K'_x + \frac{2.303RT}{F}\text{pH}_x \tag{7-17}$$

在同一测定条件下，采用同一支 pH 玻璃电极和 SCE，φ_a 与 φ_j 保持不变，$K'_x \approx K'_s$，两式相减可得未知溶液的 pH 值与标准缓冲液的 pH 值关系：

$$\text{pH}_x = \text{pH}_s + \frac{E_x - E_s}{2.303RT/F} \tag{7-18}$$

式(7-18)称为 pH 的操作定义或实用定义，由此可以看出，未知溶液的 pH 值与未知溶液的电位值呈线性关系。这种测定方法实际上是一种标准曲线法，标定仪器的过程实际上就是用标准缓冲液校准标准曲线的截距，温度校准则是调整标准曲线的斜率。经过校准操作后，pH 的刻度就符合标准曲线的要求了，可以对未知溶液进行测定，未知溶液的 pH 值可以由酸度计直接读出。

2. pH 标准缓冲液

pH 标准缓冲液是具有准确 pH 的缓冲溶液，能对抗外加少量酸、碱或稍稀释，而使 pH 值不易发生变化，是 pH 测定的基准。它的 pH 值有良好的复现性和稳定性，具有较大的缓冲容量、较小的稀释值和较小的温度系数。

pH 标准缓冲液的配制

常用的 pH 标准缓冲液及配制方法如下：

① 邻苯二甲酸盐标准缓冲液：称取 10.21g 在 105℃烘过的邻苯二甲酸氢钾，用水稀释定容至 1L。

② 磷酸盐标准缓冲液：称取 3.39g 在 50℃烘过的磷酸二氢钾和 3.53g 无水磷酸氢二钾，溶于水，定容至 1L。

③ 硼砂标准缓冲液：称取 3.80g 硼砂，溶于无二氧化碳的冷水中，定容至 1L。

常用 pH 标准缓冲液在不同温度下的 pH 值，见表 7-2。

表 7-2 标准缓冲液在不同温度下的 pH 值

温度/℃	草酸盐标准缓冲液 pH	邻苯二甲酸盐标准缓冲液 pH	磷酸盐标准缓冲液 pH	硼砂标准缓冲液 pH	氢氧化钙标准缓冲液（25℃饱和溶液）pH
0	1.67	4.01	6.98	9.46	13.43
5	1.67	4.00	6.95	9.40	13.21
10	1.67	4.00	6.92	9.33	13.00
15	1.67	4.00	6.90	9.27	12.81
20	1.68	4.00	6.88	9.22	12.63
25	1.68	4.01	6.86	9.18	12.45
30	1.68	4.01	6.85	9.14	12.30
35	1.69	4.02	6.84	9.10	12.14
40	1.69	4.04	6.84	9.06	11.98

任务二　离子选择性电极测定牙膏中氟的含量

任务目标

1. **掌握**　测定溶液 pH 的基本原理,用酸度计测定溶液 pH 的步骤
2. **熟悉**　酸度计的结构及组成,离子选择性电极
3. **了解**　直接电位法的原理

学习任务单

任务名称	离子选择性电极测定牙膏中氟的含量
任务描述	根据能斯特方程式,熟练使用酸度计测定牙膏中氟的含量
任务分析	任务中,首先要了解离子选择性电极测定的原理,离子计的操作规程。然后配制溶液,用离子计测定电动势,绘制 E-$\lg c$ 标准曲线法测定氟的含量
成果展示与评价	每一组学生完成实验的操作并记录数据,小组互评。最后,由教师综合评定成绩

【任务实施】

一、任务目的

1. 掌握用离子选择性电极进行直接电位分析的原理及方法。
2. 学会使用离子选择性电极。

二、方法原理

氟离子选择性电极的电极膜由 LaF_3 单晶制成,电位与 F^- 活(浓)度的关系符合能斯特方程,即

$$E_{F^-} = K - \frac{2.303RT}{F} \lg \alpha_{F^-} \tag{7-19}$$

氟离子选择性电极与饱和甘汞电极组成的测量电池为:

氟离子选择性电极|试液(x mol/L)‖SCE

① 标准曲线法:配制一系列标准溶液,测定电动势,绘制 E-$\lg c$ 曲线,然后测得未知试液的电动势 E_x,在标准曲线上查得其浓度。

② 标准加入法:首先测量体积为 V_0、浓度为 c_x 的被测离子试液的电动势 E_x,接着在试液中加入体积为 V_s、浓度为 c_s 的被测离子的标准溶液,并测量其电动势 E_{x+s},参照式(7-20)可得出其浓度。

$$c_x = \Delta c (10^{\Delta E/S} - 1)^{-1} \tag{7-20}$$

式中，Δc 为加入标准溶液后被测离子浓度的增加量；ΔE 为两次测得的电动势之差；S 为电极斜率，$S=2.303RT/nF$。

用标准加入法时，通常要求加入的标准溶液的体积比试液体积小 1/100，浓度大 100 倍，使加入标准溶液后测得的电位变化达 20～30mV。

三、仪器与试剂

仪器：数字离子酸度计，磁力搅拌器，电极（氟离子选择性电极和饱和甘汞电极）等。

试剂：1.00×10^{-1}mol/L F^- 标准储备液，1.00×10^{-5}～1.00×10^{-2}mol/L F^- 标准溶液，总离子强度调节缓冲剂（TISAB），日用牙膏等。

四、操作过程

任务名称	离子选择性电极测定牙膏中氟的含量	操作人	日期
		复核人	
方法步骤	说明		笔记
标准储备液及 TISAB 的配制	1.00×10^{-1}mol/L F^- 标准储备液：准确称取 4.198g NaF（120℃烘干 1h），溶于 1000mL 容量瓶中，用蒸馏水稀释至刻度线，摇匀。储存于聚乙烯瓶中待用		
	总离子强度调节缓冲剂（TISAB）：称取 NaCl 58.5g，柠檬酸钠 10g，溶解于 800mL 蒸馏水中，再加入冰乙酸 57mL，用 40％氢氧化钠溶液调节到 pH 5～5.5，稀释到 1L		
牙膏溶液配制	取 1g 牙膏，加水溶解，再加入 5mL TISAB。煮沸 2min，冷却并转移至 100mL 容量瓶中，用蒸馏水稀释至刻度线，待用		
氟离子选择性电极	将氟离子选择性电极泡在 1.00×10^{-4}mol/L 氟离子溶液中约 30min，然后用蒸馏水清洗数次直至测得的电位值约为 -300mV（此值各支电极不同）。若氟离子选择性电极暂不使用，宜于干放		
绘制标准曲线	取标准储备液，用 100mL 容量瓶，各配制内含 5mL 离子强度调节剂的 1.00×10^{-5}～1.00×10^{-2}mol/L 氟离子标准溶液，分别倒入塑料烧杯中。浓度由低到高，插入氟离子选择性电极和饱和甘汞电极，搅拌，测量各标准溶液的电位值 E，绘制标准曲线		
	测量完毕后将电极用蒸馏水清洗直至测得电位值 -300mV 左右待用		
牙膏溶液中氟含量的测定	准确移取牙膏溶液 50mL 于 100mL 容量瓶中，加入 5mL TISAB，用蒸馏水稀释至刻度，摇匀。然后全部倒入塑料烧杯中，插入电极，连接线路。在搅拌条件下待电位稳定后读取电位值 E_x		

		续表
标准加入法测定氟含量	参照标准曲线法测得牙膏溶液的电位值 E_x,后准确加入 1mL $1.00×10^{-4}$ mol/L 氟离子标准溶液,测定电位值 E_{x+s}。(若读的电位值变化小于 20mV,应使用 1mL $1.00×10^{-3}$ mol/L 氟离子标准溶液,此时实验需要重新开始)	
	空白实验以蒸馏水代替试样,重复上述测定。牙膏试样同样可按上述方式测定	
结果分析	记录结果。用标准曲线法,利用标准曲线得出氟含量;用标准加入法,计算得出氟浓度。比较、分析两种方法所得出的结果	
结束工作	洗涤仪器,整理工作台和实训室	

五、结果记录

结果记录				
任务名称	离子选择性电极测定牙膏中氟的含量	操作人	日期	
		复核人		
样品种类	测定值			平均值
未知液				

1. 标准曲线法:用计算机绘制 $E-(-\lg c)$ 曲线,根据牙膏溶液测得的电动势 E,在标准曲线上查得对应的浓度,计算氟离子含量。

续表

2. 标准加入法：根据标准加入法的公式，计算得到试样中氟离子的浓度。
$$c_x = \Delta c(10^{\Delta E/S} - 1)^{-1}$$

六、注意事项

1. 测量时由低浓度至高浓度，每次测定前将搅拌子和电极上的水珠用滤纸擦干，但注意不要碰到底部晶体膜。
2. 氟电极不用时干燥保存，氟离子储备液要用聚乙烯瓶子装。
3. 注意参比电极内是否有气泡，若没充满，应补充饱和氯化钾溶液。

七、操作评价表

任务名称	离子选择性电极测定牙膏中氟的含量		操作人		日期	
操作项目	考核内容	操作要求		分值	得分	备注
溶液配制	容量瓶规格	选择正确		2		
	容量瓶试漏	正确试漏		2		
	容量瓶洗涤	洗涤干净		2		
	定量转移	转移动作规范		3		
	定容	1. 三分之一处水平摇动 2. 准确稀释至刻度线 3. 摇匀动作正确		3		

续表

移取溶液	移液管洗涤	洗涤干净	2		
	移液管润洗	润洗方法正确	3		
	吸溶液	1. 不吸空 2. 不重吸	2		
	调刻度线	1. 调刻度线前擦干外壁 2. 调节液面操作熟练	3		
	放溶液	1. 移液管竖直 2. 移液管尖靠壁 3. 放液后停留约 15s	3		
称取试剂	称量	1. 天平使用正确 2. 称量结果在误差范围内	5		
电极	电极使用	电极活化、清洗	5		
标准曲线	曲线绘制过程	1. 仪器操作正确、记录测定电位值 2. 以 $E-(-\lg c)$ 绘制曲线 3. 清洗电极	15		
样品测定	测定过程	1. 溶液配制正确 2. 规范地测定溶液	15		
标准加入法测定	测定过程	1. 溶液配制正确 2. 规范地测定溶液	15		
结果分析	结果记录	实验结果在误差范围内	10		
职业素养	实验室安全	1. 整理实验室 2. 规范操作 3. 团队合作	10		

评价人：_____   总分：_____

【任务支撑】

一、溶液离子活度测定原理

利用离子选择性电极与参比电极组成电池，通过测定电池电动势来测定离子的活度，这种测量仪器叫离子计。与 pH 计测定溶液 pH 值类似，各种离子计可直读出试液的离子活度负对数（PM）值。离子计使用不同的离子选择性电极和相应的标准溶液来标定仪器的刻度。此外，利用电极电位和 PM 的线性关系，也可以采用标准曲线法和标准加入法测定离子活度。

离子选择性电极测得的物质含量为活度，而分析上常常以浓度表示，浓度 c 和活度 a 之间的关系为 $a_i = r_i c_i$。r_i 随试液中离子强度改变，故无法求得溶液的浓度。强电解质的稀溶液和弱电解质溶液中，通常以浓度代替活度，使计算大为简化。

为使试液中离子强度保持一致，r_i 不变，通常在试液中加入惰性盐，该惰性盐称为离子强度调节剂。离子强度调节剂加入量较大，试液的离子强度基本上由其决定。有时试液中还加入 pH 缓冲剂和消除干扰的掩蔽络合剂，总称为总离子强度调节缓冲剂（TISAB）。

TISAB 的主要作用有：使溶液的离子强度恒定；保持试液在离子选择性电极适合的 pH 范围内，避免 H^+ 和 OH^- 的干扰；使被测离子释放成为可检测的游离离子；掩蔽干扰离子。例如，测定水中氟离子时需消除铁、铝离子的干扰，此时 TISAB 的组成为：NaCl(1mol/L)、HAc(0.25mol/L)、NaAc(0.75mol/L)、柠檬酸钠（0.001mol/L）。其中 NaCl 的作用是保持较大而稳定的离子强度；HAc 与 NaAc 组成缓冲体系，使溶液 pH 保持在氟离子选择性电极适合的范围（pH 5 左右）；柠檬酸钠可掩蔽 Fe^{3+}、Al^{3+}，避免对 F^- 测定的干扰。

二、定量分析方法

1. 比较法

利用已知离子浓度的标准溶液为基准，先测定已知离子浓度标准溶液的电动势，在同样的条件再测定未知液的电动势，即可求得待测离子的浓度。

2. 标准曲线法

先配制一系列已知浓度的标准溶液，依次加入相同量的 TISAB，然后将离子选择性电极、内参比电极、参比电极与每一种浓度的标准溶液组成工作电池，在同一条件下，测出各溶液的电动势。以所测得的电动势 E 为纵坐标，以浓度的对数 c 为横坐标，绘出 $E-(-\lg c_i)$ 的标准曲线（图 7-9）。

在待测溶液中加入等量的相同 TISAB 溶液，并用同一对电极测定其电池电动势 E_x，再从所绘制的标准曲线上查出 E_x 所对应的 $\lg c_i$，换算成 c_i。

由于 K 值容易受温度、搅拌速度及液接电位等的影响，标准曲线不是很稳定，容易发生平移。实际工作中，条件改变时，需重新绘制标准曲线，再分析试液。

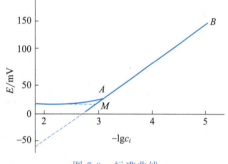

图 7-9 标准曲线

标准曲线法主要适用于大批同样试样的测定。当试样组成复杂，难以与标准曲线条件一致时，需要靠回收率实验对该方法的准确性加以验证。

3. 标准加入法

标准曲线法用于测定游离的金属离子的活度，若要测定金属离子的总浓度（游离的和络合的），可采用标准加入法。

设某一试液体积为 V_0，其待测离子的浓度为 c_x，测定的工作电池电动势为：

$$E_x = K + \frac{2.303RT}{nF}\lg c_x \tag{7-21}$$

往试液中准确加入体积为 V_s（大约为 V_0 的 1/100）的用待测离子的纯物质配制的标准溶液，浓度为 c_s（约为 c_x 的 100 倍）。由于 $V_0 \gg V_s$，可认为溶液体积基本不变。浓度增量为：

$$\Delta c = \frac{c_s V_s}{V_0} \tag{7-22}$$

再次测定工作电池的电动势为：

$$E_{x+s} = K' + \frac{2.303RT}{nF}\lg(c_x + \Delta c) \tag{7-23}$$

由于测定条件相同，故 $K = K'$。式（7-23）和式（7-21）两式相减，则得两次测定的电位差：

$$\Delta E = E_{x+s} - E_x = \frac{2.303RT}{nF}\lg\left(1 + \frac{\Delta c}{c_x}\right)$$

令：

$$S = \frac{2.303RT}{nF}$$

则：

$$\Delta E = S\lg\left(1 + \frac{\Delta c}{c_x}\right)$$

所以：

$$c_x = \Delta c(10^{\Delta E/S} - 1)^{-1} \tag{7-24}$$

Δc 可由式（7-24）算出，因此，只要算出 S，测出 ΔE，就可求出 c_x。

标准加入法不需要校正和作标准曲线，只需一种标准溶液，溶液配制简便，可以消除试样中的干扰因素，适用于测定组成不确定或复杂的个别试样。标准加入法的误差主要来源于 S 和 K 等，因此，标准加入法要求在相同实验条件下测定。

【例 7-2】 用氯离子选择性电极测定果汁中氯化物含量。在 100mL 的果汁中测得电动势为 -26.8 mV，加入 1.00mL、0.500mol/L 经酸化的 NaCl 溶液，测得电动势为 -54.2 mV。计算果汁中氯化物浓度（假定加入 NaCl 前后离子强度不变）。

解：浓度增量为：$\Delta c = c_s V_s / V_0 = 0.500 \times 1.00 / 100$

令：

$$S = \frac{2.303RT}{nF}$$

则：

$$\Delta E = S\lg\left(1 + \frac{\Delta c}{c_x}\right)$$

所以：

$$c_x = \Delta c(10^{\Delta E/S} - 1)^{-1}$$

$$c_x = 2.63 \times 10^{-3} \text{ (mol/L)}$$

4. 浓度直读法

与使用酸度计测量试液 pH 相似，测定溶液中待测离子的活度，也可以由经过标准溶液校正后的测量仪器上直接读出待测溶液 pX 值或 X 的浓度值，这就是浓度直读法。优点就是简便快捷，所用仪器为离子计。

任务三　AgNO₃ 标准溶液自动电位滴定法测定溶液中的氯化物含量

任务目标

1. **掌握**　自动电位滴定仪用于滴定的基本原理，自动电位滴定仪的操作技术
2. **熟悉**　自动电位滴定仪组成及结构
3. **了解**　电位滴定法与常规滴定法的异同

学习任务单

任务名称	AgNO₃ 标准溶液自动电位滴定法测定溶液中的氯化物含量
任务描述	掌握电位滴定法，熟练使用自动电位滴定仪测定氯化物含量
任务分析	任务中，先了解电位滴定法，熟悉自动电位滴定仪及其操作规程。然后，利用自动电位滴定仪测定溶液中氯化物含量，准确判断滴定终点
成果展示与评价	每一组学生完成实验的操作并记录数据，小组互评。最后，由教师综合评定成绩

【任务实施】

一、任务目的

1. 了解自动电位滴定的原理及确定终点的方法。
2. 熟悉和学习自动电位滴定仪的操作规程。

二、方法原理

若溶液本身具有很深的颜色，影响指示剂的变色，普通滴定不能进行。虽然可用重量法测定，仍太麻烦。用电位滴定法测定，方便、快速、准确。电位滴定法测 Cl⁻ 时，通常采用 AgNO₃ 作滴定剂，随着滴定剂的加入，溶液中 Ag⁺ 和 Cl⁻ 浓度不断发生变化，以银离子选择性电极作为指示电极，饱和甘汞电极为参比电极确定终点。滴定反应为：

$$Ag^+ + Cl^- \rightleftharpoons AgCl\downarrow$$

银离子选择性电极电位为

$$E_{Ag^+/Ag} = E^{\ominus}_{Ag^+/Ag} + 0.0592 \lg \alpha_{Ag^+} \tag{7-25}$$

在滴定过程中，随着 Cl⁻ 的浓度变化，E 同步变化，滴定至预定终点时，仪器发出一控制信号，使自动电位滴定仪停止滴定。最后由用去的 AgNO₃ 体积计算出 Cl⁻ 含量。终点时

$$[Cl^-] = [Ag^+] = \sqrt{K_{sp,AgCl}} \tag{7-26}$$

式中，$K_{sp,AgCl}$ 表示 AgCl 的沉淀溶解平衡常数，为 1.8×10^{-10}。滴定终点时阴离子选择性电极的电位

$$E_{ep}=E^{\ominus}_{Ag^+/Ag}+0.0592\lg\sqrt{K_{sp,AgCl}} \tag{7-27}$$
$$=0.799+0.0592\lg\sqrt{1.8\times10^{-10}}=0.511\ (\text{V})$$

滴定终点时电池的电位差

$$\Delta E=E_{ep}-E_{SCE}=0.277\text{V}$$

三、仪器与试剂

仪器：ZD-2 型自动电位滴定仪；银离子选择性电极；饱和甘汞电极等。

试剂：HNO_3 溶液（1+1）；NaCl 标准溶液 0.05mol/L；$AgNO_3$ 溶液 0.05mol/L（待标定）；未知试液等。

四、操作过程

任务名称	$AgNO_3$ 标准溶液自动电位滴定法测定溶液中的氯化物含量	操作人	日期
		复核人	
方法步骤	**说明**		**笔记**
标准溶液的配制	NaCl 标准溶液（0.05mol/L）的配制：准确称取基准 NaCl 约 0.3g，用水溶解后转移入 100mL 容量瓶，稀释至刻度线，摇匀，计算 NaCl 的浓度		
$AgNO_3$ 溶液的标定（手动电位滴定法）	用移液管准确移取 25.00mL NaCl 标准溶液于 250mL 烧杯中，加入 4mL HNO_3 溶液（1+1），以蒸馏水稀释至 100mL 左右，置于滴定装置的搅拌器上搅拌，用 $AgNO_3$ 溶液滴定至 E 值 400mV 左右，临近终点时，每加入 0.1mL $AgNO_3$ 溶液，记录一次 E 值		
预置滴定终点	调试好仪器后，将终点预置在 0.277V；调试好仪器后，将终点预置为手动电位滴定法找到的终点电位		
未知试样测定	用移液管准确移取 25.00mL 未知试液于 250mL 烧杯中，加入 4mL HNO_3 溶液（1+1），加蒸馏水稀释至刻度线。平行测定三次		
自来水样测定	取 100mL 自来水于烧杯中，加入 4mL HNO_3 溶液（1+1），按照上述方法，平行测定三次		
实验后处理	清洗滴定装置，尤其注意需用蒸馏水吹洗电极		
结果分析	记录数据。计算 $AgNO_3$ 溶液的标定结果和氯化物含量的测定结果		
结束工作	洗涤仪器，整理工作台和实训室		

五、结果记录

任务名称	结果记录				
	$AgNO_3$ 标准溶液自动电位滴定法测定溶液中的氯化物含量	操作人		日期	
		复核人			
样品种类	测定值			平均值	
未知液					

1. $AgNO_3$ 溶液的标定

根据手动滴定的数据,绘制电位(E)-滴定体积(V)的滴定曲线,通过 E-V 曲线确定终点电位和终点体积 V_{NaCl}。

$$c_{AgNO_3} = \frac{V_{NaCl} c_{NaCl}}{V_{AgNO_3}}$$

2. 氯化物含量的测定

按下述方法计算 Cl^- 含量

$$c_{Cl^-} = \frac{(V_2 - V_1) c_{AgNO_3}}{V}$$

式中,V_1 为滴定前读数;V_2 为滴定后读数;V 为未知试样或水样体积。

六、注意事项

1. 测定溶液过程中，搅拌速度要恒定。
2. 将电磁阀调整合适，手动滴定时，应有节奏地按动开关。

七、操作评价表

任务名称	AgNO₃ 标准溶液自动电位滴定法测定溶液中的氯化物含量		操作人		日期	
操作项目	考核内容	操作要求	分值	得分	备注	
溶液配制	容量瓶规格	选择正确	2			
	容量瓶试漏	试漏正确	2			
	容量瓶洗涤	干净洗涤	2			
	定量转移	转移动作规范	3			
	定容	1. 三分之一处水平摇动 2. 准确稀释至刻度线 3. 摇匀动作正确	3			
移取溶液	移液管洗涤	洗涤干净	2			
	移液管润洗	润洗方法正确	3			
	吸溶液	1. 不吸空 2. 不重吸	2			
	调刻度线	1. 调刻度线前擦干外壁 2. 调节液面操作熟练	3			
	放溶液	1. 移液管竖直 2. 移液管尖靠壁 3. 放液后停留约 15s	3			
标定溶液	滴加速度	滴定速度适当	5			
	终点判断	滴定终点判断准确	5			
预置滴定终点	终点预置	1. 正确调试仪器 2. 正确测定终点	15			
试样测定	测定操作	1. 正确预处理试样 2. 规范地操作设备测定溶液	15			
测定自来水样	测定操作	1. 正确预处理水样 2. 规范地操作设备测定溶液	15			
结果分析	结果记录	实验结果在误差范围内	10			
职业素养	实验室安全	1. 进行实验室整理 2. 规范操作 3. 团队合作	10			

评价人：_____　　　　　　　　　　　总分：_____

【任务支撑】

一、电位滴定法原理

电位滴定法

电位滴定法是利用溶液电位突变指示终点的滴定法。在滴定过程中，被滴定的溶液中插入连接电位计的两支电极。一支为参比电极，如饱和甘汞电极（常通过盐桥插入），另一支为指示电极，常用铂丝。在氧化还原、配位、沉淀或酸碱滴定过程中，电位（E）随加入的标准溶液体积（V）不断改变，故最后可得 E-V 滴定曲线，或 $\Delta E/\Delta V$-V 曲线。从曲线变化确定滴定的等当点。

电位滴定法是在滴定过程中通过测量电位变化以确定滴定终点的方法，和直接电位法相比，电位滴定法不需要准确地测量电极电位值，因此，温度、液体接界电位的影响并不重要，其准确度优于直接电位法，普通滴定法是依靠指示剂颜色变化来指示滴定终点，如果待测溶液有颜色或浑浊时，终点的指示就比较困难，或者根本找不到合适的指示剂。电位滴定法是靠电极电位的突跃来指示滴定终点。在滴定到达终点前后，滴液中的待测离子浓度往往连续变化 n 个数量级，引起电位的突跃，被测成分的含量仍然通过消耗滴定剂的量来计算。

使用不同的指示电极，电位滴定法可以进行酸碱滴定、氧化还原滴定、配位滴定和沉淀滴定。酸碱滴定时使用 pH 玻璃电极为指示电极；在氧化还原滴定中，可以用铂电极作指示电极；在配位滴定中，若用 EDTA 作滴定剂，可以用汞电极作指示电极；在沉淀滴定中，若用硝酸银滴定卤素离子，可以用银电极作指示电极。在滴定过程中，随着滴定剂的不断加入，电极电位 E 不断发生变化，电极电位发生突跃时，说明滴定到达终点。用微分曲线比普通滴定曲线更容易确定滴定终点。

二、电位滴定装置

电位滴定的基本仪器装置包括滴定管、滴定池、指示电极、参比电极、搅拌器、测电动势的仪器（图 7-10）。

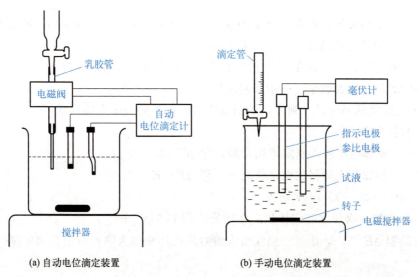

图 7-10　自动电位滴定装置和手动电位滴定装置

进行电位滴定时,被测溶液中插入一个参比电极、一个指示电极组成工作电池。随着滴定剂的加入,由于发生化学反应,被测离子浓度不断变化,指示电极的电位也相应地变化。在等当点附近发生电位的突跃。因此测量工作电池电动势的变化,可确定滴定终点。

三、电位滴定法判断终点的方法

电位滴定时,加入一定体积 V 滴定剂的同时,测定电池电动势 E,以 E 对 V 作图,绘制滴定曲线,并根据滴定曲线来确定滴定终点。电极电位发生突跃时,说明滴定到达终点。

1. 绘制 E-V 曲线法

以加入滴定剂的体积 V 为横坐标,相应电动势 E 为纵坐标,绘制 E-V 曲线。其曲线的突跃点(转折点)即为滴定终点,所对应的体积即为终点体积 V_{ep}。具体方法为:在曲线的两个拐点处作两条切线,然后在两条切线中间做一条平行线,平行线与曲线的交点即为滴定终点(图 7-11)。

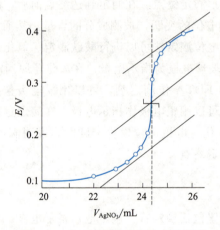

图 7-11 E-V 法确定滴定终点示意图

与一般滴定分析相同,电位突跃范围和斜率的大小取决于滴定反应的平衡常数和被测物质的浓度。电位突跃范围越大,分析误差越小。

缺点:准确度不高,特别是当滴定曲线斜率不够大时,较难确定终点。

2. 绘制 $\Delta E/\Delta V$-V 曲线法(一阶微商法)

若 E-V 曲线突跃不明显,则可以绘制 $\Delta E/\Delta V$ 对 V 的一阶微商曲线。

首先,根据实验数据计算出:

① ΔV——相邻两次加入滴定体积之差,即 $\Delta V = V_2 - V_1$;

② ΔE——相邻两次测得的电动势之差,即 $\Delta E = E_2 - E_1$;

③ $\Delta E/\Delta V = (E_2 - E_1)/(V_2 - V_1)$;

④ V——相邻两次加入滴定体积之平均值,即 $V = (V_2 + V_1)/2$。

然后,绘制 $\Delta E/\Delta V$-V 曲线。曲线极大值对应的体积即为终点时消耗滴定剂的体积 V_{ep},见图 7-12。

图 7-11 是普通滴定曲线,图 7-12 是一阶微商曲线,用一阶微商曲线更容易确定滴定终

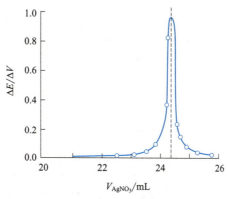

图 7-12　一阶微商法确定滴定终点示意图

点。一阶微商曲线的极大点是终点。另有二阶微商法，通过计算求出二阶微商等于零时对应的滴定体积，即为滴定终点体积，避免了作图的麻烦。

如果使用自动电位滴定仪，在滴定过程中可以自动绘出滴定曲线，自动找出滴定终点，自动给出体积，滴定快捷方便。

【技能强化】

EDTA 标准溶液的标定

一、任务目的

1. 强化传统滴定技术与电位滴定技术训练，全面掌握滴定操作技术。
2. 学习 EDTA 标准溶液的配制和标定方法。
3. 了解金属指示剂的特点，熟悉二甲酚橙、钙黄绿素指示剂的使用及终点颜色的变化。

二、方法原理

乙二胺四乙酸（简称 EDTA），难溶于水，通常用 EDTA 二钠盐，并采用间接法配制标准溶液。测定 Pb^{2+}、Bi^{3+} 含量的 EDTA 溶液可用 ZnO 或金属 Zn 作为基准物进行标定。以二甲酚橙作指示剂，在 pH＝5～6 的溶液中，二甲酚橙指示剂（XO）本身显黄色，而与 Zn^{2+} 的络合物呈紫红色。EDTA 与 Zn^{2+} 形成更稳定的络合物，当用 EDTA 溶液滴至近终点时，EDTA 会把与二甲酚橙络合的 Zn^{2+} 置换出来而使二甲酚橙游离，因此溶液由紫红色变为黄色。

三、仪器与试剂

仪器：电子天平、50mL 酸式滴定管 1 支、25mL 移液管 1 支、250mL 锥形瓶 5 个、250mL 容量瓶、100mL 烧杯和 250mL 试剂瓶各 5 个等。

试剂：基准氧化锌、乙二胺四乙酸二钠（A.R）、甲基红的乙醇溶液（0.025％）、氨试液（10％）、NH_3-NH_4Cl 缓冲液（pH＝10）、铬黑 T 指示剂（5g/L）、稀盐酸（20％）等。

四、操作过程

任务名称	EDTA 标准溶液的标定	操作人		日期	
		复核人			
方法步骤	说明			笔记	
EDTA 溶液的配制	称取 EDTA19g,加适量水溶解并稀释至 1000mL,摇匀				
ZnO 标准溶液的配制	准确称取(减量法称取)ZnO 基准物 1.5g 于 100mL 烧杯中,用少量水润湿,加稀盐酸(20%)20mL,使之溶解,定量转移到 250mL 容量瓶中,用水稀释至刻度,摇匀				
EDTA 标准溶液的标定	精密移取 25mL 配制好的 ZnO 溶液于锥形瓶中(注意:不能直接从容量瓶中移取),加水 75mL,加 0.025%甲基红的乙醇溶液 1 滴,加氨试液至溶液显微黄色(pH 在 7~8 之间),加 NH_3-NH_4Cl 缓冲液(pH=10)10mL,再加铬黑 T 指示剂(5g/L)5 滴				
EDTA 标准溶液的标定	用配制好的 EDTA 滴定液滴定至溶液由紫色变为纯蓝色。每毫升 EDTA 滴定液(0.05mol/L)相当于 4.069mg 的氧化锌				
	平行滴定 4 次,并将滴定的结果用空白实验校正				
结果分析	记录结果,计算样品的浓度				
结束工作	洗涤仪器,整理工作台和实训室				

五、结果记录

结果记录					
任务名称	EDTA 标准溶液的标定	操作人		日期	
		复核人			

$$c(\text{EDTA}) = \frac{m \times \frac{25}{250} \times 0.05}{(V - V_0) \times T \times 10^{-3}}$$

式中,$c(\text{EDTA})$ 为 EDTA 滴定液的浓度,mol/L;m 为 ZnO 的质量,g;V 为消耗 EDTA 滴定液的体积,mL;V_0 为空白实验消耗 EDTA 滴定液的体积,mL;T 为滴定度,mg/mL。

六、操作评价表

任务名称	EDTA 标准溶液的标定		操作人		日期	
操作项目	考核内容	操作要求		分值	得分	备注
试剂称量	称量操作	1. 检查天平水平 2. 清扫天平 3. 敲样动作正确		3		
	基准物称量范围	1. 在规定量±5%内 2. 称量范围最多不超过±10%		3		
	结束工作	1. 复原天平 2. 桌面整理		3		
溶液配制	容量瓶规格	选择正确		2		
	容量瓶试漏	正确试漏		2		
	容量瓶洗涤	洗涤干净		3		
	定量转移	转移动作规范		3		
	定容	1. 三分之一处水平摇动 2. 准确稀释至刻度线 3. 摇匀动作正确		3		
移取溶液	移液管洗涤	洗涤干净		3		
	移液管润洗	润洗方法正确		3		
	吸溶液	1. 不吸空 2. 不重吸		3		
	调刻度线	1. 调刻度线前擦干外壁 2. 调节液面操作熟练		5		
	放溶液	1. 移液管竖直 2. 移液管尖靠壁 3. 放液后停留约 15s		5		
滴定操作	滴定管的洗涤	洗涤干净		3		
	滴定管的试漏	正确试漏		3		
	滴定管的润洗	润洗量不超过 1/3		5		
	滴定操作	1. 滴定速度适当 2. 终点有半滴操作		5		
	近终点体积确定	近终点体积≤3mL		5		
	滴定终点	准确判断滴定终点		5		

续表

数据记录与处理	原始读数	滴定结果读数正确	5		
	原始数据记录	数据及时记录	3		
		1. 正确进行滴定管体积校正 2. 正确进行温度补正	5		
	数据处理	准确计算得出溶液浓度	5		
	结果分析	实验结果在误差范围内	5		
职业素养	实验室安全	1. 进行实验室整理 2. 规范操作 3. 团队合作	10		

评价人：_____ 总分：_____

练习与思考

一、选择题

1. 电位分析法中由一个指示电极和一个参比电极与试液组成（　　）。
   A. 滴定池　　　　B. 电解池　　　　C. 原电池　　　　D. 电导池

2. 玻璃电极在使用前一定要在水中浸泡几小时，目的在于（　　）。
   A. 清洗电极　　　B. 活化电极　　　C. 校正电极　　　D. 检查电极好坏

3. 玻璃电极的内参比电极是（　　）。
   A. 银电极　　　　B. 氯化银电极　　C. 铂电极　　　　D. 银-氯化银电极

4. 在一定条件下，电极电位恒定的电极称为（　　）。
   A. 指示电极　　　B. 参比电极　　　C. 膜电极　　　　D. 惰性电极

5. 下列关于离子选择性电极描述错误的是（　　）。
   A. 是一种电化学传感器　　　　　　B. 由敏感膜和其他辅助部分组成
   C. 在敏感膜上发生了电子转移　　　D. 敏感膜是关键部件，决定了选择性

6. 在电位法中作为指示电极的电位应与被测离子的活（浓）度的关系是（　　）。
   A. 无关　　　　　　　　　　　　　B. 呈正比
   C. 与被测离子活（浓）度的对数呈正比　D. 符合能斯特方程式

7. 离子选择性电极的选择系数可用于（　　）。
   A. 估计电极的检测限　　　　　　　C. 估计共存离子的干扰程度
   B. 校正方法误差　　　　　　　　　D. 估计电极的线性响应范围

8. 用离子选择性电极进行测量时，需用磁力搅拌器搅拌溶液，这是为了（　　）。
   A. 加快响应速度　　　　　　　　　C. 减小浓差极化
   B. 使电极表面保持干净　　　　　　D. 降低电极电阻

9. 用离子选择性电极以标准曲线法进行定量分析时，应要求（　　）。
   A. 试液与标准系列溶液的离子强度大于1
   B. 试液与标准系列溶液中待测离子活度相一致
   C. 试液与标准系列溶液的离子强度相一致

D. 试液与标准系列溶液中待测离子强度相一致

10. 用玻璃电极测量溶液的 pH 时,采用的定量分析方法为(　　)。

A. 标准曲线法　　　B. 比较法　　　C. 一次标准加入法　D. 增量法

二、计算题

1. 有一个 NO_3^- 选择性电极,对 SO_4^{2-} 的电位选择性系数 $K_{NO_3^-,SO_4^{2-}} = 4.1 \times 10^{-5}$。用此电极在 1.0mol/L H_2SO_4 介质中测定 NO_3^-,测得 $a_{NO_3^-} = 8.2 \times 10^{-4}$ mol/L,问 SO_4^{2-} 引起的误差是多少?

2. 以氯离子选择性电极用标准加入法测定试样中 Cl^- 的浓度时,原试样 5.00mL,测定时稀释至 100.00mL 后测其电动势。在加入 1.00mL 0.01mol/L NaCl 标准溶液后测得电池电动势改变了 18.0mV。求试样溶液的 Cl^- 含量。

3. 当电池中的溶液是 pH=5.00 的缓冲溶液时,在 25℃测得的电池电动势为 0.209V。当缓冲溶液由未知溶液代替时测得的电动势为 0.17V。求溶液的 pH。

4. 25℃时将 Ag 电极浸入浓度为 1×10^{-4} mol/L $AgNO_3$ 溶液中,计算该银电极的电极电位($E_{Ag/Ag^+} = 0.7995V$,25℃条件下)。

 拓展阅读

大地之子——黄大年

心有大我、至诚报国,把爱国之情、报国之志融入祖国改革发展的伟大事业之中,融入人民创造历史的伟大奋斗之中,这就是我们的楷模——黄大年。

黄大年的主要研究方向为超高精密机械和电子技术、纳米和微电机技术、高温和低温超导原理技术、冷原子干涉原理技术、光纤技术和惯性技术。黄大年短短的 58 年的生命历程,为中国"巡天探地潜海"填补多项技术空白,为深地资源探测和国防安全建设作出了突出贡献。

黄大年教授为了弥补在国外无法为国效力的 20 年,他放弃国外的优厚条件毅然回国,直到生命最后一刻都在为国家的科技事业做贡献。黄大年教授的成绩也是有目共睹的,他带领的科技团队,成功研制了我国第一台万米科学钻——地壳一号,提高了我国深部探测仪器的制造能力。黄大年教授在因癌症住院期间还在为自己的学生答疑解难,他用生命为"爱国"两个字写下了完美的答案,成为中国最美奋斗者和时代楷模。

为学习黄大年同志先进事迹和爱国精神,教育部启动了"全国高校黄大年式教师团队"创建活动,倡导学习黄大年同志心有大我、至诚报国的爱国情怀,教书育人、敢为人先的敬业精神,淡泊名利、甘于奉献的高尚情操。

练习与思考部分参考答案

项目一

一、选择题
　　1. B　2. D　3. C　4. C　5. C　6. A　7. D　8. D
二、判断题
　　1. ×　2. √
三、技能训练
　　提示：操作方法参见"任务支撑"中吸量管的操作要点。
四、简答题
　　1. 仪器分析法是一类以测量物质的物理和物理化学性质为基础的分析方法，这类方法通常需要使用较特殊的仪器，因而称为仪器分析法，该类方法的应用技术即仪器分析技术。
　　2. 可将常用的仪器分析法根据其测量所依据的性质分为：电化学分析法、光学分析法、色谱分析法和其他分析法。主要有电导分析法、电流分析法、电位分析法、原子发射光谱法、原子吸收光谱法、红外吸收光谱法、紫外-可见光吸收光谱法、气相色谱法、液相色谱法、离子色谱法、质谱法等。

项目二

一、选择题
　　1. C　2. B　3. B　4. B　5. D　6. C　7. A　8. B　9. A　10. C

项目三

一、选择题
　　1. B　2. C　3. A　4. A　5. C　6. B　7. C　8. C　9. D　10. D

项目四

一、选择题
　　1. A　2. D　3. D　4. A　5. C　6. B　7. D　8. A　9. D　10. A　11. C　12. A　13. C　14. B
二、判断题
　　1. ×　2. √　3. √　4. ×　5. √　6. ×　7. ×　8. √　9. ×
三、简答题
　　1. 主要是利用物质的沸点、极性及吸附性质的差异来实现混合物的分离。
　　2. 气相色谱仪的基本设备包括气路系统（提供载气）、进样系统（待测液由此进入）、分离系统（分离混合物）、检测系统（化学信号转变为电信号）、温控系统（控制温度）、数据处理系统（显示测定结果色谱图等）。
　　3. 提示：固定相改变会引起分配系数的改变，因为分配系数只与组分的性质及固定相和流动相的性质有关。

所以：(1) 柱长缩短不会引起分配系数改变；

(2) 固定相改变会引起分配系数改变；

(3) 流动相流速增加不会引起分配系数改变。

4. 提示：分配比除了与组分、两相的性质、柱温、柱压有关外，还与相比有关，而与流动相流速、柱长无关。

故：(1) 柱长增加分配比不变；(2) 固定相量增加分配比增加；(3) 流动相流速减小分配比不改变。

项目五

一、选择题

1. D 2. C 3. B 4. C 5. A 6. D 7. A 8. C 9. B 10. B

二、简答题

1. 流动相必须预先脱气，否则容易在系统内逸出气泡，影响泵的工作。气泡还会影响柱的分离效率，影响检测器的灵敏度、基线稳定性，甚至使其无法检测。此外，溶解在流动相中的氧还可能与样品、流动相甚至固定相（如烷基胺）反应。溶解气体还会引起溶剂 pH 的变化，对分离或分析结果带来误差。

常用的脱气法有：加热脱气法、真空脱气法、超声波振荡脱气法等。

2. 流动相中溶解气体存在以下几个方面的害处：

(1) 气泡进入检测器，引起光吸收或电信号的变化，基线突然跳动，干扰检测。

(2) 溶解在溶剂中的气体进入色谱柱时，可能与流动相或固定相发生化学反应。

(3) 溶解气体还会引起某些样品的氧化降解，对分离和分析结果带来误差。

3. 该体系为正向色谱体系。在该体系中流动相的极性增大保留值减小。流动相甲苯、四氯化碳及乙醚的溶剂强度参数分别是 0.29、0.18、0.38，因此选用溶剂强度参数大于甲苯的乙醚，可缩短该化合物的保留时间。

项目六

一、选择题

1. BC 2. A 3. A 4. A

二、思考题

1. 改善分离度的方法：(1) 稀释样品；(2) 改变分离和检测方式；(3) 选择适当的淋洗液与淋洗模式。

2. 不出峰的原因及解决办法：(1) 电导池安装不正确。解决方案：重新安装电导池。(2) 电导池损坏。解决方案：更换电导池。(3) 泵没有输出溶液。解决方案：检查压力读数，确认泵是否工作。(4) 淋洗液发生器没有工作。解决方案：查看淋洗液发生器电缆是否连接或更换淋洗液发生器。(5) 安培池没有工作。解决方案：查看安培池的进出口的连接电缆是否接入。(6) 电磁进样阀未切阀。解决方案：重启仪器。(7) 自动进样器未进样。解决方案：重启自动进样器。

项目七

一、选择题

1. C 2. B 3. D 4. B 5. C 6. D 7. C 8. A 9. C 10. B

参考文献

[1] 任玉红，闫冬良. 仪器分析 [M]. 北京：人民卫生出版社，2018.
[2] 魏培海，曹国庆. 仪器分析 [M] 4 版. 北京：高等教育出版社，2022.
[3] 王炳强，曾玉香. 全国职业院校技能竞赛"工业分析检验"赛项指导书 [M]. 北京：化学工业出版社，2015.
[4] 胡坪，王氢. 仪器分析 [M]. 5 版. 北京：高等教育出版社，2019.
[5] 黄一石，吴朝华. 仪器分析 [M]. 北京：化学工业出版社，2020.
[6] 王炳强，谢茹胜. 世界技能大赛化学实验室技术培训教材 [M]. 北京：化学工业出版社，2020.
[7] 王炳强，谢茹胜. 全国职业院校技能竞赛"药品检测技术"赛项指导书 [M]. 北京：高等教育出版社，2018.
[8] 方惠群，于俊生，史坚. 仪器分析 [M]. 北京：科学出版社，2021.
[9] 李银环. 现代仪器分析 [M]. 西安：西安交通大学出版社，2016.
[10] 曹国庆. 仪器分析技术 [M]. 北京：化学工业出版社，2009.
[11] 李晓燕. 现代仪器分析 [M]. 北京：化学工业出版社，2011.
[12] 孙凤霞. 仪器分析 [M]. 2 版. 北京：化学工业出版社，2011.
[13] 苏克曼. 仪器分析实验 [M]. 2 版. 北京：高等教育出版社，2005.
[14] 刘志广. 仪器分析学习与综合练习 [M]. 北京：高等教育出版社，2004.
[15] 杨桂娣. 现代仪器分析 [M]. 北京：高等教育出版社，2020.
[16] 赵新颖，屈锋，牟世芬. 离子色谱技术的重要进展和我国近年的发展概况 [J]. 色谱，2017，35（03）：223-228.
[17] 吴朝华，徐瑾，左银虎，等. 实用分析仪器操作与维护 [M]. 北京：化学工业出版社，2015.